U0349129

饲草产业高质量发展轻简技术丛书

优质苜蓿高质量栽培技术

YOUZHI MUXU GAOZHILIANG ZAIPEI JISHU

◎ 林克剑 陶雅 梅花 等 著

中国农业科学技术出版社

图书在版编目（CIP）数据

优质苜蓿高质量栽培技术 / 林克剑等著 . -- 北京：中国农业科学技术出版社，2022.12

ISBN 978-7-5116-6210-1

Ⅰ.①优…　Ⅱ.①林…　Ⅲ.①紫花苜蓿—栽培技术　Ⅳ.① S551

中国国家版本馆 CIP 数据核字（2023）第 027092 号

责任编辑　于建慧
责任校对　王　彦
责任印制　姜义伟　王思文

出 版 者　中国农业科学技术出版社
北京市中关村南大街 12 号　　邮编：100081
电　　话　（010）82109708（编辑室）　（010）82109702（发行部）
（010）82109709（读者服务部）
网　　址　https://castp.caas.cn
经 销 者　各地新华书店
印 刷 者　北京中科印刷有限公司
开　　本　170 mm × 240 mm　1/16
印　　张　15.5
字　　数　286 千字
版　　次　2022 年 12 月第 1 版　2022 年 12 月第 1 次印刷
定　　价　68.00 元

指导委员会

主　任：高　涵

副主任：梅　花　林克剑

委　员：吕莉华　武占平　尔墩扎玛　王建华　靳慧卿

著者名单

主　著：林克剑　陶　雅　梅　花

副主著：王建华　靳慧卿　黄　海

著　者（按姓氏笔画排序）：

王　欢　王春玲　包布和　齐丽娜　李　峰

李文龙　李建忠　张园园　张金文　阿　仑

宛诣超　柳　茜　高书晶　韩春燕　魏晓斌

前 言

Preface

苜蓿是最古老的牧草，在众多牧草中它是无与伦比的，自古以来就为人类所知所用，成为世界性优良牧草，被誉为“牧草之王”。我国 2 000 多年的苜蓿栽培史证明，苜蓿是产量最高、适应性最强和固氮效果最好的牧草之一，并且也是营养价值最高的牧草，对畜牧生产系统、农业生产系统、生态系统健康以及未来人类食品和工业直接用途的潜力开发都很重要。

国内外实践证明，苜蓿是奶业发展不可或缺的物质基础。为此，国家 2012 年启动实施“振兴奶业苜蓿发展行动”，中央财政每年安排 3 亿元，支持 50 万亩高产优质苜蓿示范片区建设，每亩补贴 600 元，重点用于推行苜蓿良种化、应用标准化生产技术、改善生产条件和加强苜蓿质量管理等方面，这使我国苜蓿发展在政策扶持上实现了历史性突破，苜蓿产业得到了前所未有的发展。从此也确立了苜蓿在奶业发展中的基础地位，同时苜蓿也成为振兴我国奶业发展的重要保障支撑。

2018 年，《国务院办公厅关于推进奶业振兴保障乳品质量安全的意见》提出明确要求：“建设高产优质苜蓿示范基地，提升苜蓿草产品质量，力争到 2020 年优质苜蓿自给率达到 80%。”并指出继续加大“振兴奶业苜蓿发展行动”的政策扶持力度。2019 年，振兴奶业苜蓿发展行动项目扶持规模扩大，安排补贴苜蓿面积由过去的 50 万亩扩大到 100 万亩以上，资金由过去的 3 亿元增加到 10 亿元。这样就更加夯实了苜蓿在我国振兴奶业发展和保障乳品质量安全等方面的基础地位，并有利于发挥其潜在作用。党的二十大报告指出，树立大食物观，构建多元化食物供给体系。2023 年中央一号文件提出“建设优质节水高产稳产饲草料生产基地，加快苜蓿等草产业发展”，对我国苜蓿产业发展提出了新的要求。由此可见，苜蓿在奶业中的地位不断增强，作用不断扩大，优势不断凸显。

本书围绕我国苜蓿产业发展中的重大问题、关键需求和核心技术，重点介绍了苜蓿在内蒙古自治区农牧业中的作用及其生产现状、苜蓿产业发展优势及面临的挑战、苜蓿轮作方案制定、苜蓿的适应性与生长发育、苜蓿品种及其选择、苜蓿种植、主要病虫害及防治、苜蓿干草与青贮调制和苜蓿良种发育技术等，为实现科技支撑内蒙古自治区乃至全国苜蓿产业高质量发展提供理论和实践依据。

限于著者学术水平和经验不足，书中疏漏和不足之处恐难避免，敬请广大读者批评指正。

著　者

目　录

Contents

第一章

苜蓿在农牧业中的作用及其生产现状

苜蓿（*Medicago sativa* L.）是最古老的牧草，自古以来就为人类所知所用。苜蓿栽培在中国已有 2 000 多年的历史，实践表明，苜蓿产量高、适应性强、固氮效果好，并且营养价值较高，对畜牧生产系统、农业生产系统、生态系统健康以及未来人类食品工业发展都很重要。站在新的历史发展起点，回望苜蓿在我国农牧业中发挥的作用以及近 20 年来的苜蓿产业发展，对加快我国将来苜蓿的应用发展具有重要意义。

第一节　苜蓿在农牧业中的作用与地位

苜蓿具有重要的特性和优势。例如固氮能力高，土壤改良特性强，能够吸收硝酸盐污染物、捕获沉积物，防止水和空气污染，同时，还可以为各种有益昆虫提供栖居场所，为文旅活动等提供开放的空间。在作物轮作、畜牧生产、生态修复中引进苜蓿等多年生豆科植物，有利于改变作物生产，必然在生产、生态环境上受益。

一、作物—苜蓿—牲畜一体化优点

苜蓿具有多种农艺、饲用和生态优势，是全球栽培广泛的多年生豆科植物之一，因其作为动物饲料的高营养质量、高生物量、氮（N）固定潜力和对大范围环境的适应性而广受欢迎。将苜蓿纳入种植系统有许多独特的好处，包括固氮、水土保持、生产高质量的牲畜饲料以及生物修复等。此外，通过种植苜蓿使种植系统在时间或空间上更加多样，可以控制病虫草的为害，还能改善野生动物的栖息地。

将反刍家畜和作物结合在一起的农业系统有利构建多元化食物供给体系，往往更具有可持续性，因为它们使轮作更加多样、使养分循环更加高效。养分循环是通过以下途径实现的：一是通过苜蓿或其他豆科植物添加土壤氮；二是通过食草动物的排泄物；三是圈养动物的粪便；四是与牲畜移动（即夜间圈养）特别相关的营养转移。当保存的苜蓿从生产地点远距离运输和喂养时，营养物质的循环利用机会受到限制。草畜分离会降低草料生产现场的土壤质量，并使畜禽生产现场的粪便养分积累。

许多研究已经证实，单位面积集成系统可以使用更少的能源，较单一的饲养系统具有更高的能源效率。在德国，增加非农饲料购买和减少对放牧的依赖增加了奶牛生产中的能量消耗（从 5.9 GJ/hm^2 增加到 19.1 GJ/hm^2），降低了能量利用效率（2.7 vs 1.2 GJ/t 的奶牛产量）（Haas et al.，2001）。在加拿大，综合系统被发现比专门的作物系统的能源利用效率高 10%（Hoeppner，2001）。在中国西部，作物—苜蓿—牲畜系统相对专业化生产的优势已得到充分认识。动物为土壤肥力提供肥料，为耕作提供动力，带来可观的收益，而苜蓿等多年生豆科牧草为家畜提高优良饲草。近年国家先后出台一系列的政策：2012 年，原农业部发布《2012 年高产优质苜蓿示范建设项目实施指导意见》；2023 年，中央一号文件提到，“建设优质节水高产稳产饲草料生产基地，加快苜蓿等草产业发展。”鼓励种植苜蓿等多年生牧草取代坡耕地，旨在提高动物产量，减少水土流失。

二、苜蓿在农业种植系统中的作用与地位

苜蓿在作物轮作中非常有价值，是种高效固氮作物，可以从空气中捕获氮并固定在土壤中，能给后茬作物提供氮 55～170 kg/hm^2，种植翌年，能提供氮 55 kg/hm^2。苜蓿还可以改良土壤耕层，使土壤更健康，增强水分渗透，有利疏松土壤，改良土壤结构并增强根吸收氮的能力，有利于苜蓿后茬作物生长，从而显著提高产量和利润。

1. 固氮

苜蓿一个显著特征是具有生物固定大气中 N_2 的能力。生物固氮（BNF）是豆科植物与土壤细菌（统称为根瘤菌）之间建立共生关系的结果。这些土壤细菌包括根瘤菌属、慢生根瘤菌属、中华根瘤菌属和偶氮根瘤菌属，其侵入豆科植物的根并形成根瘤，根瘤是根瘤菌的宿主结构，也是 N_2 固定发生的地方（Graham，1998）。这种对豆科植物根系的入侵是根瘤菌和豆科植物之间分子信号交换的结果。在根瘤中，根瘤菌将 N_2 还原为 NH_3，然后由植物酶转化为氨基酸供寄主植物使用。作为回报，豆科植物向根瘤菌提供固定碳化合物（即光合产物）（图 1-1）。

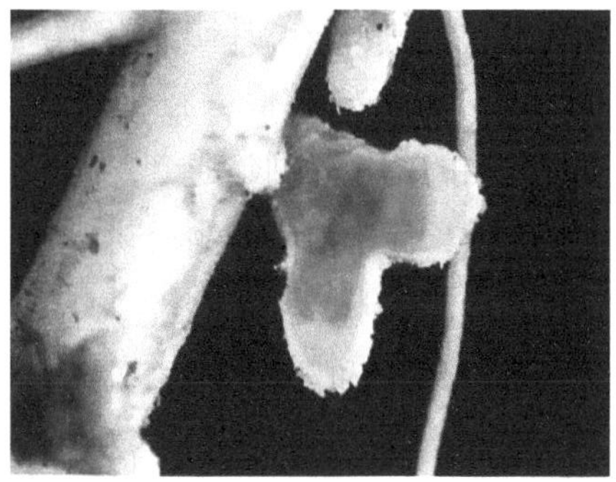

图 1-1　苜蓿根系

据报道，苜蓿平均每年可固定 N 50～120 kg/hm²，在最佳条件下，每年固氮量更高达 230 kg/hm²。尽管存在很大的差异，但在比较世界各地的研究结果时，苜蓿固氮量为每生产 1 t 干物质（DM）需 18.7 kgN。通常苜蓿中只有一部分氮来自生物固氮，其余则来自土壤，苜蓿草中平均 50% 的氮来自播种年的固定，80% 来自随后几年的固定。据报道，苜蓿可为后茬作物提供可利用的氮 17%～43%。苜蓿给后茬作物带来很多好处。许多人认为固氮带来的游离氮是苜蓿最大的好处之一。固氮量与土壤类型、品种有关，固氮能力强的苜蓿品种可在 20 cm 的土层中固氮 155～210 kg/hm²。此外，苜蓿根随着时间的推移腐烂，还可提供氮约 55 kg/hm²。 因此，氮素效益总计可接近 280 kg/hm²。苜蓿生产与生物固氮（BNF）的结合，解决了粮食安全和资源保护的双重挑战，因其对土壤结构和肥力、氮（N）碳（C）循环、防止侵蚀、农药和除草剂的使用、水利用效率的有益作用，苜蓿受到广泛青睐。

2. 改善土壤条件

土壤侵蚀是导致不可逆转的土壤退化的主要原因之一。苜蓿可以改善土壤的物理性状（如团聚体稳定性）和生物特性（如有机质和潜在的可矿化氮）。大多数一年生作物需要 1 年多次的耕作，特别是在有机生产中。耕作是土壤侵蚀的主要原因，过量的氮污染水和空气成为重要的环境问题之一。苜蓿是多年生作物，耕作次数少，一方面苜蓿可以降低土壤侵蚀，另一方面可以达到减少氮污染的目的。苜蓿因其土壤保健特性而受到从事有机种养的农民和传统农民的高度重视。

苜蓿是一种深根系植物，其根系入土是所有作物中最深的一种（图 1-2）。苜蓿的根每年生长达 1～1.2 m，生长 4 年后，根深 4～6 m。这不仅有利于水分吸收，而且这种深层根系系统可以改善土壤的耕层，也有利于更深层的养分被苜蓿吸收利用，比其他作物深得多（图 1-3）。深层根系将土壤固定在适当的位置并创建通道，促进水分渗透，促进根区生物活动，改善养分循环。

图 1-2 苜蓿根系

土壤结构和团聚性即土壤中固体和空隙的形状、大小、孔隙的连续性以及其传输有机物和无机物（包括流体和气体）能力之间的关系。土壤结构的稳定性是其团聚体在各种应力下保持稳定的能力。土壤团聚体稳定性与土壤有机碳含量密切相关。有机质输入的减少导致土壤有机碳的减少，进而导致土壤团聚体稳定性的降低。在苜蓿草地，由于多种因素的影响，在连续的土壤覆盖下，添加一年生越冬作物秸秆会促进土壤结构和团聚性的改善。苜蓿草地多种牧草多种根系、返回土壤的有机质的质量和数量都有利于稳定土壤团聚体的形成。基于苜蓿的多物种牧场还可以保护土壤免受风雨的影响。由于耕作在物理上破坏了土壤结构，中断了稳定团聚体的形成，草地阶段免耕会改善土壤结构，土壤团聚体较大。土壤退化总是始于植被的消失，因为使土壤表面暴露于雨水、风蚀和土壤温度波动较大的影响之下。

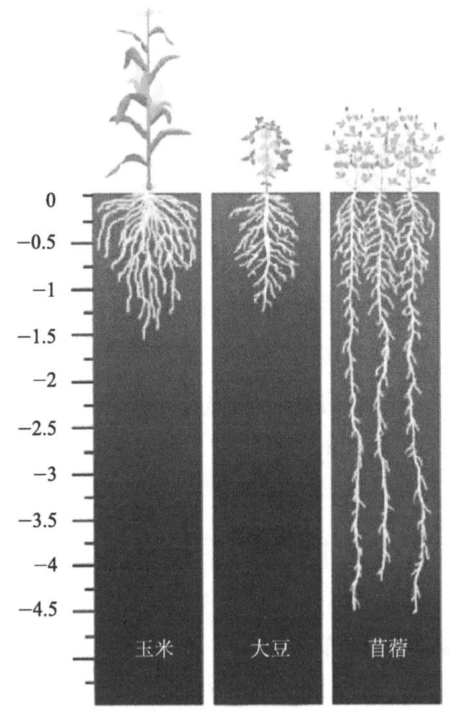

图 1-3 苜蓿根系与其他作物根系比较

苜蓿实际上对土壤的作用比保护它不受侵蚀要大得多。苜蓿有一个广泛和深层的根系系统，可以创造通道促进微生物活动，反过来有利于改善土壤的耕层，增强土壤水分渗透（因此更少的降雨径流）和土壤颗粒聚集。用一个近年来流行的术语来说，苜蓿有助改善土壤健康。

3. 改善水的渗透

种植系统中的多年生苜蓿通过减少地表径流和增加降水入渗来减少土壤侵蚀，植物活体及其在土壤表面的残留物保护土壤免受雨滴的冲击，减少土壤表面孔隙的堵塞，并降低流水的流速。此外，残留根系和地上部增加了土壤有机碳（C）、水稳定聚集和大孔隙度，从而增加了水分入渗和土壤保水的速率。

随着苜蓿的增加，水分稳定聚集度逐年增加，但在苜蓿草地 4 年后不增加。豆科植物能够改善土壤有机质含量，提供土壤覆盖，通过减少蒸发、改善水分渗透和增加土壤持水含量，可以提高作物生长所需的有效水分。相反，豆科植物也会在湿润的土壤中消耗水分，使其能够提前种植。但在某些情况下，由于土壤水分储备的耗竭，在轮作中不应使用豆类作物（Voss and Schrader，1984；Frye et al.，1988；哈金斯，2001）。研究表明，深红三叶草冬季生长严重缺水时，土壤非常干燥，限制了种子的播撒和玉米的生长；尽管毛豌豆下的土壤水分水平和作物生长状况较好，但仍低于未施用冬盖作物的地区。因此，在排水较差的土壤上不宜种植苜蓿，但在中等排水土壤上种植苜蓿可显著改善土壤水分入渗能力。苜蓿植株死亡后，其主根分解形成一个大孔，每个大孔提供了一个通道，以改善土壤排水。在免耕或少耕条件下，苜蓿的大气孔可持续数年。同时，苜蓿还通过增加有机质降低土壤容重和土壤压实潜力，其根系释放的分泌物允许真菌菌丝定植，有助提高土壤团聚体。

苜蓿根系发达，入土深可以截取和去除土壤深处的 NO_3-N 并防止其渗入地下水。在高土壤氮水平下用土壤源氮即能使苜蓿有效清除一年生作物后的残肥氮（Mathers，et al.，1975；Lamb et al.，1995）。Randall 等（1997）报道一年生苜蓿（6 kg/hm^2）的年度 NO_3-N 损失小于玉米—大豆轮作（180 kg/hm^2），其减少与苜蓿排水容量和排水水中 NO_3-N 浓度的减少有关。然而，Huggins 等（2001）的研究表明，当苜蓿用玉米替代后，苜蓿通过地下排水降低 NO_3-N 浓度和损失的作用在玉米种植翌年就停止。Russelle 等（2001）证明苜蓿是一种有效的作物，用于修复铁路泄漏的无水氨污染场地。在 3 年的时间里，不施氮（无效）的苜蓿每公顷减少了 972 kgN。苜蓿对无机氮的去除也导致了底土 NO_3-N 的显著下降。

4. 减少水土流失

大多数人并不认为种植苜蓿可以减少水土流失，但有研究表明，与玉米或大豆相比，苜蓿田的水土流失基本为零。免耕种植会减少玉米和大豆的侵蚀，但不如苜蓿少。任何精明的农学家都知道保护土壤不受水和风侵蚀的价值。近几十年来，在减少水土流失方面取得了很大进展，但在许多情况下，水土流失仍然是一个主要问题。苜蓿为土地提供了良好的覆盖物，当在土壤和适宜种植、管理的地点种植苜蓿时，它通常可以维持数年，因此与一年生作物相比，大大减少了土壤受侵蚀。

5. 打破疾病和昆虫的循环

苜蓿轮作有许多非氮效益，例如减少后续作物的线虫数量，其中最显著的是当苜蓿与大豆轮作时，大豆孢囊线虫数量减少。

6. 苜蓿对后续作物的经济效益

苜蓿是可持续农业生态系统的重要组成部分。它们为牲畜提供高质量的饲草，同时提供有机氮、土壤稳定和养分循环等生态系统服务。早在古代，就已认识到苜蓿是作物轮作的重要组成部分，南北朝时的北魏不仅认识到苜蓿植物在种植系统中的价值，而且还制定了具体的管理策略。

苜蓿在长期轮作系统中发挥着关键作用。苜蓿的多年生特性保证了在苜蓿生长期间没有休耕期和免耕期。苜蓿生长阶段还将促进将牲畜纳入系统，减少重型机械的使用，影响了土壤的物理、化学和生物性质。长期轮作制度中的苜蓿期还可以通过改良土壤结构来改善土壤质量（Durand，1993），使土壤有机碳含量得以增加并减少土壤侵蚀的危险。苜蓿可以在灌溉或雨养条件下生长。在轮作中，苜蓿通过其改善土壤结构和土壤渗透性的能力对后续作物有积极的影响。然而，苜蓿通过其广阔的根系从深层土壤中吸收水分的能力可能会导致后续作物在有限降雨条件下的早期生长期间缺水（Angus et al.，2000）。在南非南部的地中海气候地区，一年生谷物或油籽作物作为作物轮作系统的一部分进行种植，苜蓿作为长期轮作系统的饲料作物进行种植。在这些系统中，苜蓿通常由牲畜放牧，但也可能被割为干草、青贮或被纳入青贮混合物。苜蓿还为农民提供了一个更加多样化的农业系统，因为牲畜可以在作物收成不佳的年份产生收入，并通过出售动物或动物产品产生收入，以缓冲现金流波动。

对于作物轮作多样化所带来的产量效益，特别是那些连续种植豆类和禾草作物的轮作，几乎没有争论。在明尼苏达州，玉米和大豆轮作的产量比连续种植的玉米多 10%，比连续种植的大豆多 8%，这是存在“轮作效应”的证据。在该系统中添加多年生饲用豆科植物，特别是苜蓿，会对玉米产量产生更实质性的好处，这一趋势在北美许多地区已经观察了 50 多年。与种植玉米后的玉米相比，苜蓿茬口的第 1 年玉米产量增加了 19%～84%，与种植大豆后的玉米相比增加了 33%。即使在玉米作物上施氮，苜蓿之后的玉米通常也比大豆之后的玉米产量高。这些研究表明，包括至少 1 年苜蓿的轮作比典型的玉米 - 大豆轮作能获得更高的玉米和大豆产量。由于前 1 种苜蓿作物向玉米免费提供氮，因此以较低的投入成本也能获得较高的产量。苜蓿所带来的产量效益出现在中西部等半湿润地区或灌溉地区。当水分供应受到限制时，需要大量水分的苜蓿会降低随后的玉米产量。

传统轮作模式主要为玉米—大豆轮作。目前，经过多年实践，已形成两种主要的轮作模式：模式 1 为玉米—大豆—燕麦 / 苜蓿；模式 2 为玉米—大豆—燕麦 / 苜蓿—苜蓿—苜蓿。玉米并不是唯一从苜蓿轮作中受益的作物。Forster 在 Entz（2002）中报道的研究表明，苜蓿后的小麦产量显著高于小麦后的小麦产量。

三、在畜牧业生产系统中的作用与地位

苜蓿生产潜力高，生长量高达 80 t /hm^2 以上，干物质产量可达约 20 t/hm^2，成本低，经济效益高，在畜牧业发展中有重要作用。利用不同的选择材料培育出具有优良田间持久性的国产苜蓿高产品种，这是整个开发周期内高产稳产的重要因素。苜蓿是牧草中的“女王”。苜蓿牧草的特点是粗蛋白质含量高，氨基酸平衡良好。它富含极其重要的维生素和动物正常生长发育所必需的各种微量元素。苜蓿是奶牛、肉牛、马、羊、鸟和其他家畜饲养计划的基本组成部分，也是动物饲料中最便宜的蛋白质来源。

1. 反刍动物首选饲草

苜蓿被认为是一种营养丰富的动物饲草，是反刍动物的首选饲草。与其他豆科植物一样，苜蓿中含有异常高水平的瘤胃可降解蛋白质，超过 70% 的蛋白质可供瘤胃微生物区系利用。苜蓿中高度可瘤胃降解的蛋白质为瘤胃微生物，提供了氨和短肽的来源。这些微生物将这些短肽和氨合成微生物蛋白。微生物蛋白对满足动物合成蛋白质所需的氨基酸有重要作用。由于其主要的营养价值是通过胃肠道快速通过，为瘤胃微生物提供大量的可溶性蛋白质，用于蛋白质的再合成，维生素 B 的合成和纤维素的消化，维生素 A 的价值，维生素 E 和维生素 K 或它们的前体都是奶牛饲喂苜蓿牧草时至关重要的保护性营养物质，而且与其他牧草相比，苜蓿具有相对大量的细胞可溶性物质，而细胞壁数量最少。

苜蓿具有较高的干物质产量、蛋白质和钙含量，适口性好，采食量高，是反刍动物饲用的理想饲草。它还具有良好的氨基酸平衡，比其他牧草提供更多

的矿物质和维生素。它是一种灵活的饲草资源，可以放牧、可以作为青饲料喂养、作为干草或青贮饲草提供，或作为脱水粗饲料提供。

苜蓿被认为是一种高产和高营养的反刍动物饲草。几十年来，它一直是牛奶口粮的主食，特别是作为一种饲料来源的补充蛋白质来源。对于奶牛来说，放牧可以通过每天 20 kg 干物质的摄入来支持每天 25 kg 牛奶的产出、每天节省 1 kg 豆粕。以新鲜饲草或青贮饲料的形式提供，可替代 50% 的玉米青贮饲料，丰富饲料中的蛋白质和矿物质，避免代谢紊乱和减少精料的使用。仅用干草喂养可支持每天 27 kg 的牛奶，当补充精饲料时，最多可生产 45 kg 的牛奶。脱水苜蓿可以部分替代奶牛饮食中富含蛋白质的浓缩物，从而提高产量。

在牛肉生产中，放牧需要补充干草（4～8 kg/d）或谷物（2～5 kg/d）以支持高生长率（高达 1.8 kg/d）。苜蓿还可以用来喂养小反刍动物，如绵羊和山羊，用于奶或肉生产。高品质的苜蓿干草和草粒非常适合高产动物，而苜蓿青贮饲料可以提供给低需求的动物。农民面临的主要困难和未来的挑战是：一是保护苜蓿免受过度放牧；二是在干物质产量和品质之间找到最佳的折中点；三是限制蛋白质的高降解率。苜蓿—草混合物的水溶性碳水化合物：蛋白质比高于纯苜蓿（da Silva et al.，2013），这增加了蛋白质（N）组分的利用率。苜蓿与一些禾草组合是一种很好的利用途径。

2. 猪和家禽饲养中的应用

对于单食喂养，苜蓿通常在饲料中所占比例较低（Heuzé et al.，2013）。因其纤维含量高，限制了动物的生长速度，但它的蛋白质和矿物质含量丰富，皂苷具有抗胆固醇作用，并可能降低动物的生长速度、降低动物产品胆固醇含量（Ostrowski-Meissner et al.，1995）；类胡萝卜素有积极的影响家禽蛋类和脂类色素沉着的研究。因此，猪或家禽饲粮中引入苜蓿 10%～15%，主要由脱水产品组成。对兔子来说，加入苜蓿更为重要，经常建议在饮食中添加 40%～60% 的苜蓿，如干草或颗粒。

3. 生产系统中生物多样性的维护

在混合耕作系统中，苜蓿被认为是许多物种的关键栖息地。在法国，苜蓿（Raynal et al.，1989）已经报道了 40 种昆虫作为饲料或种子生产的潜在害虫，但很少知道在自然条件下，生物相互作用可能调节它们的丰度对苜蓿生产的影响。法国西部最近的一项研究长期生态研究（LTER）网络，“区域 Atelier plain et Val de Sèvre”发现了更多相比之下，在向日葵作物中同时发现了 10 种野生蜜蜂（Rollin et al.，2013）。

美国农民每年收获大约 1 800 万英亩（约 7 284 348 hm^2）的苜蓿，使其成为美国种植最广泛的第四大作物，仅次于玉米、大豆和小麦，2018 年甚至超过了小麦，使其成为美国第三大最有价值的作物。

四、在生态系统中的作用与地位

一提到苜蓿人们更多关注的是它的生物固氮、优质苜蓿，而很少有人会认识到苜蓿在他们生活中的重要作用，它以牛奶、奶酪、冰激凌、蜂蜜、皮革或羊毛的形式存在；很少有人认识到苜蓿在维持农场景观多样性和健康环境方面所起的作用。其实苜蓿不仅在农业种植系统和畜牧业系统中发挥着重要作用，而且在生态系统中也发挥着巨大的作用。

1. 苜蓿在生态系统中的重要性

苜蓿对食物系统至关重要。苜蓿的主要最终用途是作为牛和其他牲畜的饲料，这使得它成为冰激凌和奶酪等受人喜爱的乳制品生产的关键部分。它也是一种很有价值的马饲料，而且人们还在开发苜蓿蛋白的新用途，用于宠物、鱼类甚至人类的食物中。

苜蓿能构筑和保护土壤。苜蓿作为多年生作物具有独特的好处，包括为结构、稳定性和持水能力构建有机物质。通过提供全年的生活覆盖，它滋养了健康的土壤生物活动，并提供了物理保护，免受风和水的侵蚀。

苜蓿对昆虫有益。苜蓿作为传粉者、害虫捕食者和其他有益昆虫的食物来源和栖息地发挥着重要作用。这使得它成为蜂蜜行业的宝贵资源，以及保护本地传粉者多样性的工具。

苜蓿是野生动物的食物和庇护所。苜蓿用于游戏和非游戏野生动物，包括筑巢和候鸟。以苜蓿为食的昆虫和小型哺乳动物适应了生态系统中一个更大的食物网，为鸟类和大型食肉动物提供食物。野生动物组织帮助建议农民的收获实践和时间表，以确保筑巢鸟类的安全。

苜蓿研究支持可持续性和生产力。苜蓿的成功种植依赖于农民娴熟的注意力。农民应用基于研究的建议和个人经验，选择将最大限度地提高他们的林分生产力、优化冬季生存、控制害虫和有效利用水资源的管理做法。

苜蓿具有生态系统服务功能。苜蓿在种植制度中所带来的好处延伸到农场之外，为整个社会提供了广泛的服务。这包括粮食生产、水资源保护、土壤保持、生物多样性、美学价值和经济弹性。在轮作中，苜蓿可以提高其他作物的产量，甚至可以减少对化学物质的需求。它尤其以对玉米有益而闻名，因为玉米可以吸收苜蓿根部固定的氮。这种氮的贡献，以及苜蓿对杂草和害虫的抑制能力，使其成为使用病虫害综合防治或有机做法的农民特别有价值的作物。

尽管苜蓿有许多好处，但它在农业研究和教育中经常被忽视。苜蓿的研究经费远远低于美国农业系统中这种高产和环保作物的价值。希望这份文件能够为更广泛地理解苜蓿在农业景观和食品系统中的价值迈出一步。随着农民和研究人员致力于建立更多样化和更有弹性的种植系统，以全年生活覆盖和生物肥力来源为特征，这种历史悠久的作物的未来看起来是光明的。

五、潜在的文旅价值

长期以来，人们对苜蓿的农业、畜牧业和生态价值给予了足够的重视，但随着生活水平的不断提高，人们的精神生活和文化生活也正在增强。我国苜蓿具有悠久的历史和灿烂的文化，就有很高的文化价值和观赏价值。

1. 历史文化价值

苜蓿是最富历史和文化内涵的植物之一。自汉武帝时期开辟我国苜蓿种植新纪元被《史记》记载成为我国开始种植苜蓿的历史象征以来，苜蓿在我国得到广泛种植。到目前为止，在众多植物中，几乎还没有哪种植物能像苜蓿一样亦草亦肥，被誉为“牧草之王”，可谓是众多植物当中的一朵奇葩；在漫长的栽培利用中，几乎还没有哪一种作物能像苜蓿一样亦蔬亦药，被誉为“食物之父”，既有完整历史又有灿烂文化，可谓是历史悠久厚重、文化博大精深。苜蓿自西域大宛传入我国，不仅已成为中西科技文化交流的象征，更是丝绸之路上的一颗耀眼的明珠。

苜蓿承载着2 000多年以来的国家记忆和草业记忆，而且亦承载着生命的印迹和发展历程，还负载着一个个古老的美丽传说、趣闻轶事及诗歌典故。唐薛令之《自悼诗》：“朝旭上团团，照见先生盘。盘中何所有，苜蓿长阑干。饭涩匙难绾，羹稀箸易宽。何以谋朝夕，何由保岁寒？”通过苜蓿历史与文化的传播，可以增加苜蓿自信，弘扬苜蓿传统文化。

2. 观赏价值

农业生产的观赏价值不容忽视。许多住在拥挤、人口密集地区的人们喜欢到郊外去呼吸新鲜空气，欣赏风景。苜蓿返青早，颜色碧绿，花期长，花为紫色，清香，淡雅宜人，能提供令人愉快的景色。

3. 采摘价值

苜蓿返青早，是踏青采摘的极好蔬菜。当春暖花开，苜蓿正值返青时节，一方面，人们可以踏青，领略大自然气息，享受苜蓿美景，另一方面，此时正鲜嫩，柔嫩碧绿的嫩叶最适合食用，可凉拌、清炒、煲汤等。苜蓿一年四季都有，独有春天的嫩苜蓿，食用味道最佳，因此，春季是吃苜蓿的季节。

六、潜在的新产品价值

某些浓缩的苜蓿成分对动物健康或动物品质产品、人类健康、美容、能源生产和宠物健康都是有用的。富含矿物质和维生素的蛋白质浓缩物是由苜蓿汁经过压制和沉淀制成，2009 年获得了欧洲食品安全局（European food Security Agency）的“新型食品”标签，因为它们可能具有 16 类食品补充剂中的 10 类的有益效果。在反刍动物生产中，苜蓿中的 omega-3 脂肪酸可以用来提高动物产品（奶和肉）的质量。天然存在的皂苷可以用来减少牛的甲烷生产（Beauchemin et al.，2009；Malik and Singhal，2009）。

苜蓿中的矿物质和维生素也可用于化妆品和皮肤护理。目前，正在进行研究食用苜蓿减少或防止伴侣动物肥胖。苜蓿也可用于能源生产，因为其高生物量和低氮施肥需求。能源生产是基于细胞壁多糖的开发，但较低的氮含量是首选，以避免温室气体排放。综合或级联使用首先从动物饲料或人体补充物中提取蛋白质，然后用多糖渣作为生物质能的来源。

第二节　苜蓿发展现状

一、苜蓿产业的基础地位不断增强

长期以来，由于我国苜蓿等优质牧草缺乏，制约了奶牛生产水平和牛奶质量的进一步提高。为了提高奶业生产水平和保障乳产品质量安全，从 2012 年起启动实施振兴奶业苜蓿发展行动，中央财政每年安排3亿元支持50万亩①高产优质苜蓿示范片区建设，每亩补贴600元，重点用于推行苜蓿良种化、应用标准化生产技术、改善生产条件和加强苜蓿质量管理等方面，这使我国苜蓿发展在政策扶持上实现了历史性突破，苜蓿产业得到了前所未有的发展。从此也确立了苜蓿在奶业发展中的基础地位，同时，苜蓿也成为振兴奶业发展的重要保障支撑。

经过近10年的振兴奶业苜蓿发展行动项目的扶持，我国苜蓿产业发展取得显著进步：一是优质苜蓿种植面积不断增加，产量和质量明显提高；二是种养结合紧密，苜蓿产业对奶业的支撑保障作用不断增强，基础地位明显提升；三是综合效益表现突出，经济效益、生态效益及社会效益明显。

二、苜蓿产业规模化生产不断扩大

“振兴奶业苜蓿发展行动”项目支持高产优质苜蓿示范片区建设，片区建设以3 000亩（200 hm^2）为一个单元，一次性补贴180万元（9 000元/hm^2）。这对正处于急需提质转型和现代化建设的我国苜蓿产业具有重大意义：一是促进了苜蓿规模化种植、机械化作业和科学化决策，使我国苜蓿产业化程度和苜蓿商品草供给能力明显提升；二是推动了苜蓿标准化管理、优质化生产和市场化流通，使国产苜蓿优质率和竞争力显著提高；三是提高了苜蓿专业化生产和社会化服务水平，目前，我国苜蓿生产大部分由专业化苜蓿企业或合作社进行，种植专业化、管理精细化、服务组织化程度明显提升。

2012年实施振兴奶业苜蓿发展行动以来，全国已建成优质高产苜蓿基地40万 hm^2，每年可生产优质苜蓿商品草300万t以上，比项目前增长6倍以上，满足了300万头高产奶牛的饲喂需求。据统计，2016—2019年，全国苜蓿总面积231.87万～437.47万 hm^2，苜蓿商品草生产面积保留在40.53万～45.17万 hm^2，占总面积的10.06%～18.95%，商品草苜蓿面积呈上升趋势，生产商品草334万～384万t（表1-1）。

表1-1　2016—2019年全国商品苜蓿草生产

年份	总面积（万 hm^2）	面积（万 hm^2）	占总面积比例（%）	产量（万t）
2016年	437.47	45.17	10.33	379.84
2017年	415.00	41.73	10.06	359.00

① 注：1亩≈667 m^2。全书同。

续表

年份	总面积	商品草		
		面积（万 hm^2）	占总面积比例（%）	产量（万 t）
2018 年	307.73	40.53	13.17	334.00
2019 年	231.87	43.93	18.95	384.00

资料来源：《我国草业统计》（2016 年、2017 年、2018 年、2019 年）。

经过 30 多年的发展，苜蓿产业结构和经营体系不断完善，随着种植、管理、收获、加工等机械的升级和生产体系的不断完善，在我国优质高产苜蓿种植面积不断扩大和苜蓿商品草生产水平不断提高的同时，也促进了我国苜蓿主产区的形成，在东北、华北和西北出现了苜蓿生产优势片区，例如内蒙古阿鲁科尔沁和达拉特、宁夏河套灌区、甘肃河西走廊和新疆北疆等片区。扭转了苜蓿过去生态功能强、经济功能弱的局面，形成了目前生态功能与经济功能并重的局面，苜蓿的多功能性得到充分体现。

三、科技驱动力不断增加

经过长期的科研积累和创新，我国苜蓿科技水平不断进步、成果不断涌现、贡献率不断提高，苜蓿新品种培育、丰产栽培、有害生物安全防控，草产品加工调制和机械化作业等技术取得了有益成果，为苜蓿产业发展提供了有效的技术支撑。截至 2018 年年底，我国共审定登记苜蓿品种 101 个，生物技术在苜蓿育种中得到了广泛的应用，获得耐盐、抗旱和耐酸转基因苜蓿植株，同时也引进了不少国外的优良品种，有效地促进了我国品种多元化配置，提升了生产力。良种繁育技术创新不断，牧草种子地域学和苜蓿宽行稀植与疏枝营养分期供应技术，使苜蓿种子产量显著提高。在丰产抗逆栽培技术方面取得了阶段性成果，例如节水灌溉、测土施肥和苜蓿冻害诊断与防御技术等在生产中得到广泛应用。生物灾害的安全防控水平和等级明显提高，为苜蓿健康生长、产品质量安全提供了保障。成型草产品加工和青贮技术，特别是苜蓿型 TMR（全混合日粮）发酵技术与工艺，为提升我国苜蓿草产品加工技术水平奠定了基础。苜蓿田间作业实现了机械化，推进了我国苜蓿产业的现代化进程。与此同时，苜蓿产业标准体系也日臻完善。自 2001 年“首届中国苜蓿发展大会”召开，至今已连续举办了 8 届，一方面展示了我国苜蓿产业发展所取得成绩，另一方面对提升我国苜蓿产业化发展水平起到了积极的促进作用。

四、苜蓿生产管理智能化程度不断提升

基于深度学习、机器学习，借助遥感影像利用、物联网、大数据等手段，开展苜蓿长势、产量、土壤墒情、毒杂草及病虫害监测，进行病虫害防控、施肥等已成常态。消费型小型无人机通过快速低空作业，采集地物数据、转换数据及算法研制，推动了密切跟踪、及时掌握、全面分析苜蓿生长动态、病虫害发生消长动态情况，为准确研判苜蓿生长和病虫害提供了便捷的手段与技术依据支撑。在线监测预警管理平台及手机调查 App 的应用，实现了实时查看苜蓿生长状态、病虫害监测调查发生、毒杂草生长的情况，提高了专家诊断与决策的精准度，提升了苜蓿信息管理的规范化、自动化和智能化水平。目前，智能监测、智能决策、智能灌溉、智能施肥等专家决策与装备正在苜蓿生产中得到不同程度的应用。例如针对苜蓿大田种植分布广、监测点多、布线和供电困难等特点，利用农业物联网技术，采用高精度土壤温湿度传感器和智能气象站，远程在线采集土壤墒情、酸碱度、养分、气象信息等，实现墒情（旱情）自动预报、灌溉用水量智能决策、远程、自动控制灌溉设备等功能，通过实施智慧苜蓿种植管理解决方案，最终达到精耕细作、精准施肥、合理灌溉的目的。有机苜蓿生产全过程监控、产品溯源及网络系统—物流可视化管理系统也已开始应用。

五、苜蓿龙头企业和专业化服务组织不断壮大

据不完全统计，2018 年，全国牧草种植加工企业达 737 家，比 2017 年的 553 家增加了 33.27%，主要集中在甘肃、内蒙古、宁夏、山东和黑龙江。例如 2017 年内蒙古苜蓿企业 59 个，较 2011 年增加了 73.5%，其中生产能力 5 000 t 以上的企业 23 个，占总企业数的 39%，10 000 t 以上的企业 9 个，占总企业数的 15.3%，全区合作社 17 个，其中生产能力 5 000 t 以上的 3 个，占总合作社数的 17.7%。目前，已有许多大企业凭借雄厚的资本资源和技术实力，合并或兼并实力相对较弱、经营规模相对小的公司，或进行托管、代管，苜蓿骨干企业正在向做大做强发展，努力将其资本优势转变为产业优势，技术优势转变为产品优势，主要表现为：一是苜蓿种植面积和经营规模不断扩大，生产能力不断提高；二是苜蓿种植水平和管理水平明显提高，抗风险的能力显著增强；三是应用苜蓿新品种掌握新技术的能力增强，产、学、研联动，校企合作、院企合作的深度和广度不断增加。

近年来，专业化服务（或称外包服务）在苜蓿生产中悄然兴起，组织化服务明显增强。一批装备精良、技术先进、管理规范、转化程度高的服务组织出现在苜蓿生产中，提供包括整地、品种选择、播种、田间管理、刈割收获、运输等全过程的整体服务，服务形式包括全托管或半托管。苜蓿外包服务组织的出现，一是降低了苜蓿生产者因购买机械的投入，提高了机械利用率；二是提高了苜蓿生产专业化、标准化和整体化的管理水平，并降低了生长者的管理成本；三是促进了苜蓿种植生产过程中的社会化分工，使苜蓿生产者或土地拥有者从繁重的苜蓿生产中分离出来，专心进行土地管理，而服务公司则专心进行苜蓿生产全过程所需技术的研究和精准管理。

六、苜蓿产业机械化程度不断提高

苜蓿产业化发展关键在机械化，没有机械化就没有苜蓿的产业化。随着我国苜蓿产业的不断发展，苜蓿生产全程机械化水平也不断提高，从整地耕翻耙耱到播种、田间管理、刈割收获（刈割、晾晒、打捆、装载）、运输储藏、草产品加工（青贮、草块、草颗粒、草粉）等主要生产环节的机械装备广泛应用，适宜苜蓿全程机械化生产模式与综合技术集成体系基本建成。适宜不同地形、生态条件、生产规模、经济条件等苜蓿生产的机械种类相对齐全。节水灌溉机械装备种类齐全，喷灌、滴灌及水肥一体化技术得到应用广泛。使用机械施肥，农机和农艺融合，提高了肥料利用率，加快了苜蓿施肥方式的转变。目前，苜蓿草产品生产综合机械化率达到 85% 以上，一些地区机械化配套程度已经达到国际水平，例如内蒙古科尔沁苜蓿产业区。

第三节　现阶段苜蓿产业中存在的主要问题

一、苜蓿供需矛盾突出

2020 年，我国奶牛存栏量达 1 400.9 万头，其中，牛奶产量 3 440 万 t，乳制品产量 2 780.4 万 t。2022 年 8 月，农业农村部颁发《“十四五”奶业竞争力提升行动方案》明确指出，到 2025 年，全国奶类产量达到 4 100 万 t 左右，奶牛年均单产达到 9 t 左右。这些高产奶牛必须依赖优质苜蓿草。按照基本标准，1 头高产奶牛年需 2 t 苜蓿干草，在未来 10 年内，我国苜蓿的市场需求可能达到 500 万 t/ 年。奶牛养殖业对苜蓿草的需求不仅是数量上的需求，更是质量上的需求。奶牛的单产水平达到 8 000 kg，必须饲喂优质苜蓿。

随着我国奶牛养殖数量和乳制品的增加，进口苜蓿草也在增加，从 2008 年 1.76 万 t 增加至 2021 年的 178.03 万 t，增加了 100.15%。进口苜蓿草从 2008—2014 年呈缓慢增加，当 2015 奶牛存栏数突破 1 500 万头时，苜蓿草进口量也突破了 100 万 t，达 121 万 t，2016—2020 年苜蓿草进口平稳，在 135.6 万～140 万 t，2021 年突破 170 万 t，达 178.03 万 t，创历史新高。

二、产业基础设施薄弱

苜蓿生产所用土地基础条件差，地块小，不集中连片，且多为弃耕地、撂荒地、盐碱地、风沙地等；同时，苜蓿地基础配套设施不完备，节水灌溉发展滞后。土地质量较差，基础设施薄弱，已成为限制苜蓿高质量发展的主要因素。

比较效益低，企业发展壮大受到制约。种植苜蓿的土地瘠薄，基础设施薄弱，产量低，质量不稳定，使苜蓿生产成本逐年升高，与其他作物（如玉米、小麦等）相比，经济效益不明显或偏低，苜蓿企业的发展壮大受到制约，严重影响着我区苜蓿产业的健康持续发展。

三、种养分离

苜蓿生产区域布局不合理，苜蓿优势产区与奶牛产区分离现象严重，我国 95% 以上奶牛饲养的重点区域不是苜蓿最佳产区，产销衔接机制不完善，区域化供应无法保证。

四、国产品种与良种支撑乏力

国产苜蓿品种培育虽然实现了多方向、多样化发展，但现有品种抗逆性有余，丰产性不足，主要表现为抗寒抗旱品种多（秋眠级主要集中在 1～3 级），再生性和丰产性能好的品种少，特别是区域性丰产优质品种较少。由于苜蓿秋眠性决定了苜蓿具有明显的地域性，每一级的秋眠级品种有相应的适宜区域。目前，我国各秋眠级品种不全，例如中等秋眠或非秋眠品种缺乏，极不秋眠品种近乎无。同时，生产中应用的中等秋眠、非秋眠、极不秋眠品种近乎为引进品种，国产品种还不能满足我国日趋区域化、聚集化和片区化发展的苜蓿产业对品种的要求。

优良新品种种子供给能力不强。虽然我国培育出不少苜蓿品种，但良种扩繁与国外相比还有一定的差距。国内重品种培育轻良种扩繁的现象还没有从根本上得到转变，许多品种都是由高校或研究院所培育并进行申报登记，品种培育单位由于缺乏种子扩繁经费，种子扩繁能力有限，许多新品种在生产中得不到应用，新品种的优势没有转变为产业优势和经济优势。截至目前，在我国从事品种研究与培育的实体公司还不多见，这与国外（例如美国的先锋、兰德雷德等公司）有很大的差别。知识产权转让造成企业主体缺少种子扩繁动力，有新品种知识产权的培育单位又缺少经费，导致我国长期以来苜蓿新品种转化不畅，新品种种子缺乏，出现了“育种家不愿卖，生产企业不敢卖不愿卖”的怪现象。为了弥补生产中苜蓿新品种种子的短缺，我国每年要从国外进口苜蓿种子约 2 500 t。

第二章

苜蓿产业发展优势及面临的挑战

第一节　苜蓿产业发展优势

一、国家政策扶持

自2012年国家启动实施振兴奶业苜蓿发展行动以来，我国苜蓿发展在政策扶持下取得历史性突破，成效明显，高产优质苜蓿种植面积扩大，商品草质量提高，规模牧场广泛使用国产优质苜蓿，有力促进了我国奶业恢复和振兴。据不完全统计，2012年，全国12个优势产区苜蓿种植面积达2 383万亩，比2011年增加了150万亩，全国商品苜蓿草产量达到50多万t，同比增加约30万t。由此我国苜蓿产业进入高速发展的战略机遇期。

2018年，《国务院办公厅关于推进奶业振兴保障乳品质量安全的意见》明确提出，建设高产优质苜蓿示范基地，提升苜蓿草产品质量，力争到2020年优质苜蓿自给率达到80%，并指出继续加大"振兴奶业苜蓿发展行动"的政策扶持力度。2019年，振兴奶业苜蓿发展行动项目扶持规模扩大，安排补贴苜蓿面积由过去的50万亩扩大到100万亩以上，资金由过去的3亿元增加到10亿元，夯实了苜蓿在我国振兴奶业发展和保障乳品质量安全等方面的基础地位和潜在作用的发挥。2021年，农业农村部《推进肉牛肉羊生产发展五年行动方案》提出，要增加优质饲草供给，每年落实"粮改饲"面积1 500万亩，补助收储优质饲草4 500万t，增加青贮玉米、苜蓿、燕麦、黑麦草等优质饲草料供给。2023年，中央一号文件明确提出应加快苜蓿等草产业发展。

二、地方积极支持

以内蒙古为例，内蒙古自治区（以下简称内蒙古）是全国奶牛养殖大省，也是奶牛养殖强省。奶业既是内蒙古农牧业的基础产业，也是主导产业，在内蒙古农牧业发展中占有十分重要的地位。根据2019年《内蒙古自治区人民政府办公厅关于推进奶业振兴的实施意见》，到 2025 年，全区奶畜存栏达到 350 万头（只），奶类产量达到 1 000 万 t，乳品加工企业产值达到 3 000 亿元。届时建成黄河、嫩江、西辽河流域和呼伦贝尔、锡林郭勒草原等五大奶源基地；以呼和浩特市为核心的沿黄地区，荷斯坦奶牛存栏达到 125 万头，建设优质高产奶源基地。呼伦贝尔市岭东和兴安盟等嫩江流域及通辽市、赤峰市西辽河流域，以荷斯坦奶牛为主，推动乳肉兼用牛发展，荷斯坦奶牛和乳肉兼用牛存栏分别达到 75 万头和 50 万头，建设高标准高质量奶源基地。

内蒙古依托粮改饲和高产优质苜蓿等项目，实施饲草料保障能力提升工程，在黄河、嫩江、西辽河流域和呼伦贝尔、锡林郭勒草原五大奶源基地配套建设青贮玉米、苜蓿种植基地各 700 万亩，种养结合就地就近保障饲草料供应。实施苜蓿、青贮玉米生产机械化提升行动，鼓励社会资本购买大型收储机械，提供租赁服务，保障饲草产品质量。根据 2020 年《关于加快推动农牧业高质量发展的意见》，强化牧区和中西部黄河流域、西辽河—嫩江流域中的草产业优势区，加强天然草原生态保护，大力发展优质人工草地和饲草产业，并将饲草产业集群列为重点发展产业，全产业链产值从 2018 年的 699 亿元提高到 2025 年的 770 亿元，建成与现代农牧业相适应的饲草产业发展体系，优质草产品生产加工能力达到全国领先水平。2022 年 3 月，《内蒙古自治区推进奶业振兴的九条政策措施》中明确，对新增规模化苜蓿草种植企业进行补贴。规定自 2022 年开始，自治区财政对新增集中连片标准化种植 500 亩以上的苜蓿草种植企业（合作社、种植户）给予补贴，以 500 亩为 1 个单元，每个一次性补贴 5 万元。呼和浩特为“中国乳都”，目前正围绕“从一棵草到一杯奶”，培育以乳业、草种业为龙头，从中国乳都向世界乳都迈进。2022 年，呼和浩特市出台了《培育以乳业、草种业为龙头的绿色农畜产品加工产业集群三年行动方案（2022—2024 年）》，计划到 2024 年，新建奶牛养殖场 25 个，奶牛存栏达到 46 万头，每年为伊利、蒙牛两大乳品加工企业提供鲜牛奶近 230 万 t，苜蓿、燕麦草等优质牧草种植面积达 27 万亩以解决部分需求，为伊利、蒙牛集团长期稳定供应饲草料的基地 57.3 万亩。

三、市场拉动

以内蒙古为例。2018 年，内蒙古苜蓿商品草产量近 100 万 t，按照 2025 年苜蓿草需求量 350 万 t 计算，苜蓿草缺口约 250 万 t，按平均亩产 650 kg 计算，届时还需增加约 380 万亩苜蓿草生产田，则优质苜蓿种子需求量为 5 700 t；按照已有苜蓿商品草生产田每年更新 80 万亩计算，每年优质苜蓿种子的需求量为 1 200 t，所以近年来内蒙古自治区对优质苜蓿种子需求量将超过 6 900 t。

四、生物学优势

苜蓿是多年生高产豆科植物。与其他牧草相比，它可以为牲畜提供更多的蛋白质、营养质量和生物量（Capstaff and Miller，2018）。它的种植提高了土壤肥力，改善了土壤结构，防止了土壤侵蚀（Butler et al.，2012；Sabanci et al.，2013）。

由于苜蓿具有很高的农艺潜力和单位面积生产量。苜蓿多年生，根系发达，地上部分耐多次刈割，在良好的水肥条件和精准管理下，可获得高额产量，在旱地一般干草产量可到 400 kg/ 亩，水浇地可达 800 kg/ 亩。具有很强的固氮能力，在农业轮作系统中具有重要的地位，可改良土壤结构，增加土壤肥料，保持土壤健康发展。

苜蓿根在疏松土壤中每年可长约 100 cm，现已在地面以下 18 m 或更深的地方发现了代谢活跃的苜蓿根。正是这种巨大的根系构成了这种作物宝贵性状的核心。众所周知，苜蓿根系能够与根瘤菌形成结合，并将大气中的氮“固定”为化合物，可满足自身的氮需求以及随后轮作作物的氮需求，能够为其提供高营养的蛋白质丰富的饲料。深根系统可以使植株获得土壤水分，这是浅根系统一年生作物无法比拟的，使苜蓿更耐旱。苜蓿根系的另一个功能是储存叶片中产生的碳水化合物，使植物在收获后和早春返青后迅速生长。因此，一个健康的苜蓿根系系统是最大限度地提高产量、饲料质量和草地寿命的关键（图 2-1）。

图 2-1　苜蓿根系与其他植物根系对比

抗逆性强，适应性广。在我国苜蓿种植区域广泛，从青藏高原到黄海平原、从半湿润地区到干旱地区、从旱地到灌溉地均有苜蓿种植。苜蓿耐寒性、抗旱强，苗期可在 -5℃条件下正常生长，在半干旱地区旱地种植可正常生长；苜蓿对土壤要求不严格，耐瘠薄，可以在沙土、黏壤土、黏土和沼泽泥炭土上生长良好，苜蓿对酸性土壤不及其他作物敏感。在水分充足的条件下，苜蓿则更适宜沙土。

苜蓿的产量由多种产量要素组成，包括植株数量、单株茎质量和单株茎数。随着苜蓿种群数量在草地中的下降，其个体产量组成部分会弥补种群数量的减少。研究指出，在生长两年以下的苜蓿草地，需要 80～100 株 /m^2 才能达到最佳产量，而在较老的草地上，这种植物密度可能更低，为 60～70 株 /m^2，为了足够的牧草产量，植物种群阈值可能更低，为 30～45 株 /m^2。

五、饲用价值优势

苜蓿通常被称为“牧草之王”，营养价值高（表 2-1），是牛羊马等家畜的优质饲草。一般粗蛋白（CP）含量在 16%～22%，中性洗涤纤维（NDF）在 38%～53%，相对饲喂价值（RFV）在 100～164% DM 或更高。特别是对奶牛的营养而言，苜蓿（蛋白质和钙含量高）是青贮玉米的极佳伴侣。易消化，蛋白质含量相对较高，细胞溶质含量高，细胞壁和中性洗涤纤维含量低，钙、镁、磷、类胡萝卜素和维生素等含量丰富，可以作为牧草喂养，也可以作为干草、青贮饲料、脱水餐、颗粒或方块保存。

表 2-1　苜蓿生长阶段与品质　　单位：%

生长阶段	CP	ADF	NDF	RFV
现蕾前期	22	28	38	164
现蕾期	20	30	40	152
初花期	18	33	43	138
开花期	16	41	53	100
结实期	14	43	56	92

资料来源：孙启忠，2014。

第二节　苜蓿产业发展制约因素

一、苜蓿主产区分布

在长期的栽培种植过程中，苜蓿主要分布于黄河流域及其以北的广大地区，包括西北、华北大部，东北的中部、南部，以及黄淮海平原北部地区，大致在北纬 35°～43°。

西北地区既是我国苜蓿发源地，又是我国苜蓿的主要产区，在 20 世纪 80 年代，西北甘肃、陕西、新疆、内蒙古、宁夏等 5 省（区）的苜蓿种植面积居全国前五位，达 104.4 万 hm^2，约占全国苜蓿种植面积（133.1 万 hm^2）的 78.4%（耿华珠，1995）。随着我国科技的不断进步和苜蓿品种的多元，其适应性在不断提高，分布区域不断扩大，种植区域不断向传统分布区域的南、北两翼扩展，例如北部已在黑龙江省的富锦市（北纬 47°）种植多年，近年在内蒙古的海拉尔区（北纬 49°）有苜蓿成功种植的例子，南方如四川、重庆、湖北等地也有苜蓿种植成功的经验。截至 2011 年，我国苜蓿种植面积虽然扩大为 377.5 万 hm^2，但是西北地区苜蓿主产区的地位没变，从 2001—2011 年的苜蓿种植面积变化看，甘肃、内蒙古、宁夏、陕西和新疆等 5 省（区）的种植面积仍然居全国前五位，2011 年，5 省（区）的苜蓿总面积达 255.4 万 hm^2，约占全国苜蓿面积的 67.7%（全国畜牧总站，2012）。困扰和制约我国苜蓿主产区主要因素仍为干旱、土壤贫瘠等，导致其产量低而不稳，经济效益差，影响了苜蓿产业的发展。

二、环境因素

1. 旱灾常态化

我国旱地占总耕地面积的 60%，其中，无灌溉的旱作农田为 4 686.67 万 hm^2，占总耕地面积的 49.1%。全国多数旱地占耕地比重超过 50%，青海、甘肃、西藏、山西、内蒙古等 12 个省（区）旱地占耕地面积的比重甚至超过 90%，青海基本上 100% 都是旱地，所占比重最大，但其中低产田面积达 2/3 左右，旱地土壤肥力低，供水力差，土壤板结，理化性质差，渗水、保水和蓄水困难，水分利用率低。

我国地域广阔，降水季节分配不均，春旱突出；降水年变化率、季变化率大，旱灾频繁。大部分旱农地区降水量集中在夏秋季，6—8 月或 9 月内的降水量占全年总降水的 50%～70%，从而造成春旱突出，一般频率达 70%，严重的在 90% 以上。另外，降水的年变化率和季变化率大，各地最多与最少的年降水量的差异一般为 2～3 倍，因而有“十年九旱”“三年两头旱”等现象。我国大部分旱农地区冬春季节盛行干燥寒冷的西北风，土壤水分剧烈蒸发，春季土壤大量失墒，致使春季平均相对湿度偏低影响春播作物发芽，难以满足苜蓿正常生长的需求。

半干旱偏旱区地上和地下水贫乏，每公顷耕地和草地每年只有 150 m^3 左右水资源，仅为全国平均农业用水量的 0.06%；半干旱区地上、地下水资源分布极不均匀，少者每年每公顷平均仅为 498 m^3，仅占全国平均农业用水量的 1.9%。由于水资源匮乏，地表水缺乏，地下水位下降快，土壤水分利用难度大，土壤难以保持苜蓿吸收的稳定供水层。

干旱对苜蓿营养的影响。虽然成熟的苜蓿可以获得深层土壤水分，但干燥的表层土壤限制了许多养分的有效性。例如硼被土壤黏土和有机质吸收，其释放受土壤 pH 值、土壤溶液组成和干湿循环的影响。当表土干燥时，硼的有效性和吸收都受到限制，但干燥的表土也会限制对其他养分的吸收，包括磷、钾、硫和钼。

2. 冻害频发

低温对苜蓿的影响是深刻而广泛的，它不仅影响苜蓿的分布，而且也影响苜蓿草地的可持续利用，严重的可导致苜蓿死亡。近年由于低温而引起的苜蓿冻害使我国苜蓿生产蒙受了巨大的损失。越冬问题虽然是长期困扰苜蓿生产的老问题，但是由于近几年我国北方苜蓿种植面积不断扩大，苜蓿发展迅猛，它已成为制约我国北方苜蓿草地成功建植和草地可持续利用的关键问题。我国北方旱区多数地区处于高纬度区，例如内蒙古呼伦贝尔地区纬度高，冬季严寒，无霜期短，春天常出现倒春寒，对苜蓿的大面积种植始终存在着危害。某公司从 1999 年开始在呼伦贝尔境内大面建植以美国或加拿大苜蓿品种为主的苜蓿生产基地，2000 年收获了大量的苜蓿干草。2000 年冬天出现少有的严寒气温，12 月开始出现 −40℃的气温，持续了约 30 d，2001 年春天所有的苜蓿没有返青，全部冻死。耿华珠（1995）认为我国苜蓿分布范围大致在北纬 35°～43°，年平均气温 5～12℃，≥0℃的积温为 3 000～5 000℃，年降水量为 500～800 mm，降水少而有灌溉条件的地方（如新疆灌区）苜蓿分布较多，且生长也好。

3. 盐碱危害

土壤盐度是限制农业生产的影响因素之一。长期以来，盐碱化一直被认为是世界范围内常见的环境，并且正在成为土地退化的全球性问题，在干旱和半干旱地区分布广泛。全球气候变暖、土壤盐渍化等环境的急剧变化给世界范围内的作物生产带来了巨大的挑战。盐渍土的特征在于根区可溶性盐（氯化物，硫酸盐，钠、钙、镁、钾的碳酸盐）浓度过高，土壤盐分的增加会对植物造成生理胁迫，使植物难以从土壤中获取水分和养分进而影响植物生长和生产力。大多数豆科植物对盐度敏感或中度敏感，苜蓿也不例外。土壤盐分对苜蓿的生长和生物固氮具有不利影响。在含盐量较高的地上建植苜蓿，常常会出现失败或低产或缩短利用年限。

苜蓿是一种重要的豆科饲料作物。然而，它对耐盐性的遗传改良具有挑战性，因为苜蓿对盐胁迫的反应在遗传和生理上都很复杂。

三、生物因素

杂草、病虫害、鼠害等会给苜蓿生长带来不利影响，若管理防治不当会带来巨大的损失。寄主植物抗性已在许多情况下被用来管理昆虫、疾病和线虫。它可以作为主要的控制方法，也可以与化学、生物或文化控制策略相结合。苜蓿是一种异花授粉植物，由于其同源四倍体的遗传特性，具有快速近交衰退和复杂的特征遗传。苜蓿品种是由一种或多种特定特性（如抗虫性）改良的异质植物群体组成，这些特性可以通过后代的种子繁殖保留下来。因此，害虫抗性的特点是根据抗病植物在种群中的频率，通常表示为这些植物的百分比。具有抗性植株的群体中，5% 为易感，6%～14% 为低抗性，15%～30% 为中抗性，31%～50% 为抗性，50% 为高抗性（认证苜蓿种子委员会，1995）。无论抗病等级如何，所有抗病品种中都存在一定比例的易感植物，在严重的病虫害压力下，即使是高度抗病的品种也可能遭受伤害，产量或品质下降。

1. 杂草蔓延

杂草与苜蓿幼苗争夺水分、养分和光照阻碍根系发育，降低苜蓿产量与干草质量，甚至会影响到苜蓿草地的可持续利用。无杂草苜蓿通过加快干燥和打捆时间提高了质量，提高了收获效率。有毒杂草的存在，会进一步降低苜蓿价值或使其完全无法销售。生产高质量干草的经济激励是巨大的，苜蓿杂草的完全控制一直是苜蓿生产者面临的挑战。与许多其他作物相比，苜蓿竞争性更强。然而，要完全控制苜蓿中的所有杂草往往是困难的。杂草控制成本高，一些除草剂会对苜蓿造成伤害，尤其是对苗期苜蓿。

2. 虫害肆虐

苜蓿常受多种害虫的侵袭，有些害虫（如蓟马、蚜虫等）往往对苜蓿造成巨大的经济损害。苜蓿害虫管理是一个重大挑战，大量的研究集中在生物学和害虫管理，如苜蓿象甲和蚜虫。然而，生产者对苜蓿害虫的关注和认识却知之甚少，这是我国目前生产中的薄弱环节。在大多数年份，象形虫群是苜蓿最重要的害虫，管理苜蓿象形虫群面临着的挑战，寄主植物的抗性、捕食者和拟寄生物对这种害虫的控制作用微乎其微。苜蓿蚜虫，其在取食时可注射毒素，取食破坏和毒素相互作用，极大地阻碍了苜蓿植株的生长。这种影响会延续到以后的收获。苜蓿蚜虫的侵袭大大降低了产量。

3. 病害威胁

病害侵袭苜蓿叶、茎、冠、根以及维管系统。种植抗病品种是管理大多数苜蓿病害和减少病害造成损失的最有效手段。影响叶片和茎的叶面病害在苜蓿中最常见，经常导致产量显著下降、品质变差，引起叶茎疾病的病原体也可能侵入树冠和根系，引发这些器官的疾病，最终导致植株死亡，从而影响苜蓿的可持续利用。影响苜蓿的许多疾病可以杀死幼苗，限制产量，降低饲料质量，缩短草地寿命，管理这些疾病的发生和严重程度取决于土壤条件、作物管理和环境压力。

影响苜蓿根系生长和根系健康的因素很多，但病害尤为重要。有几种不同的疾病会感染苜蓿的根部，如根腐病、褐根病。苜蓿根腐病为高度破坏性根系病害，其普遍存在，发病率较高，这种病害也可以攻击成年苜蓿植株的根系，在潮湿或排水不良的土壤中最常见。苜蓿褐根病，引起这种疾病的真菌很可能已经存在多年，这种真菌生长缓慢，喜欢凉爽的土壤温度。由于真菌生长缓慢，而且症状的发展依赖于环境条件，这种疾病的症状直到第 3 个冬天后才会显现。因为这种真菌在秋季和春季腐烂苜蓿的根，它可以严重影响苜蓿的健康生长。

第三节　苜蓿产业发展面临的挑战

一、水资源约束

水资源紧缺作为一个关键的大趋势，其水的可用性和价格无疑是目前和未来我国苜蓿生产和可持续发展能力最重要的限制因素。水资源供应和价格可能是我国北方，特别是西北地区未来苜蓿发展的关键性决定因素。要概括水资源对苜蓿的限制程度是很困难的，因为水资源在不同地区之间差别很大，但各地有关限制水资源可用性的因素，无论是城市需求、水转移、环境限制、濒危物种限制，还是地下水下沉导致的抽水限制，乃至政策管理措施，对我国苜蓿生产的影响都是深刻而广泛的。

虽然苜蓿有一定的抗旱能力，并且也是用水效率相对较高的牧草，但是苜蓿也是一种只有在灌溉条件下才能获得最大产量的牧草，因为苜蓿在干物质形成过程中需要较多的水分，形成 1 kg 干物质需要消耗 900～1 100 kg 的水分。目前，我国苜蓿生产主要集中在干旱半干旱区的西北、华北和东北地区，这些地区常年干旱少雨，地表水资源匮乏，苜蓿生产主要靠地下水灌溉来获得产量。由于长期利用地下水灌溉，地下水超采严重，导致地下水位下降明显，要从地下 100 m 甚至 200 m 或更深处抽水，已引发一系列生态问题的出现。鉴于此，内蒙古秉持“生态优先、绿色发展”理念，以有效遏制地下水超采为切入点，积极实施水地改旱地（以下简称“水改旱”）和种植业结构调整等综合治理措施，逐步减轻种植业对地下水资源的过度依赖，来遏制地下水超采，以水资源为刚性约束，分年度压减地下水开采量，使生态环境逐步得到恢复的战略措施，这对内蒙古乃至全国苜蓿产业的发展是个严峻的考验。因此，苜蓿产业要想继续稳定发展下去，就必须设想未来更加节水的生产系统、管理系统、技术系统和理念系统。我国苜蓿主产区分布在干旱半干旱的内蒙古、宁夏、甘肃和新疆等常年干旱缺雨的地区，发展苜蓿主要靠有限的地下水灌溉。如果不通过更深入的研究和创新来解决苜蓿的用水问题，在水资源日益紧缺的环境中，未来苜蓿生产发展将会受到极大的制约。这是一个世界性的问题，不仅是中国面临的问题，只是我国未来苜蓿生产受水资源约束将会变得更加突出。

二、耕地资源约束

对苜蓿而言，耕地减少和价格上涨是个巨大的挑战，尤其是农业用地转变为城市用地或其他非粮化用地的情况下，耕地资源成为苜蓿扩大再生产的关键制约因素。例如美国在 1992—1997 年期间失去的农场和农村土地总计超过 688 万 hm^2，农业土地开发使用的转化率在美国每年近 50 万 hm^2。苜蓿的种植面积从 1990 年的 1 200 万 hm^2 到 1999 年减少至 971.3 万 hm^2，减少了 19.06%，到 2020 年苜蓿种植面积已减少至 657.09 万 hm^2，与 1990 年和 1999 年的苜蓿面积相比，分别减少了 45.24% 和 32.34%。

2020 年，国务院办公厅连续发布《关于坚决制止耕地“非农化”行为的通知》《关于防止耕地“非粮化”稳定粮食生产的意见》明确指出，一般耕地应主要用于粮食和棉、油、糖、蔬菜等农产品及饲草饲料生产。耕地在优先满足粮食和食用农产品生产基础上，适度用于非食用农产品生产。由此可见，利用耕地种苜蓿的空间在变小，同时土地价格也会不断上涨，这对我国苜蓿种植会产生一定的影响。因为苜蓿是我国最重要的牧草，也是种植面积最大的牧草（2019 年苜蓿保留面积达 231.87 万 hm^2），特别是在目前我国苜蓿单产提高有限的情况下，增加苜蓿总产量和提高优质苜蓿供给能力，主要还是靠扩大种植面积来实现，因此，在今后我国扩大苜蓿种植面积受到耕地的可用性和土地价格的制约会增强，这种制约可能会长期存在下去。2016—2019 年，全国苜蓿保留面积呈减少趋势，从 2016 年的 437.47 万 hm^2 减少至 231.87 万 hm^2，3 年内减少了 47%，由此可见，我国苜蓿面积减少的速度惊人，减少的原因值得思考。

水资源和耕地资源对苜蓿种植的制约既是中国问题，也是世界性问题，近年我国苜蓿面积呈减少态势，或许能从美国苜蓿种植面积减少的趋势中获得一些启示，受耕地资源和水资源的影响未来苜蓿可能会进入一个缓慢发展期。内蒙古是我国苜蓿生产大省（区），苜蓿生产位居全国前列，无疑在未来苜蓿生产中也会受到土地资源和水资源的约束。相比之下，内蒙古苜蓿生产受水资源的约束要比土地资源的约束更大，因为内蒙古苜蓿主产区主要分布在常年干旱缺雨，地表水匮乏，地下水有限的干旱半干旱区。

三、苜蓿生产成本高居不下

近年来，苜蓿干草的生产成本不断增加，运营成本和资本成本都有所增加。成本方面的一些最大变化是建植、收获和管理等。由于土地、种子、水资源、化肥、农药和能源等生产资料成本的增加，特别是土地流转费的快速升高，导致苜蓿建植成本增加；由于与收获机械设备和能源等相关的成本增加，导致刈割收获成本增加；由于劳务成本的增加，导致管理成本增加。随着苜蓿生产各项成本的增加，我国苜蓿生产者的利润空间正受到挤压。

对于越来越多的商品来说，价格是全国的乃至是全球性的，生产成本则是地方性的，苜蓿也不例外。因此，苜蓿利润因产地不同而存在差异。这意味着苜蓿商品的市场和价格在范围上已经全国化甚至是全球化，而生产成本则仍然属于地区性。由于单一有竞争力的全国价格或世界价格上限影响着全国或全球商品的生产者，这意味着地方生产成本决定着分散在全国或全球各地的生产者的单位利润。因此，成本将决定哪些生产者能继续长期生存下去。幸运的是，在 2008 年至 2017 年间，我国苜蓿干草价格持续温和上扬，2018 年之后涨幅较高，对苜蓿生产成本的增加具有一定的抵消作用。不幸的是，我国苜蓿干草单位面积产量增加幅度较小。

四、苜蓿草产品价格高位运行

在过去的几十年里，我国苜蓿干草生产经历了一个平静的转变，已从一种主要由农牧户种植、相对以生态功能为主的自产自销牧草，转变为由专业公司种植管理，成为一种市场化的以现金—干草（可能有部分青贮）进行交易的商品，被奶牛养殖企业进行异地调运或从国外进口，它已经从“低值不受重视的牧草”发展成为一种可以在经济上与许多农作物（如玉米、小麦等）相竞争的重要作物或牧草。

苜蓿和乳制品市场在供应和需求两方面都是相互联系、相互依存的。苜蓿与饲料市场上的谷物和油料种子价格以及牛奶需求有关。苜蓿在作为一种牧草作物在奶业发展中发挥着重要作用，它补充了高能量饲料来源，并在一定程度上替代了其他蛋白质和粗饲料来源。由于这些原因，苜蓿市场与其他饲料市场以及更广泛的谷物和油料种子市场密切相关，在我国奶牛养殖中，苜蓿被用作奶牛的日粮。因此，苜蓿市场与牛奶市场密切相关。国产商品苜蓿草在2012—2017年价格相对稳定在1 800～2 200元/t，自2018年以来，一方面是由于生产成本的不断升高，推高了苜蓿价格，另一方面由于进口苜蓿草价格上涨，带动国产苜蓿草价格上涨，上涨幅度在400～600元/t，或更高。由于苜蓿价格上涨，使苜蓿种植企业或合作社受益不小，目前大部分苜蓿草生产企业（合作社）实现了扭亏为盈。然而，由于苜蓿草涨价，给奶业带来更大的压力和不稳定性，使原本就脆弱的苜蓿—奶牛经济体会变得更加脆弱和不稳定。

我国苜蓿产业对奶业的依从度较高，当奶业出现不稳定，苜蓿产业也会出现波动；当苜蓿价格偏离了它的价值，质量满足不了奶业的要求和价格暴涨奶牛养殖企业难以承受时，奶业就会减少苜蓿的使用量或苜蓿被替代，我国的苜蓿产业可会出现危机。在过去10年中，阿根廷乳奶牛中苜蓿干草的比例在急剧下降。苜蓿应以羊草为鉴，羊草在20世纪70—80年代为我国的出口牧草，90年代末，在我国奶业发展中发挥过重要的作用，在光明乳业6 t奶工程中羊草作为主要的禾草出现在日粮饲料中，当时可谓一草难求，价格剧增、严重偏离了羊草的价值，导致奶牛养殖企业用燕麦替代了羊草，羊草失去了市场和在奶业中应有的地位。羊草不仅是我国的优质牧草，更是内蒙古的优质牧草，失去奶牛市场实为可惜。

五、奶牛企业对苜蓿需求量和品质的不断追高

牧草是建立良好乳制品营养计划的基础。奶牛对饲料的采食量和消化率直接影响其肉乳产量、瘤胃功能和动物健康。苜蓿和青贮玉米是主要的饲料，提供能量、蛋白质、可消化和有效的纤维、矿物质和蛋白质奶牛的维生素。苜蓿

通常被称为“牧草之王”，是奶牛最重要的牧草。随着我国奶业的强势快速发展，对高品质苜蓿的需求量急速增加（表 2-2）。2008 年之后，我国的奶牛养殖在养殖规模、单产、质量水平上均发展到了一个新的阶段。2008 年，全国奶牛存栏达到 1 233.5 万头，是 2000 年的 2.5 倍；奶类产量 3 781.5 万 t，是 2000 年的 4.1 倍。我国奶类产量已跃居世界第三位，成为奶类生产大国。我国的奶牛存栏量在 2008 年之后自 1 234 万头增加至 2015 年的 1 507.2 万头，增长 22.1%，我国生鲜乳和乳制品产量分别达到 3 870.3 万 t 和 2 782.5 万 t。2017—2018 年，我国奶业供给相对过剩，存栏量有所降低，但产量大体稳定，2019 年随着主要奶业对上游养殖业的拓展，产业资本支出的增长，我国国内奶牛存栏量开始回升，到 2020 年奶牛存栏量达 1 400.9 万头，其中牛奶产量 3 440 万 t，乳制品产量 2 780.4 万 t。

随着我国奶牛养殖数量和乳制品的增加，进口苜蓿草也在增加，从 2008 年 1.76 万 t 增加至 2021 年的 178.03 万 t，增加了 100.15%。进口苜蓿草 2008—2014 年呈缓慢增加，当 2015 奶牛存栏数突破 1 500 万头时，苜蓿草进口量也突破了 100 万 t，达 121 万 t，2016—2020 年苜蓿草进口平稳，在 135.6 万～140 万 t，2021 年突破 170 万 t，达 178.03 万 t，创历史新高。

表 2-2　奶牛存栏数与苜蓿进口量

年份	奶牛（万头）	进口苜蓿（t）	年份	奶牛（万头）	进口苜蓿（t）
2008 年	—	1.76	2015 年	1 507.2	121.00
2009 年	1 260.3	7.42	2016 年	1 586.2	138.78
2010 年	1 420.1	21.81	2017 年	1 475.8	140.00
2011 年	1 440.2	27.56	2018 年	1 420.4	138.37
2012 年	1 493.9	44.27	2019 年	1 380.0	135.60
2013 年	1 441.0	75.56	2020 年	1 400.9	135.99
2014 年	1 499.1	88.45	2021 年	—	178.03*

资料来源：《中国奶业年鉴》（2017—2020 年）。* 为海关统计数据。

进口苜蓿草的剧增，一方面反映了我国苜蓿草在数量或质量方面可能还不能满足奶牛养殖企业的要求，另一方面也值得思考导致部分奶牛养殖企业宁愿舍近求远的原因，内蒙古是“中国乳都”，从 2019 年开始，全区奶牛存栏、牛奶产量实现恢复性增长，牛奶产量是全国唯一超过 500 万 t 的省（区），无疑内蒙古也是我国苜蓿使用大省（区），也是苜蓿草进口大省（区）。

过去的 20～30 年我国苜蓿的种植面积、产量和质量有了明显的变化，人们对苜蓿和其他牧草的重要性认识正在增强，全球对苜蓿或牧草的需求量很大，不论国外还是国内奶牛的养殖数量正在增加。尽管自 2012 年以来我国苜蓿产量显著增加，但远赶不上奶牛数量和乳制品产量增长的速度。

在我国奶业对苜蓿需求量不断增加的背景下，对苜蓿草的品质要求也越来越高，从粗蛋白含量 18%、RFV 值 160，到目前的粗蛋白含量 20%、RFV 值 170，甚至更高，粗蛋白质含量和 RFV 越高对苜蓿草的产量牺牲就越大（图 2-1），同时对苜蓿草地的持久性利用也具有较大的损害。从图 2-1 可看出，苜蓿产量与品质呈显著负相关，即随着苜蓿成熟度的增加，牧草产量呈上升趋势，而苜蓿的品质则是随着成熟的增加呈下降趋势。

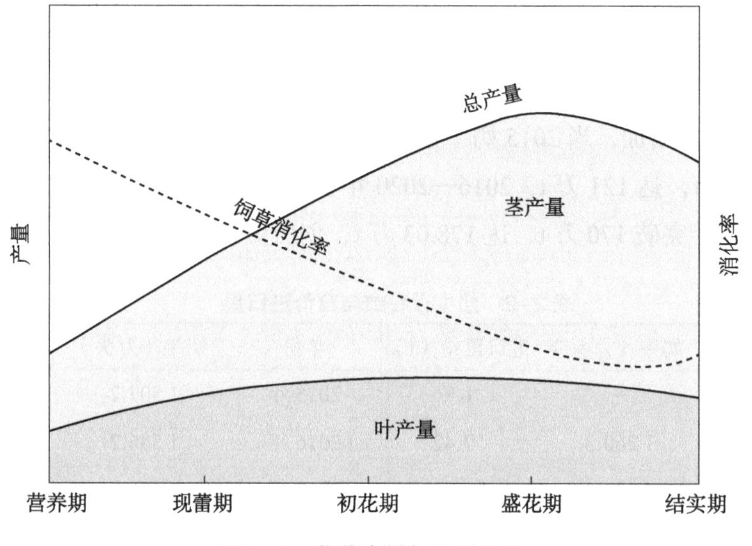

图 2-1　苜蓿产量与品质关系

长期数据表明，在过去的 20 年里，苜蓿单位面积产量提升速度缓慢。虽然在此期间奶牛的单产提高了 60% 以上，但苜蓿的单产却没有跟上。尽管部分原因可以归于对苜蓿质量的重视程度的提高，牺牲了一部分产量，但大多数苜蓿育种专家或栽培专家会承认，过去 20 年苜蓿单产的进步有限，与玉米、小麦等作物的单产提高幅度相比，差距较大。为了维持苜蓿产业的盈利，需要提高单产、提高水分利用效率和盈利能力的生产方法及新品种。解决问题的关键是打破与收获计划相关的产量—质量—草地持久性权衡，树立新的苜蓿产量、质量和草地持久性观念，这样种植者就可以在不牺牲产量、不损害草地持久利用的情况下改善质量。

高品质的苜蓿是美味的，通常最大限度地增加奶牛的摄入量和产量，并且苜蓿的低纤维和高蛋白质含量使其成为谷物和其他饲料的极好补充，这是奶牛养殖企业需要苜蓿的最重要原因。虽然苜蓿品种间产量和营养价值存在遗传差异，但目前苜蓿的产量与营养质量主要还是通过收获管理来平衡，因为苜蓿的营养组分和干物质消化率（DMD）主要与收获时的植株成熟度有关。目前，我国增加产量主要是通过扩大种植面积来实现，在我国苜蓿生产受水资源和耕地资源约束越来越严重的情况下，市场对苜蓿的产量和品质需求却越来越高，这无疑是对我国苜蓿产业乃至世界苜蓿产业的重大考验。

第四节　苜蓿产业发展的战略性选择

一、节水苜蓿

毫无疑问，水分对苜蓿生产至关重要，没有水就没有苜蓿的高产甚至存活。苜蓿的高产是通过适当灌溉管理，使苜蓿整个生长季节有足够的土壤水分来获得，可见水是苜蓿生产中的关键要素。水资源的短缺是我国苜蓿种植区的常态，水供应的减少或水供应的不确定性乃至水价格的不稳定性，比任何其他生产要素都更严重地影响着我国苜蓿的生产，从而限制着苜蓿供应，并导致价格高升。当农业生产面临用水和环境影响的激烈争论时，苜蓿由于其巨大的用水量而经常成为争论的焦点。从水分利用的角度来看，苜蓿具有许多积极的特点——它具有多年生的优点和耐旱特性（返青早，根系发达、入土深，可从深层吸取水分），以及产量高、水分利用效率高等。

我国苜蓿生产亟须构建高效的节水灌溉管理体系，一方面，要提高苜蓿精准灌溉，避免过度灌溉、无序灌溉和无效灌溉，降低水资源的浪费；另一方面，要提高苜蓿的水分利用率，精细平整土地，缩小地块面积，实现水分均匀分布，进行亏缺性灌水，提高水分利用率，实施精准施肥，使水肥耦合效益最大化。在水资源有限的情况下，苜蓿节水种植的策略可能包括：亏缺灌溉与精准施肥；缩小或减少灌溉面积；开发耐盐和耐旱品种，利用更多的边际地或边际水；采用高效的节水灌溉系统，能够更均匀地用水，通过改进水的输送系统（如滴灌系统和洒水系统）和更好的表面系统（地表平整度、地块大小）来改善分布均匀性。更好的水调度和水分监测系统，以提高蒸腾（ET）与水应用的匹配。应用基因创新和其他方法以增加苜蓿的耐旱能力和根系入土深度，提高苜蓿产量和草地持久性，并解决产量和质量的权衡，从而提高水分利用效率（WUE）。

有必要改进目前大水高肥的苜蓿生产模式。目前，在我国苜蓿生产中，节水灌溉设备得到广泛使用，但生产中无节制的过度灌溉、无效灌溉和无序灌溉现象普遍存在，固然水在苜蓿生产中起着关键性作用，但并非灌水越多产量越高，有时适得其反，过多的水分会抑制苜蓿生长，甚至导致死亡。应该通过耐旱品种和农艺措施的创新，提高苜蓿水分利用率和节水苜蓿种植管理体系的创新，来缓解苜蓿生产对水分的过度依赖，以获得较为理想的产量和效益，降低因水资源制约给苜蓿生产带来的影响。农艺策略在提高产量方面可能是最重要的，包括节水灌溉、肥料管理、收获管理、草地建植和虫害管理等。因此，提倡亏缺性精准灌溉和水分高效利用，发展高效节水苜蓿生产系统，在我国苜蓿主产区水资源日趋紧缺的大背景下，既具现实性也具战略性。

二、雨养苜蓿

我国北方的苜蓿生产系统主要以水为限，因此，苜蓿生产系统可分为雨养苜蓿和灌溉苜蓿两大类。毋庸置疑，水分是苜蓿获得高产的重要因素，在我国干旱半干旱区的苜蓿生产中水分就显得尤为重要与关键。然而，在我国水资源日趋短缺的大趋势下，苜蓿主产区地表水供应匮乏、地下水位下降以及抽水成本日趋高涨极大地影响着苜蓿生产。因此，从战略层面上应重视雨养苜蓿的发展，在半湿润、半干旱地区积极开发和构建雨养苜蓿的高质量种植体系、高效管理体系和降低风险的收获体系。我国半干旱、半湿润地区水热同季，降水量相对丰富，适宜发展雨养苜蓿，例如辽宁的凌海、法库等地年降水量在450～600 mm，近年雨养苜蓿发展势头较好。以美国为主的北美地区也在大力发展雨养苜蓿，雨养苜蓿在旱地农业系统中发挥着重要的作用。

干旱固然是影响苜蓿产量的最重要因素。从长期的策略看，在适宜发展雨养苜蓿的半湿润、半干旱地区，一方面要提高苜蓿利用降水的能力，通过农艺措施保障降雨在苜蓿地里的均匀分布，构建雨养苜蓿高质量栽培技术体系和高效管理体系，进行土壤调理，改善地块平整度，培肥土壤肥力，如早秋种植和改进播种技术（如播种深度），以及优化收获时间表；另一方面要积极培育抗旱苜蓿品种，加大抗旱苜蓿品种的应用力度，减少苜蓿对水资源的过度依赖也是十分重要的，其中最重要的策略之一是通过遗传改良和农艺措施，提高苜蓿产量和草地的持久性，必须考虑植物对缺水和盐度的适应；其次重要的策略之一就是积极规划利用生物技术改良苜蓿的遗传特性，培育超耐盐、超抗旱抗寒性的苜蓿新品培育，通过应用超抗旱抗寒和超耐盐苜蓿新品种，可提高苜蓿对半湿润、半干旱地区的适应能力，增加抗风险能力，提高雨养区苜蓿的产量。

在苜蓿草生产中既希望下雨，又害怕下雨。在生长期苜蓿需要充足的水分，希望获得较多的降水，但在刈割收获期又极怕下雨。在降水量多的地区虽然雨水可供苜蓿生长发展雨养苜蓿，但降雨也会给苜蓿刈割收获带来负面影响，一方面由于降雨可能会导致苜蓿不能按计划刈割收获，另一方面刈割后的草条若遭受雨淋会发生变质造成损失。因此，在雨养苜蓿区，研究构建刈割收获风险防范体系是十分必要的。

三、盐碱地苜蓿

我国奶业对苜蓿需求量越来越大，面对苜蓿单产在短时间内不会有大幅度增加的现实，目前只有通过扩大种植面积，增加苜蓿总产提高供给能力，但耕地资源对我国扩大苜蓿种植面积的制约是长期性的，尤其是土地流转费的不断升高更是硬约束。因此，从战略层面考虑，大量开发盐碱地种植苜蓿，减缓耕地资源对苜蓿发展的影响十分必要。我国有盐碱地近 1 亿 hm^2，多分布在水热条件相对较好的地区，如黄河流域。2021 年，国家《黄河流域生态保护和高质量发展规划纲要》提出，要深入实施盐碱地治理重大工程，推动盐碱地农业方面取得技术突破。2022 年中央一号文件明确指出，支持将符合条件的盐碱地等后备资源适度有序开发为耕地。研究制定盐碱地综合利用规划和实施方案。分类改造盐碱地，推动由主要治理盐碱地适应作物向更多选育耐盐碱植物适应盐碱地转变，支持盐碱地、干旱半干旱地区国家农业高新技术产业示范区建设，这为利用盐碱地种植苜蓿提供了契机。盐碱地是种植苜蓿的宝贵资源，面对耕地资源对扩大苜蓿种植面积的制约性越来越严峻的情况，另辟蹊径开发盐碱地及边际地种植苜蓿，既符合国家保护耕地的战略要求，也符合我国苜蓿种植面积不断扩大的现实要求，更符合国家苜蓿发展战略要求。

苜蓿具有耐盐性，对盐碱地有一定的适应性，是改良和利用盐碱地的先锋植物。早在古代我国就有在盐碱地种植苜蓿的习惯。据清同治元年（1862 年）山东《金乡县志》记载，“苜蓿能煖地，不畏碱，碱地先种苜蓿，岁刈其苗食之，三四年后犁去，其根改种它谷无不发矣，有云碱地畏雨，岁潦多收。”清郭云升《救荒简易书》曰，“祥符县老农曰：苜蓿性耐碱，宜种碱地，并且性能吃碱。久种苜蓿，能使碱地不碱。”这说明在盐碱地种植苜蓿已是常事，并且积累了许多有效的栽培技术。

进行盐碱地苜蓿理论与技术创新，选择耐盐（碱）苜蓿品种，深挖盐碱地栽培苜蓿的农艺措施和资源配置潜力，采用躲盐、生物改良等盐碱地栽培技术提高种植苜蓿的成功率，能够确保苜蓿在轻度盐碱地（全盐含量 0.2%～0.4%）正常生长；同时，还可以通过新技术培育超耐盐（碱）苜蓿品种，提高苜蓿的耐盐性，采用生物改良新技术，向中度盐碱地（全盐含量 0.4%～0.6%）或重度盐碱地（0.6%～0.8%）延伸，降低盐碱地的盐分含量，结合盐碱地种植的农艺措施，为苜蓿适宜盐碱地生长创造条件，开创盐碱地苜蓿生产新局面。

四、“三地”苜蓿

我国退耕地、撂荒地和沙化地（简称三地）资源丰富，在耕地资源对种植苜蓿的约束越来越严重的情况下，开发“三地”资源种植苜蓿，是缓解耕地资源制约扩大苜蓿种植面积的有效途径。与盐碱地种植苜蓿相比，“三地”种植苜蓿要容易得多。自 1999 年国家启动“退耕还林还草工程”以来，苜蓿在其工程实施中发挥了重要作用，要继续利用退耕还草的契机，根据立地条件，对退耕地分类管理、分类种草、宜苜（蓿）则苜（蓿）、宜草则草，对退耕地苜蓿种植要强化提质增产增效发展、规模化种植、机械化作业和标准化管理，推动苜蓿向产业化高质量方向转型。

农业比较效益偏低、耕种条件差，受农民外出务工等因素影响，一些地方出现了不同程度的弃耕撂荒现象，针对此类现象，2021 年，农业农村部出台了《关于统筹利用撂荒地促进农业生产发展的指导意见》明确指出，坚持分类指导，有序推进撂荒地利用，要规范土地流转，促进撂荒地规模经营。撂荒地对种植苜蓿来说条件相对较好，基本能满足苜蓿生长对环境条件的要求，应抓住机会向撂荒地深处延伸，发展撂荒地苜蓿生产，推动撂荒地苜蓿高产、高效和高质量发展。

我国土地沙化较为严重，沙化地约为 174.3 万 km^2，2014 年，国家提出到 2020 年将全国具备条件的坡耕地和严重沙化耕地约 280 万 hm^2 退耕还林还草。目前，我国沙地苜蓿较为普遍，科尔沁沙地、毛乌素沙地等种植苜蓿已取得较好的效果。因此，应深化沙地苜蓿的科技创新，加大引用耐旱苜蓿品种的力度，强化高效节水灌溉技术体系与节水栽培管理技术体系的研发，改变目前大水高肥的无序灌溉、过度灌溉和无效灌溉的现象，提倡沙地苜蓿亏缺性精准有效地节水灌溉，以减缓水资源的紧缺程度和降低因过度灌溉引起的灌溉成本增加。

五、有机苜蓿

有机农业的发展，特别是有机奶业的发展，亟须有机苜蓿的发展。从解决或预防环境问题，到满足奶牛养殖对苜蓿日益增长的需求，传统苜蓿生产向有机苜蓿生产的转变可能是一个挑战，但也是发展机遇。首先选用高效固氮苜蓿品种，采用有机苜蓿栽培管理的原理与技术，也需进行有机苜蓿的生产。

其次，在强调环境和土壤管理，不使用化学除草剂和化肥的情况下，所有作物的杂草控制和粮食作物的氮肥施用是有机生产系统中的关键问题，为了给后续作物提供有效的氮素进行有机生产的作物轮作，苜蓿被视为有机农业系统中最理想的轮作作物。加强适宜有机种植的苜蓿品种开发与培育是当务之急。

内蒙古的盐碱地、沙地、撂荒地等受重金属、农药和化肥的污染程度较轻或未被污染，有利于有机苜蓿的发展，应抓住机会发展有机苜蓿，为内蒙古有机奶业的发展展现苜蓿担当、发挥苜蓿作用、贡献苜蓿力量、绽放苜蓿风采。

第三章

苜蓿轮作方案制定

苜蓿产生的毒素会影响新苜蓿种子的萌发和生长，这种现象被称为自毒。毒素的影响程度随着先前林分的年龄和密度以及播种前加入的残留量而增加。自毒化合物可溶于水，主要集中在叶片中，根部的化合物会导致根尖膨胀，减少根毛数量，从而损害幼苗主根的发育，这限制了幼苗吸收水分和营养的能力，增加了植株对其他胁迫因子的敏感性。

第一节　自毒性的产生

一、自毒性

自毒作用对苜蓿生长的影响至关重要。如果在苜蓿之后继续种植苜蓿（即连作），其自毒性会持续发挥作用，从而造成巨大的经济损失。因此，苜蓿自毒作用已受到越来越多的关注。

早在1940年研究发现，将衰退的苜蓿草地耕翻后，再重新种植苜蓿时会造成新建苜蓿生长不良，最终导致草地失败。Wing（1909）指出，在苜蓿草地进行一定时间的休耕之前不宜再种苜蓿，因为土壤会对苜蓿产生不良影响，而这种不良的隐性因素尚不明确，这就是人们最早发现的苜蓿自毒现象。Guenzi等（1964）也发现了苜蓿在生长期内会产生相互毒害的现象。从苜蓿残体中分离出来的水溶性有毒物质，对苜蓿草地的建植具有不良影响，所以Mcelgum和Heinrichs（1970）提出了苜蓿的自毒性（Alfalfa-aototoxicity）。Jennings和Melson（2002）指出在衰退苜蓿草地上补播或重播苜蓿时，由于土壤中积累的自毒性物质和苜蓿残留体与土壤混合在一起释放出来的自毒性物质会对苜蓿幼苗的生长产生抑制作用。Henderlong（1981）指出在苜蓿草地之后继续种植苜蓿需要进行一次作物轮作，倘若苜蓿地没有轮作或休耕一年之内再种苜蓿，新建草地会出现连续几年株丛密度下降，产量减少（Jennings and Melson，

2002）的现象。在生产中，有时由于苜蓿草地建植失败或建成的苜蓿草地生长发育不良，需要将其耕翻后重新建植，在重新建植的苜蓿草地中有些可以建植成功，而大多数则会失败，其原因通常归咎于苜蓿自毒性危害和严重的虫害。

苜蓿的自毒性不仅在重茬苜蓿中表现突出，而且对生长多年的苜蓿也会产生明显的影响。在 20 世纪 80 年代，许多研究证实了苜蓿草地具有累积自毒性物质的特性，将播种当年的苜蓿收获 2 次，在秋天翻耕后于翌年春天再种苜蓿，发现播种当年和生长翌年的苜蓿生长良好，牧草产量可达 658.98 kg/ 亩，生长第 3 年苜蓿植株明显减少，牧草产量显著下降，到生长的第 7 年苜蓿则出现发育不良、株丛发育差、牧草产量下降到 181.22 kg/ 亩等现象，这说明苜蓿自毒性物质在土壤中有积累作用。此前，人们忽视了自毒作用对苜蓿的影响，往往把这种株丛减少、产量下降和草地衰退归咎于环境胁迫、病虫害和利用不当等原因。

一般认为，苜蓿自毒作用是造成重茬苜蓿失败的主要原因，这种失败可能是由于多种水溶性化合物相互作用产生的自毒效应所致（Tesar and Marble，1988；Hegde and Miller，1992；Jennings，2001；Volenec and Johnson，2004），产生这种效应的自毒物质的特征主要如下：一是易溶于水；二是鲜草中的提取物；三是与微生物代谢活动无关；四是苜蓿芽中积累的自毒物质远远多于根中的含量。研究者证明苜蓿的自毒性物质主要存在于叶片和花中，而根（颈）、枝条和种子中自毒性物质含量较少，但植物器官不同其自毒性物质的含量也不相同。Chung 和 Miller（1995）研究证实，水溶性浸提物主要通过抑制胚根伸长而对苜蓿发芽率和出苗产生影响，同时进一步表明植物不同组织产生的水溶性浸提物对种子发芽、胚根和胚轴伸长的影响也不同，其中，苜蓿枝条和根的浸提物抑制作用弱于叶和生殖组织的浸提物。Dornbos（1990）研究表明，成熟的苜蓿会产生一种植物生长抑制剂苜蓿素（Medicarpin），这种物质会对生长在成熟苜蓿株丛附近的幼苗生长产生抑制作用。Chon 和 Kim（2002）从苜蓿叶、枝条、根（颈）和种子中浸提出 9 种具有自毒性的酚类化合物（表 3-1）。

表 3-1　自毒性的酚类化合物

酚类化合物	作用
酚酸类物质	苜蓿根系和残茬能释放酚酸类物质，如咖啡酸、绿原酸、异绿原酸、羟基苯甲酸和阿魏酸；能够抑制苜蓿周围植株生长的苜蓿素，抑制新种苜蓿幼苗的生长且控制某些杂草滋生，如苘麻

续表

酚类化合物	作用
刀豆氨酸	苜蓿刀豆氨酸含量一般在0.6%～1.6%，苜蓿种间差异显著。其中，绝大数苜蓿品种中刀豆氨酸含量在1%以下，化感作用不强，自毒效应不重，只有3个品种中刀豆氨酸超过1.3%，自毒效应明显
皂苷	普遍存在的有苜蓿酸大豆皂苷B和常春藤苷，浓度变化不大，而其他10余种皂苷分子含量和种类存在极显著差异；皂苷的浓度越高，化感抑制性越强。苜蓿的化感作用主要归因于皂苷，特别是苜蓿皂苷。苜蓿的皂苷不是自毒物质，而是影响其他植物的化感物质，对自身不产生危害
三十烷醇	最先将苜蓿对作物产生刺激作用的物质鉴定为三十烷醇，随后在其他豆科作物中也发现了三十烷醇。例如大豆（*Glycine max*）收获后，大豆残株能在土壤中释放三十烷醇，促进后茬作物玉米的生长，达到增加产量的效果

苜蓿体内的水溶性物质既是自毒的，也是异毒的。因此，很难将苜蓿自毒物质和异毒物质区分开来。到目前为止，苜蓿中的主要化感物质还没有明确的定论。这给以特征次生代谢物质为标记的苜蓿的化感育种带来了困难。

二、自毒性原理与危害

1. 自毒原理

一般认为化感作用就是一种植物通过释放到环境中的化感物质直接或间接对另一种植物产生有害的或是有益的影响。苜蓿含有水溶性自毒性物质，这种物质对苜蓿具有抑制作用。苜蓿自毒化感作用会导致发芽率低、主根发育差、草地建植效果不好、植株矮小和生产力下降等，苜蓿的自毒作用最早由Jensen等（1981）进行了详细的研究。他们的结论是苜蓿存在自毒作用，与其他作物或休耕后的苜蓿相比，其萌发率低，草地建植效果差，生产力低，但其机制尚不清楚。潜在的问题可能是由于土壤水分枯竭、植物病害和潜在的自毒，这些因素都导致产量下降。其中，自毒性被认为是重茬种失败的最常见原因。

在过去的几年里，人们了解了许多关于幼苗对毒素的反应、毒素在土壤中的运动和管理对自身毒性影响的一般原理。这些自毒化学物质是可从新鲜的苜蓿牧草中提取，而不是微生物作用的产物，水溶，在苜蓿茎中比在根中更集中。

2. 自毒性的危害

归纳起来，苜蓿自毒性的危害主要表现在以下方面。

自毒性的可能影响延迟萌发、抑制苜蓿根的生长、引起根的肿胀、卷曲和变色，比种子萌发更减少苜蓿根的生长，导致根中缺少毛发。自毒田中典型的植物症状是幼苗矮小、细长、黄绿色，基部和侧根上有不规则的棕红色到深褐色病变，只有少数有效结节。微生物活性和宏观和微量营养素缺乏也可能是生长抑制的原因。苜蓿自毒的主要作用是降低幼苗主根的发育。当苜蓿老后过早种植时，自毒主要引起立地失败。通常，自毒不被认为是一个问题，如果新的苜蓿立地发芽和植物发育可能出现正常，产量下降或持久性差是由其他因素造成的。然而，最近的研究证据表明，轻微自毒作用的负面影响可能会持续存在，导致植物养分和产量的长期减少。

（1）延缓种子萌发和抑制根系生长　由于自毒性物质的存在，当苜蓿重茬时，苜蓿的种子萌发会受到抑制，幼苗生长受阻，严重时会死亡；根系生长会受到更严重的抑制，如根系增粗受阻，根或根毛卷曲，根变色或失色，根毛严重缺乏。苜蓿的自毒性物质对根系生长的抑制作用要大于对种子萌发的抑制作用（图 3-1），使成熟植株侧根比主根更明显，从而使牧草产量下降。

图 3-1　自毒对苜蓿根系生长的影响

注：引自 Jennings et al., 1998。

（2）减少株丛　Jennings 等（2002）研究表明，田间苜蓿的自毒作用可形成特定的影响圈。老苜蓿植株的有毒辐射半径为 20～40 cm，在该区域内新播苜蓿产量会显著降低，约为最高产量的 75%，而在 0～20 cm 内苜蓿幼苗弱而细长，几乎不能存活，在 20～40 cm 内的存活率较低，即使存活，苜蓿的产量也仅为正常产量的 30%，在远离老苜蓿植株 40 cm 外的苜蓿可良好生长，并能获得较好的产量（图 3-2）。

（3）降低牧草产量　自毒作用通过影响苜蓿根系生长导致牧草产量下降。当苜蓿草地耕翻后，没有进行休耕就种植苜蓿，牧草产量会明显减少，这种产量减少的情况每年都会发生。另外，建成的苜蓿草地受自毒性的影响，每次刈割后的再生生长也会受抑制。当苜蓿草地秋季耕翻，翌年春天再种苜蓿，与玉米之后种苜蓿相比，产量明显减少。在一个农场范围内，受自毒性的影响，对苜蓿产量减少的认识要比对株丛减少的认识更为困难，牧草产量的减少往往被归于其他原因。为了达到苜蓿高产，在苜蓿草地之后再种苜蓿之前，应选用其他作物进行轮作。

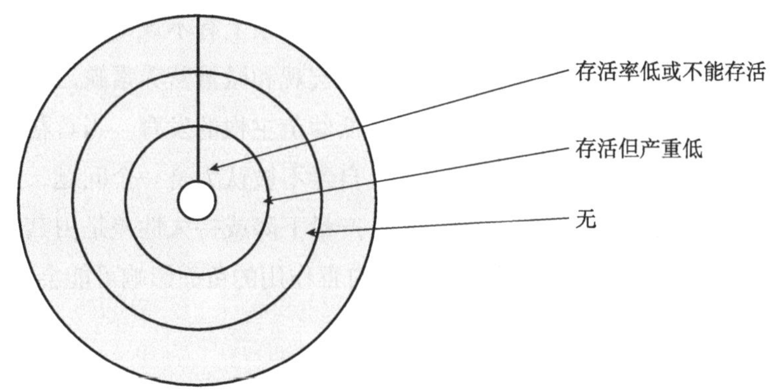

图 3-2 新播种苜蓿受原苜蓿植株影响区域分布

（4）*建植失败后的重播种* 在苜蓿草地上再种苜蓿时，苜蓿幼苗除受自毒性影响外，还会受到杂草的为害，引起重茬苜蓿建植失败。因此，苜蓿重茬种植在生产中不推荐。有时，新种苜蓿第一年并不出现毒害现象，所以由于播种失败或是未能安全越冬的苜蓿草地，再进行种植苜蓿时，不会受到自毒性的影响，也就是说，在春季播种苜蓿失败后，可在夏季再进行苜蓿播种，或是在夏季播种失败后，可在翌年春季再行苜蓿播种。

（5）*衰退草地的更新* 对衰退的苜蓿草地进行补播成功率很低，当种子萌发时，出苗状况较为可观，但是过了夏季，苜蓿植株会逐渐死亡。由于苜蓿自毒性的辐射半径为 0～40 cm，为了减少自毒性对补播苜蓿的影响，需要对每平方米株丛数少于 0.2 株（几乎没有苜蓿的存在）的苜蓿草地进行补播，倘若苜蓿草地每平方米的株丛多于 1.4 株的话，受自毒作用的影响或建植失败的风险将会增大。Chon 等（2006）的研究表明，在美国建议将补种苜蓿的间隔时间控制在 6～12 个月，在某些情况下，甚至要求控制在 24 个月。由于受到自毒化感作用的影响，在苜蓿为前茬的地块采用隔行播种的方式以达到重建苜蓿地的效果，其成功率是极低的。

四、影响自毒性的因素

苜蓿对自毒性的响应受许多因素的影响，其作用大小也是可变的。自毒性物质含量因苜蓿组织的不同而有所差异，地上组织自毒性物质含量要高于地下组织的含量，在耕翻时要尽量清除苜蓿地上部分，以减少土壤中自毒性物质的含量。下雨也可使一部分有毒物质淋溶于根际之外，与黏土相比，沙壤土中自毒性物质存在的时间较短，而黏土中自毒性物质存在时间较长，毒效时间也长。

植物生物学鉴定和土壤检测结果是评估自毒性对苜蓿种子萌发、根系生长和枝条生长影响的最好方法。研究表明，在种子萌发期内，自毒作用除降低发芽率外，还会导致苜蓿的初生根生长缓慢，甚至死亡，即使有存活的根系，其生物量也较少，并多为毛根，这样就降低了苜蓿幼苗的耐旱能力和生产性能，特别是在干旱条件下表现尤为突出。

1. 组织器官

苜蓿自毒性物质主要存在于叶片、枝茎和花中，一般苜蓿叶和花中的自毒性物质的含量多于根和枝条等组织（Chung and Meller，1995）。此外，苜蓿的生长期也是影响自毒性的重要因素。Hegde 和 Hiller（1992）认为，生殖生长期的苜蓿自身毒素含量高于营养生长期。

2. 生长年限

随着苜蓿生长年限的增加，土壤中积累的自毒性物质含量也会增加，仅生长 1 年的苜蓿残留在土壤中的自毒性物质较少。随着生长年限的延长，苜蓿株丛密度会出现不断下降的趋势，这是自毒性和竞争的相互作用所致。

3. 株丛密度

苜蓿株丛密度高，其土壤中的自毒性物质浓度也高，在原苜蓿株丛半径为 0～40 cm 的区域内新生长的苜蓿幼苗会出现明显的成活率低和产量下降的现象，而在半径为 0～20 cm 区域的幼苗则不能够很好地成活。

4. 残留物

由于苜蓿地上组织自毒性物质含量要高于地下组织，遗留在地表生长繁茂的植株越多，其自毒性物质的浓度也会越高，所以若进行苜蓿连种的话，在收获苜蓿或处理残存苜蓿时，要尽量减少地表苜蓿的残株落叶。

5. 土壤类型

苜蓿自身毒性化学物质的消散可能受到土壤质地的影响。生长在沙壤地的苜蓿被耕翻后，虽然自毒性严重，但经过雨淋，自毒性物质很快被淋溶到根区之外，自毒性减弱，而黏土由于淋溶性差，自毒性物质会保留较长时间。对自毒性的反应，土壤结构起着更重要的作用，如沙壤土在短时间内趋于毒性更大化，但是同样的自体毒素，通过土壤剖面会被更快地淋溶掉，而重黏土则趋于黏合自体毒素，其被淋溶掉的速度会更慢，与沙壤土相比，重黏土淋溶掉相同含量的自体毒素需超出沙壤土 50% 的淋溶水分。沙土提取物对根系生长的自毒作用更强（根系生长减少更多）。这说明在短期内，沙土的自毒作用可能更为严重；然而，在灌溉或降雨条件下，自毒因子可能比在重质土壤中更容易从根区被淋滤出来。因此，在老苜蓿草地耕翻后，在播种新苜蓿之前要对沙地进行大量灌溉。然而，在不灌溉的情况下，质地较重的土壤需要 1～6 个月的轮作间隔。苜蓿的自毒作用在排水最差的土壤中更为明显。

6. 耕作措施

建议在苜蓿草地重新再种苜蓿时，最好间作 1 次轮作，以避免其自身毒性的负面影响，不提倡在老苜蓿地立即重新播种苜蓿。在苜蓿收获后，尽可能地进行耕翻，以降低自毒性，若采用少耕或免耕，土壤的自毒性会较高。Undersander（2007）研究表明，与免耕相比，在耕翻前茬苜蓿 2 周之内进行播种可明显降低自毒性影响，但产量仍要减少 60%～80%，在 4 周之后播种，苜蓿产量为对照的 70%，而免耕的产量则为对照的 45%。Jenninys 和 Nelson（1995）研究了用除草剂将生长多年的草地上的苜蓿杀死，然后分别休耕 2 周、3 周、6 个月、12 个月和 18 个月，采用免耕法进行播种，连续 3 年对重播的苜蓿草地进行株丛密度和牧草产量的监测，结果表明，重茬苜蓿草地株丛数和产量以休耕 12 个月和 18 个月的表现最好，休耕 2 周和 3 周的苜蓿草地株丛和产量最差，株丛数和产量分别为休耕 18 个月的 13%～20% 和 8%，休耕 6 个月的苜蓿草地株丛数与休耕 12 个月和 18 个月的苜蓿株丛数相近，但产量较低。休耕 2 周和 3 周后播种的苜蓿主根不明显，侧根较多，而休耕 12 个月和 18 个月后播种的苜蓿主侧根均较发达，与正常苜蓿根系类似。这表明苜蓿自毒性对苜蓿主根生长具有明显的抑制作用，而存活的苜蓿可生长侧根。

苜蓿似乎对自毒性物质具有记忆性的反应功能，研究人员将这一现象叫做自我调节或适应性。即使苜蓿草地休耕 3～6 个月后，再种植苜蓿且建植成功，但是由于自毒性危害具有持续时间长，由于最初的自我调节能力较弱，而使得苜蓿草地生产力潜在的下降趋势不易被测定出来，进而潜在的经济损失只有等到苜蓿播种失败后才表现出来。由于苜蓿受自毒作用的长期影响，产量大概要下降 8%～29%。试验表明，重茬苜蓿的产量可减少 8%～52%，株丛密度可减少 19%～26%。

7. 苜蓿品种

除土壤特性的差异、苜蓿种植后的气象条件（主要是增加降雨 / 淋滤）对苜蓿自毒性有影响外，品种不同，自毒程度也不同，同时，因素之间的相互作用可能导致差异。所以，苜蓿品种自身毒性存在差异（表 3-2）。

表 3-2　不同苜蓿品种的提取物浓度　　单位：g/L

品种	牧草提取物	品种	牧草提取物
Pioneer 5472	16.2	Apollo Supreme	33.9
Arrow	25.1	DK-125	35.7
Magnum II	25.9	Dawn	37.5
Vernal	29.7		

注：抑制苜蓿幼苗生长至对照的 50%。

第二节　自毒性管理策略

在影响苜蓿连作（或重茬）的众多因素中，苜蓿自毒作用比土传昆虫、老草地土壤水分耗损等因素更为重要，它与土壤传播疾病被列为最重要的影响因素。

一、减缓自毒性危害的途径

有人试图通过管理措施来减少苜蓿自毒作用的发挥，或是利用异株克生效应进行杂草的防除，通常采用的有效路径有两种，一种是在一年或多年轮作系统中采用作物轮作或保护播种，另一种则是培育具有忍耐或抵抗自毒性的苜蓿品种。有些具有耐自毒性的苜蓿品种可以通过补播或重播，用于退化苜蓿草地的改良复壮。一般克服苜蓿自毒性的有效途径，一是轮休或休耕，二是轮作。

研究表明，为了减少重茬对苜蓿草地的影响，使损失降到最低，前茬苜蓿草地至少应休耕（或间息、轮休）12 个月。试图通过补播苜蓿来增加退化苜蓿草地的株丛密度是不可取的，因为在株丛密度较高的情况下，由于竞争和自毒性的协同作用只有很少的苜蓿种子能够发芽并存活，而只有在低密度的情况下补播才会成功。如果未经任何处理就在苜蓿草地上重建苜蓿，那么所建成的草地质量一般很差。只有等存活的苜蓿死亡和翻耕后经过一定时间的间隔或休耕后，才能保证重建苜蓿草地的成功率。因为一定的时间间隔会使土壤中自毒性物质含量减少或消失。而自毒性物质消散所需的时间主要由土壤类型、苗床、播种时间和气候等因素决定，在某些情况下，自毒性物质的消失速度还与苜蓿的品种和生长年限有关。

因此，生产者不应急于进行重建，且重建的时间间隔会因各种因素而有所不同。当生产者使用免耕措施时，间隔时间需要 12 个月之久，因为免耕会减缓前茬苜蓿残留物降解的速度。轮作植物（如玉米或烟草等）能够大大提高苜蓿草地重建的成功率。若采用传统的苗床准备方法可以将间隔时间缩短到 6 个月，即秋天对前茬苜蓿草地进行翻耕，翌年春天则可进行苜蓿草地重建，这样，在沙壤土和冬季降水多的情况下能够淋溶更多的自毒性物质，从而使苜蓿草地建植成功率增大。如果轮作受限，应选择这种间隔时间较短的方法，同时也应考虑自毒作用对草地株丛密度和牧草产量的潜在影响。

二、自毒性管理方法

为了减少苜蓿自毒性影响，可以选择以下方法。

1. 轮作

为了使自毒性对苜蓿的影响降到最低，在苜蓿草地耕翻后至少 2 周之内尽量避免重新播种苜蓿。大多数情况下，苜蓿轮作至少 1 年，这样会提高草地重建的成功率，特别是对于免耕播种系统。对前茬苜蓿草地进行翻耕，翌年春天进行传统的苗床准备，在耕翻苜蓿草地之前，应尽量减少苜蓿草地中残留的叶片和花，因为它们含有大量的自毒物质。在苜蓿草地上进行补播对株丛密度不会产生明显的增加作用。

2. 免耕

如果采用免耕技术播种苜蓿，需用除草剂将前茬苜蓿杀死，再等 3～4 周的时间，才可重播苜蓿。Muller 等（1980）的研究表明，田间施用草甘膦后，数日内苜蓿幼苗密度和牧草产量明显降低，同时指出，春季对 6 年生苜蓿草地施用草甘膦之后 2～3 周再播种，苜蓿长势最佳。Tesar（1993）研究发现在生长 6 年、4 年、1 年的苜蓿草地上，推迟播种后自毒作用表现不明显；如果播种失败，进行耕耙后至少间隔 2 周或使用草甘膦 3 周后，可以采用再次播种的方式；在使用草甘膦后 21 d、28 d、35 d 自毒性均表现不明显。1～7 年生苜蓿在施用草甘膦耕耙和播种的这段时间，随时间的推移自毒性也逐渐消散，可能是由于降解所致。Mueller-Warrent 和 Koch（1981）也得到同样的研究结果，在施用草甘膦后 2～3 周的时间进行苜蓿播种，其出苗率明显高于直接播种。Tesar（1993）发现，在没有明显自毒作用的情况下，如果在耕翻 2 周后、施用草甘膦 3 周后以及建植苜蓿草地失败的情况下进行播种，那么重建苜蓿草地的成功率就会大大提升。因此，下列农艺措施有助于减缓多年生苜蓿草地的自毒性：一是苜蓿草地耕翻后至少 2 周后再播种；二是早秋施用草甘膦或早春免耕播种；三是春季施用草甘膦后至少 3 周再春播或初夏免耕播种。

3. 水分管理

灌溉和降雨可以淋溶自毒性物质，降低土壤剖面中自毒性物质的含量，如果因干旱气候导致苜蓿草地被耕翻则需要推迟苜蓿重新种植的时间。沙壤土中自毒性物质的消失速度要比黏土快，所以黏性土壤重种苜蓿时要尽量延后播种。

4. 改良土壤

在重茬苜蓿播种前，要尽量增加耕翻次数，这样可以通过混合土壤降低土壤中自毒性物质的浓度。由于苜蓿具有自毒特性，所以耕翻后的苜蓿草地在 12 个月内避免再种苜蓿，如果苜蓿草地未进行轮作或休耕，就会导致重播苜蓿种子萌发受到抑制、幼苗生长不良、草地发育不健全，牧草产量也会严重下降。

5. 选择品种

利用特征次生代谢物质标记筛选和培育具有化感潜力的苜蓿品种，选择不产生自毒性物质或对自毒性物质有抗性的苜蓿品种。Miller（1992）认为解决苜蓿自毒性问题，一方面可以培育不产生自体毒性的品种，另一方面可以培育抗自毒性的品种。苜蓿品种黎明（Dawn）自毒作用明显，而先锋 5472（Pioneer 5472）只分泌少量自毒性物质，主要化感物质皂苷含量不足黎明（Dawn）的一半，因此使用先锋 5472 和其他相应的杂交品种可以有效地克服苜蓿连作障碍。

6. 栽培管理

利用苜蓿化感作用与其他作物进行间、混、套种或轮作，建立高效持续的环境友好型种植系统。通过撂荒、休耕、增施土壤改良剂等管理措施可以减弱或消除苜蓿的自毒效应，但是这无疑会增加生产成本，降低复种指数。一般而言，不同作物轮作能够有效地克服自毒作用，即使前后茬作物之间不产生有促进作用的化感物质，也会因为降低了自毒作用而使后茬作物增产。Einhellig（1985）研究指出，苜蓿与番茄、黄瓜、莴苣等蔬菜轮作能有效增加后茬作物产量。Miller（1992）报道苜蓿的后作最好是玉米，其次为各种谷类和大豆，而最忌连作苜蓿。

三、轮作或休耕时间

一般前茬苜蓿与后茬复种苜蓿（再种苜蓿）的间隔期为 6 个月或 12 个月，最常见的建议是在与非豆科作物轮种一个或多个季节后重新播种苜蓿。

有研究表明，6 个月休耕处理的苜蓿草地与 12 个月和 18 个月处理相似，但产量较低。表现在花期 2 周和 3 周轮作地块的植株在花期 2 年后挖出的植株具有广泛的分枝根，主根发育很少，而12个月和18个月地块的植株具有与正常植株相似的突出主根。暴露于这种自毒化学物质可能抑制了直根的生长，但植物通过产生分枝根存活下来。轮作时间最长的植株密度最大，轮作时间最短的植株密度最低。与加利福尼亚州的研究类似，在所有轮作处理中，植物密度以相似的速度下降了3年。

第三节　苜蓿轮作

轮作是克服苜蓿自毒性最有效的办法之一。一般有3种类型，一是与作物轮作，如玉米、小麦；二是与一年饲草轮作，如燕麦，三是与多年生禾本科牧草轮作，如猫尾草、黑麦草、无芒雀麦等。

一、作物模式

1. 与作物轮作

通过玉米—苜蓿、玉米—高粱—苜蓿和苜蓿—苜蓿3种轮作制度，6年之后前茬为玉米和玉米—高粱的苜蓿产量明显高于前茬为苜蓿的产量，从而考证了苜蓿连作的可行性（表3-3）。

表3-3　3种轮作制度对6年后苜蓿产量和株丛数的影响

轮作顺序	干物质产量（kg/亩）	株丛数（株/m^2）
玉米—苜蓿	626.0	49.5
玉米—高粱—苜蓿	576.6	40.9
苜蓿—苜蓿	313.0	21.5

苜蓿虽然作为一种适应性强、生长年限长的多年生牧草，也难免会受到频繁刈割或放牧带来的压力和土壤肥力下降的影响，以及病害的增加和其他环境因素带来的干扰。一个生长较好的苜蓿草地会改善土壤耕层环境，增加土壤氮素，同时改变土壤有机质的含量，但是草地生产力的衰减则是不可避免的。无论是一年生还是多年生作物，深根还是浅根作物，在进行轮作时，都能改善局部区域的土壤结构和养分状况。由于苜蓿强大的根系会不断生长延伸，所以采用苜蓿与玉米等禾谷类作物轮作，可改善它们的生长状况，提高生产性能。同时，轮作也能改善苜蓿的品质，避免或减少病虫和杂草对苜蓿的为害，从而增加苜蓿产量。

在苜蓿轮作系统中，Miller（1983）强调指出，苜蓿是玉米、高粱等禾谷类作物的最好前茬作物，但不一定是苜蓿的良好前茬，甚至有可能是有害前茬作物。Klein 和 Miller（1980）也提出当苜蓿草地未经过另一种作物轮茬种植，而直接种植苜蓿时，其成功率会严重下降。一般苜蓿生长 3～4 年后种植玉米或高粱等作物可使苜蓿草地中的丰富氮素得到更好地利用。不推荐苜蓿的连作，因其存在许多潜在问题，如土壤水分亏缺、病虫害的发生和苜蓿自毒性等。在这些问题中，自毒性常常会导致苜蓿连种失败。苜蓿与作物轮种是增加其产量最有效的农艺措施之一。苜蓿与玉米进行轮种有许多方面的互补效应，最明显的效应就是与前茬为玉米相比，以苜蓿为前茬再种玉米可使玉米产量增加 10%～17%。研究表明，青贮玉米与苜蓿在营养利用方面是截然不同的，苜蓿对磷、钾需求量较玉米多（表 3-4），而玉米则对氮素需求量多，由于苜蓿具有固氮作用，可以使土壤富集更多的氮素，为苜蓿之后的玉米生长提供充足的氮源。

表 3-4　苜蓿与青贮玉米对营养吸收的比较　　单位：kg/ 亩

作物	产量	P_2O_5 摄入量	K_2O 摄入量
苜蓿	660	27	100
青贮玉米	2 635～3 295	30	55

2. 与燕麦轮作

北方农区和农牧交错区，特别是农牧交错区目前为我国苜蓿产业发展的主产区，每年有大量的苜蓿地要进行更新轮作。准备更新的苜蓿地一般都是在刈割完第 1 次苜蓿后进行耕翻轮作，燕麦是苜蓿地轮作的理想作物。立地条件与生产管理的差异，各地头茬苜蓿刈割时间有一定的差异，如河西走廊头茬苜蓿一般在 5 月底至 6 月初进行刈割（图 3-3）。

玉门位于甘肃省西北部，河西走廊西部，地貌分为祁连山地、走廊平原和马鬃山地 3 个部分，海拔 1 400～1 700 m。玉门属大陆性中温带干旱气候，降水少，蒸发大，日照长，年平均气温 6.9℃。1 月最冷，极端最低温可达 -28.7℃；7 月最热，极端最高温可达 36.7℃。年日照时数 3 166.3 h，平均无霜期为 135 d。年平均降水量为 63.3 mm，蒸发量达 2 952 mm。

甘肃省玉门大业草业科技发展有限责任公司 2016 年 6 月 10 日进行头茬苜蓿刈割，6 月 20 日播种燕麦，9 月底至 10 月初刈割燕麦，干草产量达 800～1 200 kg/ 亩，粗蛋白质含量达 6%～8.5%，中性洗涤纤维 47%～55%（表 3-5）。

图 3-3　刈割

表 3-5　玉门苜蓿后轮作燕麦产量　　单位：%

品种名称	干草产量（kg/ 亩）	粗蛋白	酸性洗涤纤维	中性洗涤纤维
林纳	1 047.58	7.93	31.00	49.98
丹草	1 231.99	6.02	30.49	47.75
青燕 1 号	906.34	8.43	30.20	48.78
加燕 1 号	1 200.60	7.37	30.24	48.69
陇燕	843.56	6.25	34.68	53.98
青引 1 号	863.18	7.13	31.94	50.92
青海 444	874.95	8.26	29.76	48.33
天鹅	804.32	6.48	28.21	47.18
甜燕	969.11	6.50	29.98	48.92
白燕 7 号	937.72	6.48	29.93	50.29
伽利略	851.41	6.75	32.45	54.90
平均	957.34	7.05	30.81	49.97

2017 年，继续对更新苜蓿地进行燕麦轮作，5 月底至 6 月初刈割苜蓿，9 月底至 10 月初刈割燕麦，取得了与 2016 年同样的效果。20 个燕麦品种干草

平均产量为 980.79 kg/ 亩，产量最高为燕王 1 267 kg/ 亩，除燕王外，干草超过 1 000 kg/ 亩的燕麦品种有太阳神、抢手、牧王、林纳、加燕 2 号、陇燕 3 号和燕麦 409（表 3-6）。

表 3-6 苜蓿地轮作燕麦产量与营养成分 单位：% DM

序号	品种	干草产量（kg/ 亩）	水分	粗蛋白	粗纤维	粗灰分
1	美达	867.00	11.24	5.87	25.54	9.02
3	太阳神	1 173.00	12.96	6.65	26.51	11.07
4	抢手	1 147.00	11.50	6.29	23.82	10.01
5	魅力	947.00	7.87	5.48	28.06	9.21
6	燕王	1 267.00	10.97	6.04	30.82	11.32
7	贝勒	973.00	10.98	6.22	28.99	9.51
8	牧王	1 107.00	13.86	6.71	30.42	11.01
9	林纳	1 080.00	8.66	6.86	32.36	10.54
10	加燕 2 号	1 013.00	7.85	7.02	30.86	10.79
11	陇燕 1 号	840.00	9.55	6.88	29.21	8.89
12	陇燕 2 号	907.00	9.77	8.98	27.95	11.38
13	伽利略	819.00	8.91	10.17	25.07	12.24
14	白燕 7 号	920.00	9.44	7.96	30.82	10.07
15	梦龙	987.00	14.28	11.09	26.83	12.24
16	陇燕 3 号	1 027.00	13.52	10.57	27.66	12.58
17	陇燕 4 号	907.00	9.91	8.15	30.26	11.11
18	燕麦 440	800.00	10.16	9.22	26.89	10.96
19	燕麦 409	1 027.00	11.75	10.24	27.29	11.52
20	燕麦 478	827.00	9.62	9.21	28.27	11.26
平均		980.79	10.67	7.87	28.30	10.78

3. 与多年生禾草轮作

老苜蓿草地耕翻后，有时也种植多年禾本科牧草，如多年生黑麦草、猫尾草、无芒雀麦等。

第四节 建立合理的苜蓿轮作制度

一、建立用地养地新制度

合理调整作物—苜蓿布局，制定粮草（苜蓿）轮作制度，逐步改变北方旱区大面积单一种植作物结构，适当增加养地苜蓿的种植面积，这一体系对实行合理轮作，克服重茬连作的弊端，种地养地并重，提高土壤肥力水平，保证旱作农业的高产稳产有着重要作用。“有收无收在于水，收多收少在于肥”，肥是发挥水的最大增产作用的关键。北方旱区农业关键是水分不足，在现有降水条件下，制约苜蓿产量的主要因素是土壤贫瘠，肥力不足。因此，培肥地力，是提高旱区苜蓿生产的关键。要建立一个以有机肥为主，以化肥为辅；以底肥为主，以追肥为辅，化学肥料氮磷钾合理配置的施肥制度。施肥技术水平的高低，对旱区水分和肥料利用率有着重要的影响。旱区苜蓿由于水分因素的制约，有时施肥量过大，不仅使施肥效益下降，而且会导致产量下降。一般以土壤含水量 10% 作为施肥效应的临界值，在临界值以上随着水分增加，肥效越显著；在临界值以下，磷肥有增产作用，氮则显负效应，量水培肥施肥是提高肥效的重要措施。

二、合理化轮作

美国非常重视苜蓿与其他作物的轮作，在长期的苜蓿种植中形成了有效合理的轮作制度。苜蓿轮作技术涉及品种、种植年限、刈割次数、产量变化规律及灌溉与旱作等农艺措施。不同地区不同秋眠级苜蓿可刈割次数不同。加利福尼亚州南部每年可刈割 8～10 茬，苜蓿种植的高产持续年限只有 3～4 年，而其他地区苜蓿每年可刈割 3～7 茬，从种植与劳动力成本的角度考虑，生产维持年限可适当增加 1～2 年。威斯康星州属中西偏北部半湿润气候区，苜蓿每年可刈割 3～5 茬，高产持续年限只有 3 年，第 3 年时土壤 N 含量也达最高（1.5 g/kg），第 4 年苜蓿草产量减产达 20%，此后产量逐年快速降低。为了后茬作物高产和减少施肥、改良土壤生态环境、培育土壤可持续生产力等，Dan Undersander（2011）建议当地苜蓿种植第 3 年后翻耕，轮作 1～2 年小麦、玉米或其他作物，也可种植 1～2 年禾本科牧草；相对于旱地苜蓿可种植 4 年后，翻耕轮作其他作物或禾本科牧草。

为了提高杂草防控的效果，播种苜蓿前（小麦前茬），进行两次翻耕、两次灌水。加利福尼亚州 Sacramento Valley 河谷地区的酸性土壤易板结，通过喷撒草木灰，并在幼苗期喷灌保持地表湿润，防止酸性土壤地表板结，保证出苗率，成苗后则改为漫灌，这种灌溉方式使漫灌与喷灌有机结合起来。

Henderlong（1981）指出，在苜蓿草地之后继续种植苜蓿需要进行 1 次作物轮作，如果苜蓿地没有轮作或休耕 1 年之内再种苜蓿，新建草地会出现连续几年株丛密度下降、产量减少（Jennings and Melson，2002）的现象。在生产中，有时由于苜蓿草地建植失败或建成的苜蓿草地生长发育不良，需要将其耕翻后重新建植，在重新建植的苜蓿草地中有些可以建植成功，而大多数则会失败，其原因通常归咎于苜蓿自毒性危害和严重的虫害。

苜蓿的自毒性不仅在重茬苜蓿中表现突出，而且对生长多年的苜蓿也会产生明显的影响。20 世纪 80 年代，许多研究证实了苜蓿草地具有累积自毒性物质的特性，将播种当年的苜蓿收获 2 次，在秋天翻耕后于翌年春天再种苜蓿，发现播种当年和生长第 2 年的苜蓿生长良好，牧草产量可达 658.98 kg/ 亩，生长第 3 年苜蓿植株明显减少，牧草产量显著下降，到生长的第 7 年苜蓿则出现发育不良、株丛发育差、牧草产量下降等现象。这说明苜蓿自毒性物质在土壤中有积累作用。在这之前，人们忽视了自毒作用对苜蓿的影响，往往把这种株丛减少、产量下降和草地衰退归咎于环境胁迫、病虫害和利用不当等原因。

三、苜蓿前茬作物对地上生物量的影响

2009 年 8 月 19 日，对 3 种前茬作物下苜蓿地杂草和苜蓿的地上生物量进行测定，结果表明，苜蓿地杂草的生物量均远高于苜蓿生物量，为苜蓿生物量的 5～15 倍，可见，在苜蓿与杂草的竞争中，杂草的生长能力要远远强于苜蓿。从总的地上生物量来看，前茬为尖叶胡枝子时，地上生物量最大，青贮玉米次之，沙打旺为前茬时最小；前茬为尖叶胡枝子时杂草的生物量最大，为 32 114.7 kg/hm^2，前茬为沙打旺时较小，为 20 669.7 kg/hm^2；而苜蓿的生物量则是前茬为青贮玉米时最大，为 4 666.7 kg/hm^2，前茬为沙打旺时最小，仅为 1 883.5 kg/hm^2，由此可见，前茬作物对杂草和苜蓿的地上生物量影响很大（表 3-7）。

表 3-7　杂草及苜蓿地上生物量　　单位：kg/hm²

前茬作物	杂草生物量	苜蓿生物量	地上生物量总量
青贮玉米	25 455.2	4 666.7	30 121.9
尖叶胡枝子	32 114.7	2 012.3	34 127.0
沙打旺	20 669.7	1 883.5	22 553.2

四、前茬作物对产量的影响

2010 年 7 月和 8 月分别对不同前茬作物生长两年的苜蓿草地进行产量测定。从表 3-8 和表 3-9 可以看出，苜蓿的第 1 茬产草量大约是第 2 茬产草量的 2 倍。而且前茬作物不同，苜蓿的产量也有所不同。比较 3 种不同前茬作物对苜蓿产量的影响，其中，前茬为青贮玉米时，苜蓿的产量最高，第 1 茬产草量达 4 591.7 kg/hm²，第 2 茬产草量 2 380.6 kg/hm²，其原因可能是由于青贮玉米的前茬为豆科作物，豆科与禾本科轮作导致苜蓿的产量较高；前茬为沙打旺和尖叶胡枝子时，苜蓿产量相近，基本一致。同时，前茬作物不同时苜蓿的干鲜比不同，且同一种前茬作物下，第 1 茬苜蓿和第 2 茬苜蓿的干鲜比也不相同。前茬为青贮玉米时，苜蓿的干鲜比较大，说明苜蓿中所含的水分较少；相比之下，前茬为尖叶胡枝子和沙打旺时，苜蓿的干鲜比较小，表明其苜蓿中的含水量较大。

表 3-8　不同前茬作物苜蓿第 1 茬草产量

前茬作物	苜蓿鲜重（kg/hm²）	苜蓿干鲜比
青贮玉米	4 591.7	0.268 9
尖叶胡枝子	2 670.8	0.229 2
沙打旺	2 620.8	0.232 0

表 3-9　不同前茬作物苜蓿第 2 茬草产量

前茬作物	苜蓿鲜重（kg/hm²）	苜蓿干鲜比
青贮玉米	2 380.6	0.266 3
尖叶胡枝子	1 511.1	0.253 0
沙打旺	1 613.9	0.289 7

第四章

苜蓿的适应性与生长发育

第一节　苜蓿的适应性及对环境条件的要求

一、温度

苜蓿具有许多优良特性，认识这些特性具有十分重要的生产意义。苜蓿的种子在5～6℃的温度下就能发芽，但发芽过程很缓慢（发芽的最适温度为30℃），当温度高于40℃时就停止发芽。苜蓿由再生到开花需要800～850℃的积温，而到种子成熟需要1 200℃积温，春天当温度达到7～9℃时苜蓿就开始萌发返青。

苜蓿的耐热性也较强。一般在灌溉条件下可耐受地表70℃高温和接近植株上部的40℃气温。它的这种耐高温的能力是由于灌溉时保障了充足的水分条件，且蒸发很强（由于蒸腾作用）的缘故，由于在苜蓿发育茂盛的情况下蒸腾很强，所以近地表的气层充满了湿润的水汽，也就是地表面空气湿度加大。

苜蓿不仅具有耐热性，而且抗寒性也较强。苜蓿苗期也较耐寒，可忍受-6℃～-5℃的低温。而在成株后，在有雪覆盖的条件下，根颈可耐受-44℃的严寒。

在苜蓿耐受低温的问题上，应有综合考虑问题的能力。因为低温或冬季严寒对苜蓿的影响广泛而深远，特别是苜蓿安全越冬问题比较复杂，是个综合全方位的问题。低温或严寒是影响苜蓿越冬的关键因素，但不是唯一因素，苜蓿安全越冬除受冬季低温影响外，还与苜蓿品种的耐寒性、有无积雪覆盖、刈割制度、秋冬季管理、播种期早晚以及播种当年的利用等有很大的关系，甚至有无倒春寒、苜蓿病虫害侵染程度、土壤盐分等都对苜蓿的安全越冬有影响。

二、土壤水分

苜蓿既是耐旱植物也是需水较多的植物。土壤水分是苜蓿发育良好、高产稳产的关键因素。苜蓿在干旱半干旱区的无灌溉条件也可生长，苜蓿的优良特性不能得到充分发挥，产量较低。在苜蓿产业化发展中，要使苜蓿的产量最大化，就必须满足苜蓿对水分的需求，因此，苜蓿又是一种需水量较大的植物。苜蓿对土壤水分的高需求，是由于下列的生物学特性引起的：一是苜蓿在 1 年可以刈割数次，总产量要比大多数农作物乃至经济作物的产量要高许多；二是苜蓿的蒸腾系数高；三是苜蓿的植株能消耗大量的水分，例如发达的根系，巨大的叶面以及大量的、能迅速输送水分的茎。

三、空气湿度

与土壤水分相比，空气湿度在苜蓿生长中所起的作用小，但在苜蓿调制干草过程中发挥着重要作用。空气湿度高不利于苜蓿生长。这一点表明了苜蓿起源于强烈的大陆性气候地区，这验证了为什么我国的苜蓿主产区主要分布在北方的干旱半干旱区的原因。在空气湿度较低的区域，通过苜蓿灌溉，可以提高其周围的空气湿度。如果空气湿度长期较低状态，苜蓿即停止生长，甚至落叶。但在这种情况下，很难将土壤干旱和空气干燥的影响区分开来。在土壤湿度足够时，苜蓿本身能改善其生活的大气环境。

四、土壤

苜蓿对土壤没有特别的要求。一般来说，适于苜蓿生长的土壤选择条件十分宽泛，土层深厚、土壤疏松、透水性良好均适于苜蓿生长，地下水位高壤、倾向于沼泽化、石质土壤等不适宜苜蓿生长。

在选择种植苜蓿地时，一方面要注意土层的厚度，另一方面就是要特别注意土壤养分状况。苜蓿在中性或微碱性的土壤（pH 值 6.5～8.2）中发育良好，但其对水溶性盐类的含量反应视生长龄而定。正在成长的幼龄苜蓿，不能忍受高浓度的盐分，土壤表层全盐含量超过 0.3%，苜蓿保全苗有一定的难度。苜蓿耐盐阈值也有一定的差异，一般来说，幼龄苜蓿耐盐性较差，随着生长月龄的增加其耐盐性也在增加，例如苜蓿耐氯化盐类在出苗期浓度为 0.2%，在孕蕾期则可耐浓度 0.6%。盐分的存在会延迟苜蓿的发育。

五、光照

苜蓿在光照不足的条件下，即使有最适宜的温度和水分，生长仍然不良，这种情况在湿润的亚热带比较常见。在我国苜蓿主产区，光照不足常引起热量的不足（积温的不足）。

六、热量

热量关系到积温。苜蓿在生长期内可以多次刈割（在内蒙古自治区可刈割2～3次或4次），刈割次数受多种因素的影响，如苜蓿品种的生物学特性和生长环境。热量的高度或积温的多少和每次刈割期的间隔时间之间的规律，已引起很多苜蓿种植者的关注（表4-1）。

表4-1　苜蓿每次刈割所需要的积温

刈割次序	刈割日期	积温（℃）	灌溉状况
1	5月12日	723	
2	6月16日	854	
3	7月21日	1 025	共灌溉5次，灌溉定额为4 454 m^3/hm^2
4	9月4日	1 186	
一季内的总积温（℃）		3 788	
每次刈割的平均积温（℃）		947	

资料来源：康德拉舍夫《灌溉农业》，1955。

第二节　苜蓿生长的营养需要

一、苜蓿的营养需求

植物营养管理对现代苜蓿生产的成败有着至关重要的作用。即使在平均产量水平上，大量的营养物质也会从土壤中流失，这比收获谷物的数量要多得多。充足的养分供应对苜蓿生产非常重要，是保持高产和高利润的必要条件。然而，提供适当的植物营养需要复杂且往往困难的管理决策。与其他常见作物相比，苜蓿对某些营养物质的需求相对较高。每收获1 t苜蓿的干物质需要消耗的氮最多，约为24.75 kg，磷（P_2O_5）和钾（K_2O）分别为6.79 kg和22.65 kg（表4-2）列出了苜蓿生长需要的11种营养元素。所有的矿质元素都是必需的，但氮（N）、钾（K）和钙（Ca）是3种营养素摄取最多的。当苜蓿不能获得1种或多种必需元素时，生长就会减慢或停止。因此，在整个生产季节，所有的营养物质都必须充足。

表 4-2　苜蓿生产 1 t 干草需要的营养　　单位：kg/t

营养成分	所需量	营养成分	所需量
氮（N）	24.75	锌（Zn）	0.03
磷（P_2O_5）	6.79	铜（Cu）	0.06
钾（k_2O）	22.65	锰（Mn）	0.81
钙（Ca）	13.59	铁（Fe）	0.81
镁（Mg）	2.08	硼（B）	0.01
硫（S）	3.62		

二、大量营养元素

1. 氮（N）

氮是苜蓿生长的重要营养。苜蓿具有固氮作用，但要有良好的根瘤菌着生在苜蓿根上，才能够有效发挥固定氮作用以满足苜蓿生长需要。然而，在结瘤发生之前，苜蓿幼苗的生长主要依赖土壤中的有效氮。因此，播种前进行土壤氮素测定有助于确定对氮的需求。研究表明，少量添加氮肥可提高建植成功率和播种当年的牧草产量，有机质含量较低（小于 2%）的粗质地土壤上直接播种时必须施氮。如果土壤中有足够的剩余氮，则不需要额外施氮。

氮为植物体内重要的营养元素之一，苜蓿含氮量较高，开花前至开花期的含氮量一般不低于 4.4%，苜蓿氮含量的临界水平为 4%，每生产 10 t 苜蓿干草约需从土壤中吸收 186 kg 的氮。土壤中的含氮水平不仅影响苜蓿的产草量、根系产量和根的形态发育，而且还影响根瘤的形成。施用高比率的氮虽然能增加苜蓿的产草量及其含氮量，但亦可减少根系的产量并抑制根瘤的形成，从而改变根系的形态发育，使其侧根和毛细根增多，施低水平的氮则能促进根瘤的形成，增加其固氮能力并能促进光合作用。

2. 磷（P）

磷是组成核酸、磷脂、腺苷三磷酸及许多辅酶的元素，参与多种物质的合成和植物生理生化过程，成为植物体内的基本营养元素。苜蓿体内的磷含量通常在 0.2%～0.5%，临界水平为 0.2%～0.25%，但低于 0.2% 则为磷不足。据分析，每生产 10 t 苜蓿干草约可从土壤中吸收 18.6 kg 的磷。

适当的土壤磷素水平可促进苜蓿根系生长，从而提高播种成功率。磷在大多数土壤中是移动性较差。土壤测试是确定磷素施用量的关键，表 4-3 给出了土壤磷含量水平，可根据土壤中磷含量的高度确定磷的施用量，当土壤中磷的含量达到 160 mg/kg（及极高水平）时不需要施磷。

表 4-3　土壤磷钾水平　　单位：mg/kg

土壤含量水平	磷（P）含量	钾（K）含量
极低	0～5	0～40
低	6～12	41～80
中等	13～25	81～120
高	26～50	121～160
极高	＞50	＞160

注：引自 *Alfalfa Production Handbook*，1998。

3. 钾（K）

钾与磷不同，在植物体内不会形成稳定的结构物质，而以 K^+ 形式存在或被原生质胶体不稳定地吸附。K 在许多生理生化过程中起着重要的作用。通常苜蓿体内的 K 含量高达 2.4%，临界水平为 1.8%，每生产 10 t 苜蓿干草约可从土壤中吸收 10 kg 的 K。植物对 K 的响应亦取决于土壤的性质，当土壤中 K 的含量达 1.6% 时，苜蓿的产草量可达 6.8 t/hm^2，连续 5 年从土壤中吸收钾对苜蓿产量和草地持久性具有重要作用。在黏壤土上增施 K 肥时，可使苜蓿产草量提高 11.13%，而在细沙壤上增施相同水平的 K 肥，仅能使产草量提高 4.76%。K 肥对苜蓿的效果仅在施肥的当年，翌年效果不明显。有人认为，苜蓿的生产力和寿命往往受低 K 的限制。

当土壤测定钾含量在中等范围或以下时，应添加充足的钾以满足播种年苜蓿生长的需要。当土壤中 K 的含量达到 121～160 mg/kg（高水平）时可适当减少钾的施用量，当含量到 160 mg/kg（极高水平）时不需要施钾。

三、次生营养元素与微量元素

次生营养元素硫（S）和微量营养元素硼 B 是苜蓿最受关注的营养元素。人们普遍认为，苜蓿比其他普通农艺作物对 S 的反应更灵敏，需要通过土壤测试来确定硫和有机质水平，从而提出施用量的建议。如果土壤缺 S，很可能是由于苜蓿固氮能力下降，苜蓿的生长和产量会下降。值得注意的是，S 沉积随时间的推移呈下降趋势。在许多灌区，灌溉水可提供充足的 S 以达到最佳生长条件。适当的 S 水平对获得最佳牧草品质十分必要。硫酸铵既含 N 又含 S，是苜蓿理想的 S 来源，既可提高牧草产量和蛋白质含量，又具有良好的经济效益。

微量元素有助于提高苜蓿产量，尤其是在缺 B 的土壤中 B 对苜蓿至关重要，苜蓿组织中 B 的临界水平为 20 mg/kg。在缺硼组织中，形成层细胞停止分裂，会抑制蛋白质合成。缺 B 植株顶部淡红色，节间短。在 TBARS 试验中，施用 B 提高了苜蓿的蛋白质含量，但并没有提高产量。B 赋予作物抗病能力，也影响菌根（有益真菌）在根表面的定植，从而影响 P 的吸收。一些种植户已经开始在苜蓿上施用硫酸铵、硼和锌。苜蓿缺硼已被发现多年。硼的有效性与有机质有关，干表层土壤降低了硼的吸收。

图 4–1　苜蓿缺硼症状

第三节　苜蓿的生长发育

在苜蓿管理的各个环节中，首先要了解苜蓿生长和发育的全过程，才能更好地把握每个管理时机。了解苜蓿的植物特征、生长模式和发育阶段是更好地管理健康、高产苜蓿草地的关键。苜蓿生长影响产量组成，而植物形态影响许多管理决策，包括除草剂处理、灌溉施肥、收获时间安排和越冬管理，需要结合苜蓿的生长情况确定适合的管理策略。由于苜蓿的管理因地区、土壤类型、气候条件等而异，所以没有一种管理方案适合所有情况。本节重点讨论植物生长及其对管理的影响。

一、发芽和出苗

发芽是指种子内的胚胎恢复生长引起新植物的生长。当胚根突破种皮时，萌发过程（图 4-1）完成。这一过程受有效土壤水分、土壤温度、种子周围土壤的性质（即盐渍土壤与普通土壤）或土壤中可能存在的残留除草剂的影响。

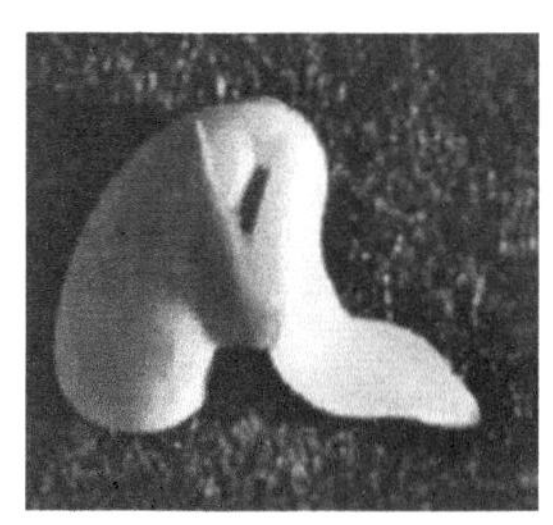

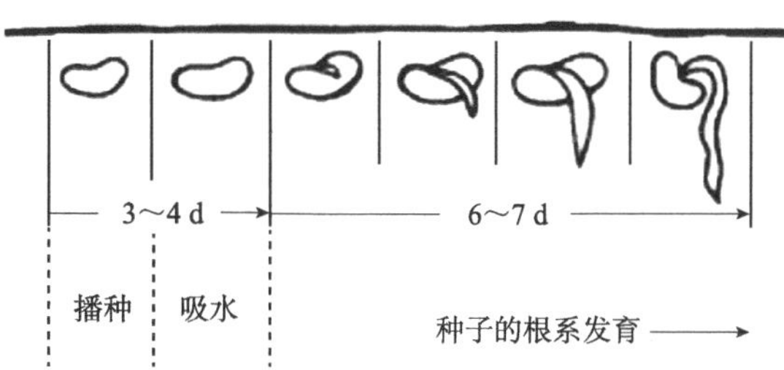

图 4-1　种子萌发过程

苜蓿种子在种植后不久就开始发芽，条件是土壤温度约为 18℃和足够的水分。当土壤温度低于 1.7℃或高于 40℃时，种子将无法发芽。种子吸收水分是萌发过程中的第一步，当水分充足时，种子就会进入种皮。一小部分苜蓿种子具有高度的抗水渗透能力，被称为“硬种子”。硬种子的萌发在大多数种子萌发后延迟许多星期或几个月。在加利福尼亚州生产的种子通常很少有硬种子，而在不同的土壤和气候条件下生产的种子中硬种子高达 60%。硬粒率高（＞10%）的种子可以用专用设备切割，以提高发芽率。

成熟的种子含有微小的未成熟的叶（子叶）和储存的碳水化合物（胚乳），以及未成熟的初生根（胚根）。第一个可观察到发芽的证据是胚根在地下的伸长和渗透到土壤中，产生不分枝的主根。胚根出芽后，子叶（下胚轴）下方区域变直、伸长，子叶被拉出土壤表面。第一片真正的叶子是单叶的。幼苗的茎（初芽）继续发育成成熟的植株，产生交替排列的 3 小叶（每片叶子 3 个小叶）或多小叶（每片叶子超过 3 个小叶）的叶片。随后产生的茎称为次生茎。

二、幼苗生长

幼苗生长是幼苗的发育阶段，从萌发完成到它能通过光合作用制造足够的食物来维持生长。幼苗的根是第一个出现的结构，它能非常迅速渗透到土壤中形成一个细长不分枝的主根，播种当年根可深达土壤中 1.5～1.8 m（图 4-2）。一旦幼苗的根被牢牢地固定在土壤中，子叶下方的幼苗轴就会以拱状伸长（下胚轴拱），将子叶向上拉至土壤表面（图 4 3）。种子萌发和幼苗出苗需要 3～7 d，在理想的土壤湿度和温度条件下，出苗期可缩短。当下胚轴拱从土壤中显露出来时，生长在暴露在阳光下的一侧停止，而在下侧继续生长，直到幼苗处于直立的位置，将子叶抬升到土壤表面以上并扩张，幼苗的生长点（上胚轴）现在暴露出来。第 1 片真叶为单叶形，从子叶上方第 1 个茎节的芽中出现。幼苗生长完整，茎（初芽）继续发育成成熟的植株，产生交替排列的 3 小叶（每片叶子 3 个小叶）或多小叶（每片叶子超过 3 个小叶）的叶片。随后产生的茎称为次生茎。在良好的生长条件下，幼苗在种植后 10～15 d 发育完全（图 4-4）。

最先出现的 2 片叶子被称为子叶或种子叶。下一片叶子是第 1 片真正的叶子。第 2 叶和随后的叶通常是 3 小

图 4-2　播种当年苜蓿根系入土

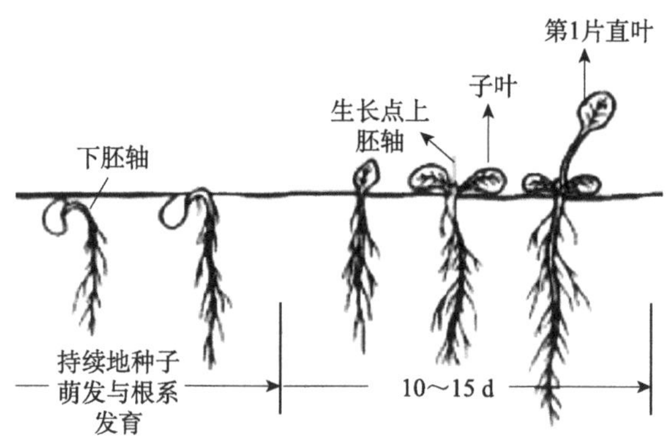

图 4-3　幼苗出苗经过单叶期

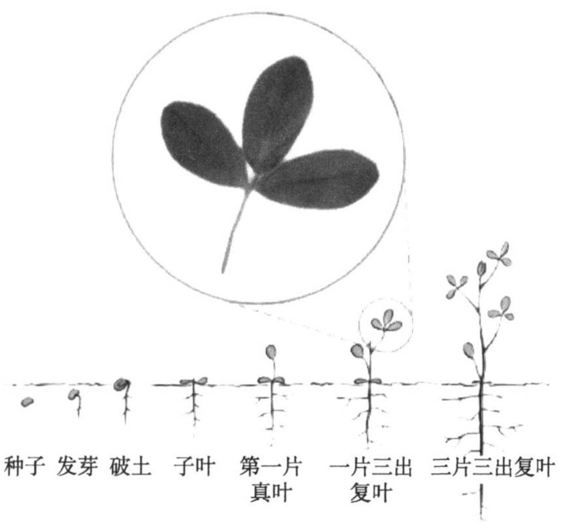

图 4-4　苜蓿幼苗生长发育

叶，但也可能是多小叶。一株发育完全的苜蓿幼苗必须继续长出更深的根，长出更多的叶子，才能生存下来，成为一个稳固的立足点。营养生长通过细胞在幼苗的上胚轴或生长点的分裂和扩张来继续。苜蓿植株的第 2 叶通常是 3 小叶的（3 个小叶），起源于第 2 主茎节。除了多小叶的新品种每片叶子有 5、7 或 9 个小叶外，其余的叶子都是 3 小叶的。在草地评价中，苜蓿和杂草幼苗的单叶和随后所有的三叶 / 多叶是区分苜蓿和杂草幼苗的有用特征。3 个或 3 个以上有 3 小叶即三出复叶出现在主茎上，可能出现新的 2 级茎增长从腋窝的味蕾，但是经常只有 1 个腋芽茎（通常是复叶具一小叶的）发展早期，特别是如果幼苗在伴生作物或杂草生长竞争下荫蔽（图 4-4）。

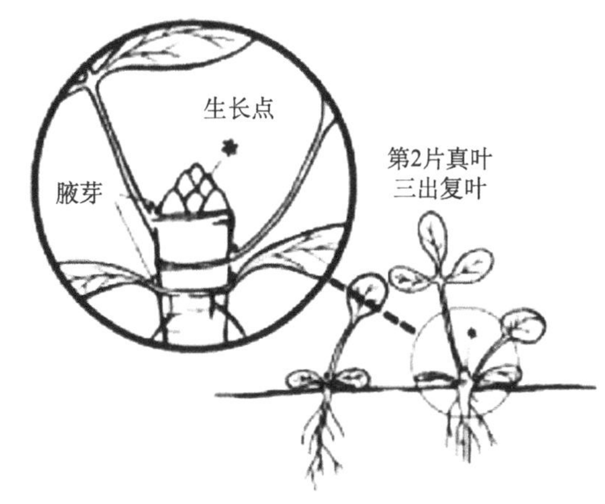

图 4-5　在第 4 叶 3 小叶期具一叶状图

苜蓿第 1 叶和芽有 3 小叶。幼嫩植株的主茎和次茎从第 1 个茎节向上，通过细胞分裂和节间伸长而增加长度。第 2 叶和随后的叶（图 4-5）是 3 小叶（多小叶），随着生长的继续，在每个茎节上交替发育。一旦第 1 片真正的 3 小叶（三出复叶）发育，随着植株的继续生长，在主茎上发育的 3 小叶（多小叶）的数量可以最好地描述进一步的生长和发育。叶腋中的任何腋芽都能生长出新的茎组织，而且通常在竞争较弱的条件下生长（图 4-6）。

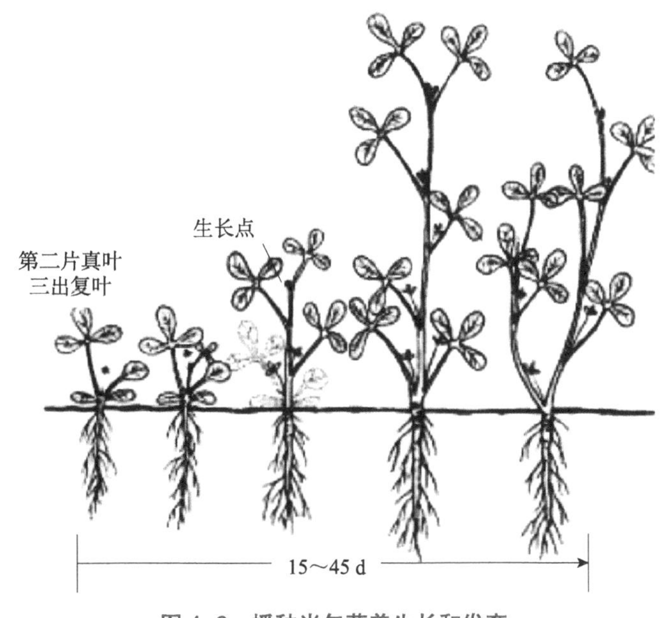

图 4-6　播种当年营养生长和发育

三、收缩生长和根颈发育

1. 根颈收缩性生长

苜蓿幼苗具有将植物生长点（子叶节点或称根颈）拉到土壤表面以下的独特能力（图4-7、图4-8），被称为收缩生长，有一个受保护的生长点是苜蓿能够在低温、封闭刈割和放牧中生存的原因。苜蓿早期发育的独特特征是收缩生长或根颈的形成。收缩生长最早在出苗后1周开始，收缩性生长通常需要8～10周，有时长达16周。随着主枝和次枝的生长，下胚轴（子叶节以下的部分茎）通过一个称为收缩生长的过程缩短和增厚，下胚轴的薄壁细胞同时向外侧扩张和纵向缩短。

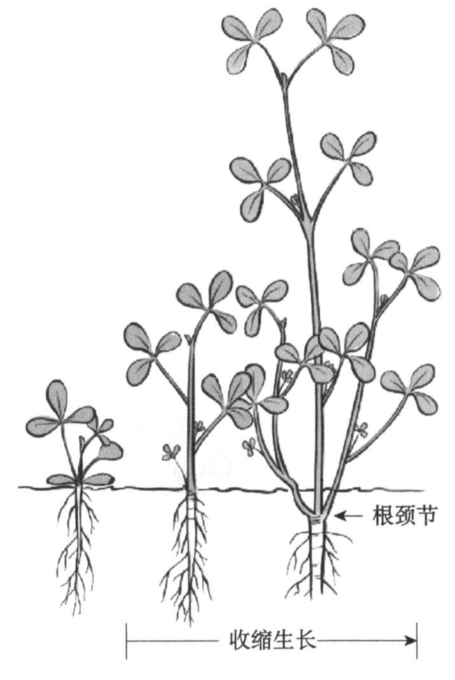

图4-7　苜蓿根颈生长

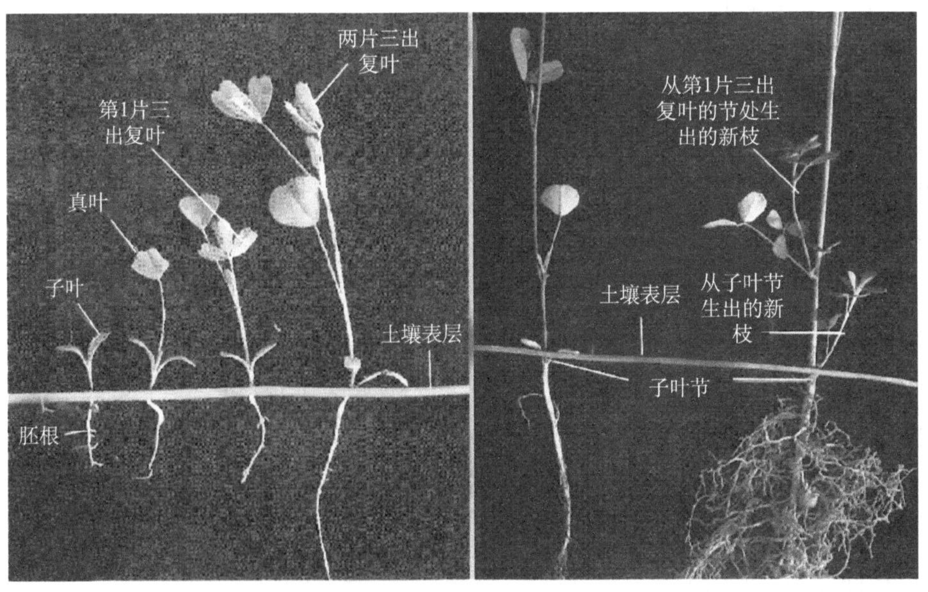

图4-8　苜蓿幼苗生长与根颈发育

由于收缩生长，子叶节和单叶节都可能被拉到土壤表面以下，形成成熟植株的根颈（根近地面膨大部分）。所有这些过程都受土壤温度的影响，并在在秋季种植时，幼苗要等到生长点在土壤表面以下被保护起来，才能适应寒冷的冬天。这就是在北方寒冷地区要求早播种的原因。

耐寒苜蓿品种具有良好的收缩性生长功能，在播种年大多数耐寒苜蓿品种有可将根颈拉入土壤表面 2.5～7.5 cm。耐寒性越强，收缩生长越好，根颈入土也越深，收缩性生长为苜蓿多年生越冬根颈提供土壤保温，促进了苜蓿的冬季生存。因此，收缩性生长是耐寒苜蓿的重要特性。

2. 根颈发育的重要性

重要的是，在田间作业开始前要有足够的时间进行收缩生长，特别是在收获前。

收缩生长的适应价值是为生长点（根颈）提供保护，使其免受干燥、寒冷或机械损伤。具有更大的秋季休眠的品种往往有更明显的收缩生长，导致节点被拉到更低的土壤表面。重要的是，在开始任何可能破坏这一过程的耕作措施（特别是收割作业）之前，给幼苗根颈形成留出时间。保护幼苗免受杂草竞争和虫害对根颈的长期健康发育也至关重要。支持秋季种植的一个论点是，它允许在寒冷天气开始前形成根颈。根颈发育良好，芽数较多，才能产生更多的枝条，形成更高产量。

四、根系发育与固氮根发育和 N_2 固定

胚根增粗并发展成初生主根。较小的次根开始在胚根上发育，因为它生长得更深。胚根上的根毛在萌发后 4 周内感染固氮细菌（即根瘤菌），开始形成结节（根瘤）。正是由于这些根瘤菌的产量，固氮才可发生，将大气中的氮转化为植物可以利用氮的形式。苜蓿生长的良好环境，pH 值适中和充足的水分是两个最重要的条件，估计苜蓿每年可固氮 45～450 kg/hm^2，平均每年固氮 195 kg/hm^2。根瘤菌种群自然地或由于该地点以前的苜蓿生产而居住在土壤中，在种植时通过在种子中添加接种物可引入苜蓿特有的根瘤菌菌株。

在立地过程中，重要的是要让根系深入土壤，在最初收获作业中可能形成的限制性土壤压实区（犁盘）下方。已知已建立的苜蓿主根延伸超过土壤表面 180 cm 以下，提供没有限制层。光合作用产生的碳水化合物就是储存在

这些根中。储存的碳水化合物（根系储备）为刈割后的再生、冬季存活和春季初生提供能量。苜蓿植物利用储存碳水化合物，直到叶子发育，通过光合作用为植物生长提供足够的能量。植株长到 20～30 cm 就会产生足够的能量来维持生长；与此同时，根系储备也得到补充，为下一次采伐或冬季生存做准备。

五、光周期和土壤温度对苜蓿幼苗发育的影响

光周期（日长）和土壤温度通过影响幼苗的生长速度、根颈根系的形成以及光合产物在根和根颈发育中的分配来影响幼苗的发育。并不是所有的品种对这些环境诱因的反应都是一样的。休眠品种幼苗发育受光周期和土壤温度的影响几乎相同，而非休眠品种幼苗发育基本不受光周期的影响，但受土壤温度的影响较大。虽然在加利福尼亚州大部分地区，光周期对栽培品种的影响小于温度的影响，但有一些生长特性受光周期影响，影响种植决策。

> 休眠品种幼苗发育受日长和土壤温度的影响，而非休眠品种幼苗发育主要受土壤温度的影响。

苜蓿幼苗发育的最适温度是 20～22℃，也取决于品种的休眠特性。在萌发后的前 4 周，适宜根系生长的土壤温度略高，为 21～24℃。在这一生长初期，休眠品种的最适温度一般低于非休眠品种。大约 12 h 的光周期刺激最初根颈芽的形成，从子叶和一叶形叶的腋部茎，形成初生冠。光周期小于 12 h 有利于根系发育的光合产物（干物质）分配。因此，秋季种植时，幼苗生长在较低的温度和较短的日照长度下。在这些条件下，幼苗可能会迅速生长出最初的根颈，形成比在温暖条件下生长的幼苗更强壮的根颈和更大的根系，春季和夏季种植相关的日长增加。

六、植物的成熟度和发育阶段

牧草质量随苜蓿的生长和成熟而发生变化。众所周知，苜蓿生物量随成熟而增加，而营养价值却显著下降。苜蓿幼芽预芽时，由于叶的比例较高，牧草的品质较佳，但产量低。随着植株的生长和成熟，叶和茎的比例发生了变化。茎变长，纤维变多，增加了它们在饲料中的总比例，叶片比例下降整体质量下降。为了最大限度地提高产量、质量和持久性，种植者必须安排管理措施，以最大限度地提高产量和质量。在大多数情况下，高质量牧草的产量是在茎尖能

看到花蕾之前不收割的。在营养生长时期，花芽出现前，产量的增长一般快于品质的下降。然而，在花期，质量下降是非常迅速的，主要是由于茎部纤维（纤维素和木质素）增加。再生期产量和品质的变化趋势主要因环境条件改变，如温度的变化。

苜蓿收获时的成熟度对牧草品质影响最大，是最容易被种植者控制的变量。根据发育阶段进行切割，将植株作为收获指标，与其他收获计划策略相比，通常在品种间、年度间和地点间提供更稳定的产量和质量。提高对苜蓿发展和影响苜蓿质量变化的认识，将有助于种植者平衡产量和质量。品质通常以低纤维含量，即酸性洗涤纤维（ADF）和中性洗涤纤维（NDF）来定义，导致总可消化营养物质（TDN）或相对饲料价值（RFV）较高，种植者应该意识到试图通过缩短插枝间隔来减少纤维浓度的后果。较短的刈割间隔不允许有足够的时间积累根系储备；因此，苜蓿的活力和随后的插穗产量会降低，有效林分寿命会严重降低。此外，在发育不成熟阶段采收苜蓿，尤其是在凉爽的春季，会导致反刍动物纤维水平不足，而这对于用于繁殖和哺乳的动物来说至关重要。其他来源的纤维必须添加到饮食中。

七、苜蓿质量的预测

历史上，苜蓿的发育阶段是根据草群中最成熟枝条的生长状况来评估的。因此，苜蓿被称为生长的“晚蕾”或“早花”阶段。苜蓿成熟的定义还包括再生芽的存在和长度，这些成熟度估计与各种质量参数相关。在 20 世纪 80 年代，研究人员研究了更精确的方法来评估成熟度，并用以更准确地预测苜蓿质量。近年来，基于最成熟茎秆高度的苜蓿品质预测方程有望成为估算苜蓿纤维成分的一种快速而廉价的方法，但早期在预测粗蛋白质方面的努力并不成功。对这些预测系统的修改仍在进行。总体而言，基于作物成熟度的牧草品质预测工作良好，因为环境因素对作物生长和品质的累积效应在很大程度上表现在苜蓿的形态发育阶段。

八、苜蓿发育阶段的确定

随着苜蓿的发育，植株的变化可以观察到个体枝条（图 4-9）。枝条的发包括营养、芽、花和种子荚阶段。在同一株植物上，在任何一块土地上，通常都能找到处于不同发育阶段的大量茎。准确定义生长的平均阶段是许多质量预测系统的第一步。平均阶段法对大量的个体茎干进行平均，是一种精确的方法，用于在田间将成熟度与牧草质量联系起来。平均发育阶段是通过检查个体茎干并根据 Kalu 和 Fick（1981）定义的分期系统对其进行分类确定。收集样本和计算平均发展阶段的详细方案可以在 Fick 和 Mueller（1989）中找到（表 4-4）。

表 4-4　单株苜蓿茎形态发育阶段定义

阶段名称	定义	特征描述
营养初期	发育早期苜蓿茎上的生殖结构不可见。叶和茎的形成是营养生长的特征。这 3 个营养阶段以茎高来区分	茎高≤15 cm，无蕾，无花，无荚果
营养中期		茎高 16～30 cm，无蕾，无花，无荚果
营养后期		茎高≥31 cm 无蕾，无花，无荚果
现蕾初期	花蕾首先出现在靠近茎尖或腋生枝的地方，茎有紧密间隔的节。在从营养发育阶段到芽发育阶段的过渡阶段，花芽很难辨认。起初，花芽很小，圆形。相比之下，新叶则是扁平的椭圆形。当节点拉长时，为了计数的目的更容易区分单个节点	1～2 个枝条上有蕾，无花，无荚果
现蕾后期		3 个枝条上有蕾，无花，无荚果
开花初期	当环境条件满足特定的温度和光周期要求时，花蕾发育成花朵。总状花序内的一朵或多朵花（一组许多花）可能开放；然而，开花初期的定义只描述了一个节点上开放的花朵。因为每个节上都有一个总状花序，所以实际计算的是开花的总状花序的数量。开花通常开始于茎的顶端附近，而花蕾仍在花期初开点上下快速发育	1 个枝条上有一个花蕾开花（花瓣展开），无荚果
开花后期		≥2 个枝条上有花开，无荚果
荚果初期	花被授粉通常会长出豆荚，但在某些环境中，授粉很差，只有少数花形成种子。通常苜蓿在结籽期之前就被收获为饲料，而这一阶段的质量是最低的	1～3 个枝条上有绿色荚果
荚果后期		≥4 个枝条上有绿色荚果
完熟期	大部分荚果呈棕色、种子呈本色，变硬	大部分荚果呈棕色、种子呈本色、变硬，用手挤压荚果可开裂

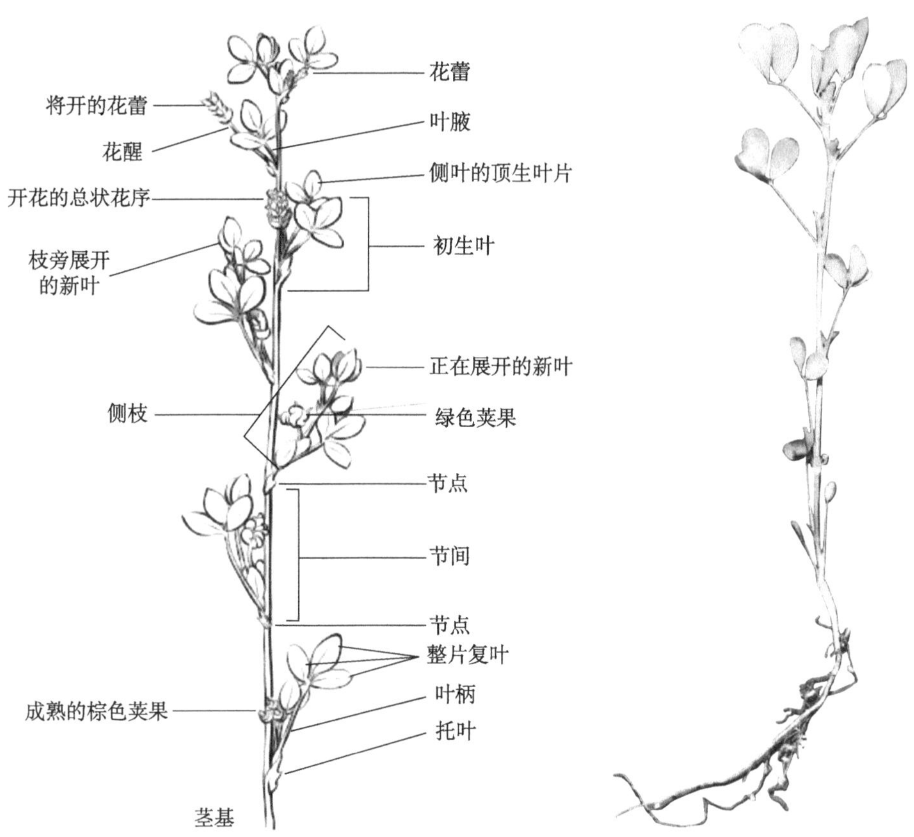

图 4-9　苜蓿在单茎上的发育阶段

第五章

苜蓿品种及其选择

苜蓿品种选择是苜蓿生产中的重要决策，影响牧草产量、品质、潜力、病虫害防治、越冬性及草地的健康持久利用。品种是少数几个不可逆转的管理决策之一，在相同条件下生长的苜蓿品种，在产量上可能有 10%～30% 的差异或更高。从一个简单的品种选择过程中，可以获得不一样的经济回报。因此，在苜蓿播种前一定要认真进行品种选择。有多种苜蓿品种可供选择，而且每年都有新品种上市，这使得品种选择成为一项挑战。

第一节　品种资源及其特性

一、品种

苜蓿品种代表一个由遗传多样性个体组成的植物种群，这些个体依据育种目标改善性状，例如以产量、秋眠、饲料质量、持久性和抗病虫害等为目的进行筛选和培育而成。

在过去的 70 年里，我国苜蓿育种工作者利用传统的杂交技术、特殊性状筛选方法以及近年来的生物技术取得了显著的进展。在使苜蓿适应多种环境、牧草产量、品质等方面已取得重大突破。

虽然不同品种的苜蓿从远处看完全相同，但仔细观察可以发现品种间存在着相当大的差异，这种差异主要是由遗传和育种方法所保持的遗传多样性造成。不同于一些由基因一致的植物组成的品种，苜蓿品种是多基因型，是多倍体（有 4 倍体、2 倍体），这意味着苜蓿杂交后代比大多数作物更具多样性。

遗传多样性是一项重要资源，使苜蓿品种能够很好地适应各种环境，并比其他任何作物更能抵御各种昆虫、疾病和线虫等。

二、品种特性

1. 耐寒性（越冬性）

安全越冬主要取决于冬季的耐寒性。抗寒性被定义为衡量苜蓿在冬季生存而不受伤害的能力。抗寒指数可分为 6 级（表 5-1）。

表 5-1　苜蓿越冬存活指数（WSI）

等级	越冬状态	等级	越冬状态
1	优良	4	中等
2	非常好	5	差
3	良好	6	不抗寒

注：引自 *Winter Survival, Fall Dormancy & Pest Resistance Rating for Alfalfa*（2007/2008）。

随着秋季的临近，日照长度和温度的下降，苜蓿开始改变自身的生理机能以适应气候条件的变化，在冬天也能茁壮成长。这种适应程度越大，其在整个冬季的存活率就越大。尽管在冬季的生存是一个真正的问题，但如果苜蓿生存下来，严重的芽伤可能会发生巨大的产量损失。苜蓿的新芽是在上年秋天形成，而春天正是它生长的季节，因此，选择苜蓿品种，必须是冬季能耐寒生存且大部分新芽能存活。

另一方面，极端的抗寒性导致了较低的产量潜力，限制了牧草的生产。因此，适当的苜蓿品种，以一个特定的位置必须是冬季耐寒足够允许苜蓿生存与最小芽伤害，但不限制产量。俄克拉何马州最合适的耐寒性得分是 3（耐寒性）和 4（中等耐寒性）。

2. 秋眠性

随着国外苜蓿品种不断涌入我国，苜蓿秋眠性（Fall dormancy，FD）的概念也随之进入我国。秋眠性（FD）是苜蓿品种最重要的性状之一，影响着苜蓿品种的适应性、产量、持久性和品质。秋季休眠受遗传控制，是植物对低温和昼长缩短的生理反应的一种表现。

所谓秋眠性即在秋天苜蓿生长对日照缩短和温度降低的一种表现，依据秋天苜蓿生长对日照缩短和温度降低的反应强烈程度，Alan（1995）将其分为 1～11 级（极秋眠至极不秋眠）（表 5-2），秋眠性反映了苜蓿品种对寒冷气候或炎热气候的适应能力，将新品种与标准检查品种进行比较，以确定其等级（图 5-1）。秋眠等级是通过测量苜蓿从初秋到初霜的再长高来确定的，这允许在最低温度下生长 25～30 d（图 5-2）。

表 5-2　秋眠性与苜蓿品种的典型适应区域

秋眠组数	区域	秋眠组数	区域
1～4	寒冷地区	7～9	温暖地区及地中海地区
5～7	温和的温带地区	8～11	炎热的沙漠地带

注：引自 *35 th California Alfalfa & Forage Symposium*（Putnam，2005）。

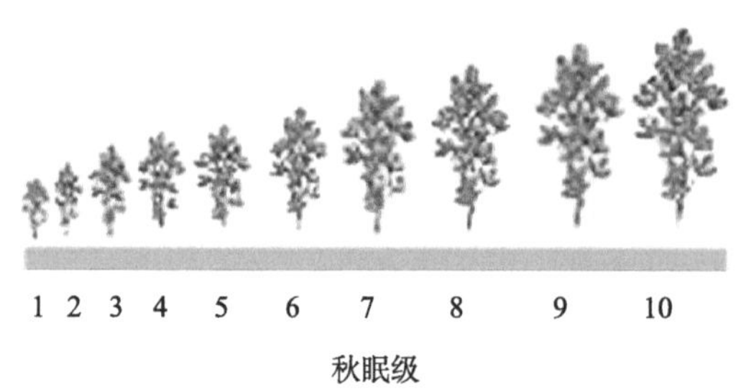

图 5-1　秋天刈割 25 d 后不同秋眠级苜蓿生长模式

图 5-2　不同秋眠级苜蓿生长情况（内蒙古五原县，2015 年）

3. 秋眠性与抗寒性

为了更准确地评价苜蓿产量潜力与抗寒性，育种家采用秋眠性等级（Fall Dormancy Rating，FDR）和越冬存活指数（Winter Survival Index，WSI）或抗寒性指数（Winterhardiness Index，WHI）两种系统评价苜蓿品种的适应性。越冬存活指数（Winter Survival Index，WSI）分为1～6级（极抗寒至极不抗寒）（表5-3）。

表 5-3　苜蓿秋眠等级（FDR）

等级	秋眠组	特性
1	极秋眠	极抗寒，秋季或冬末不生长
2，3	秋眠	抗寒，秋季或冬末少量生长
4，5，6	中等秋眠	抗寒中等，秋季或冬末部分生长
7，8	非秋眠	无抗寒能力，秋季或冬末生长良好
9，10，11	极不秋眠	对冬季条件极敏感，秋季或冬末生长非常好

注：引自 *Alfalfa Management in Georgia*，2011。

Stout（1989）认为苜蓿的秋眠性和抗寒性之间在表型上具有相关性，与非秋眠苜蓿相比，早期的秋眠苜蓿品种具有较强的抗寒能力，并且早期的秋眠苜蓿品种已成为苜蓿抗寒性的参照。抗寒指数表示苜蓿在冬季潜在的存活能力，而秋眠指数则表示苜蓿在每次刈割后的恢复能力及在秋季的生长状态（Hancock，2011）（图 5-1）。秋眠性是苜蓿的一种综合性状，它既体现了苜蓿品种的抗寒力，又体现了苜蓿品种的产量潜力，同时也反映了苜蓿品种的潜在质量。Target（2006）认为随着秋眠等级的增加苜蓿品种的产量潜力也在增加，而苜蓿品种的越冬存活能力呈下降趋势（图 5-3）。

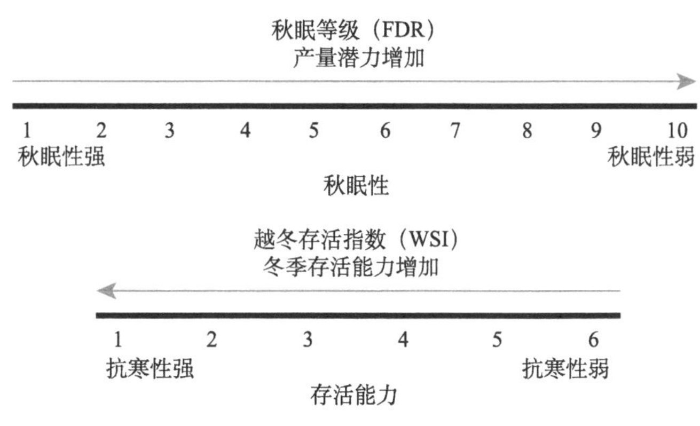

图 5-3　苜蓿秋眠等级与越冬存活指数

注：引自 *Winter Survival Index & Fall Dormancy Scale*（Target，2006）。

4. 病虫抗性

抗虫害应被视为一种保险政策，是良种的一个重要好处。即使不是每年都有害虫，在苜蓿的整个生命周期中，抗病性也会发现价值。最好的病虫害管理策略是选择对最常见病虫害具有抗性的品种到特定的地点。抗病品种将通过消除或大大减少对化学防治的需要而节省金钱和时间。

5. 持久性

一个苜蓿品种，可以保持稳定的产量，比较生长4～5年苜蓿草地植株密度、产量可以确定品种的相对持久性。在北方地区，由于冬季的严重度和持续时间，苜蓿持久性与抗寒性有很大关系。在南方，苜蓿持久性更依赖于抗病能力。如果无法获得植株成活率或4～5年龄草地的产量，则使用抗寒性和抗病性来估计其持久性。

6. 产量潜力

在根据抗寒性、秋眠性、病虫害等因素确定合适的苜蓿品种后，下一步是在选定的品种中确定具有最高产量潜力的品种。尽管每个苜蓿品种都有其自身的产量潜力，由其遗传所决定，但每个品种所能达到的实际牧草产量受到田间条件和管理水平的限制。苜蓿生产地域的纬度、生长季节长度、温度、降水量、土壤质地、肥力和其他管理措施是决定某一苜蓿品种最终产量的主要因素。

7. 牧草质量（低木质素）

木质素不易消化，阻碍了可消化纤维的利用。因此，高木质素浓度是不可取的。最近，低木质素苜蓿已投放市场，木质素降低了10%～15%。减少木质素可以生产更高质量的牧草，使后期收获的牧草质量相同的情况下产量更高；或者通过延长刈割期来增加收割的灵活性。但需要注意的是低木质素品种往往是通过生物技术处理而形成的品种。

三、品种资源

1987—2018年，我国累计审定登记各类苜蓿品种达101个，其中，野生栽培品种5个，地方品种21个，育成品种47个，引进品种28个（表5-4至表5-7）。

1. 地方品种

我国栽培苜蓿已有2 000多年的历史。栽培苜蓿地形、土壤类型、生态环境多样，在长期的自然选择和人工选择中，形成了适应当地环境条件的各种类型，成为各地的地方品种（又称农家品种）。这些品种在生产上一直发挥着重要作用，是一批极其宝贵的种质资源（表5-4）。

表5-4 常见苜蓿地方品种

品种名称	选送单位	适宜地区
新疆大叶苜蓿	新疆农业大学	南疆塔里木盆地
北疆苜蓿	新疆农业大学	新疆伊犁哈萨克自治州、我国北方地区

续表

品种名称	选送单位	适宜地区
肇东苜蓿	黑龙江省农业科学院畜牧研究所	北方寒冷半干旱地区
晋南苜蓿	山西省农业科学院畜牧兽医研究所 山西省连城农牧局牧草站	晋南、晋中、晋东
敖汉苜蓿	内蒙古农牧学院、赤峰敖汉草原站	东北、华北地区
关中苜蓿	西北农业大学	陕西渭北流域
沧州苜蓿	张家口草原畜牧研究所、沧州饲草饲料站	渭北、渭中、黄土高原
陕北苜蓿	西北农业大学	鲁西北、渤海湾一带
淮阴苜蓿	南京农业大学	黄淮海平原及沿海地区
内蒙古准格尔苜蓿	内蒙古农牧学院、内蒙古草原站	内蒙古中西部地区
河西苜蓿	甘肃农业大学、甘肃饲草料工作总站	黄土高原
陇东苜蓿	甘肃农业大学、甘肃饲草料工作总站	黄土高原
陇中苜蓿	甘肃农业大学、甘肃饲草料工作总站	黄土高原
蔚县苜蓿	张家口草原牧畜研究所、蔚县畜牧水产局、阳原县畜牧局	河北北部、西部，山西省北部，内蒙古中西部
天水苜蓿	甘肃省畜牧厅、天水市北道区草原站	黄土高原、我国北方地区
偏关苜蓿	山西省农业科学院畜牧兽医研究所、偏关畜牧业发展中心	黄土高原、晋西北
无棣苜蓿	中国农业科学院北京畜牧兽医研究所、山东省无棣县畜牧兽医局	鲁西北渤海湾一带以及类似地区
保定苜蓿	中国农业科学院北京畜牧兽医研究所	京津地区、河北、山东、山西、甘肃宁县、辽宁、吉林

2. 育成品种

从 20 世纪 70 年代末开始，我国广大牧草育种工作者在整理登记大批地方品种，引进国外优良品种的同时，不失时机地采用常规育种手段，诸如选择育种、近缘杂交、远缘杂交、多系杂交、综合品种、雄性不育等手段，培育出一大批高产、高抗的育成品种。同时，针对我国苜蓿栽培区域生态特点——寒冷、干旱、盐碱地多、病虫为害严重等情况，选育出抗寒、抗盐碱、抗病、高产的各类品种。表 5-5 为我国常见苜蓿育成品种。

表 5-5 常见苜蓿育成品种

品种名称	选育方法	品种特点
草原 1 号苜蓿	以内蒙古锡盟野生黄花苜蓿作母本，内蒙古准格尔苜蓿为父本杂交育成	花杂色，生育期 110 d，能在 -43℃低温下越冬
草原 2 号苜蓿	以内蒙古锡盟野生黄花苜蓿为母本，内蒙古准格尔、武功、府谷和苏联 1 号 5 个苜蓿为父本，在隔离区进行天然杂交	耐寒，耐旱
公农一号苜蓿	以引进的格林品种为材料，经 26 年的风土驯化经表型选择育成	高产，耐寒
公农二号苜蓿	以蒙他那普通苜蓿、特普 28 号苜蓿、加拿大普通苜蓿、格林 19 和格林选择品系为材料，经混合选择育成	抗寒
甘农一号苜蓿	以黄花苜蓿和苜蓿多个杂交组合，在高寒地区，以改良的混合选择出 82 个无性繁殖系，在隔离区开放授粉育成的综合品种	抗寒，抗旱
甘农二号苜蓿	以国外引进的 9 个根蘖型苜蓿为材料，在高寒地区从中选出 7 个无性繁殖系形成的综合品种	抗寒，抗旱
图牧一号杂花苜蓿	以当地野生黄花苜蓿为母本，苏联亚洲、日本、张掖等 4 个苜蓿为父本，进行种间杂交，经 3 次混合选择育成	抗寒，在 -45℃的条件下能越冬、高产、抗霜霉病
甘农 3 号苜蓿	以捷克、美国引进的 9 个品种和新疆大叶苜蓿、矩苜蓿等 14 个品种为材料，选出 78 个优良单株，淘汰不良株，在保留的 32 个无性系，经配合力测定，选出 7 个无性系，隔离授粉配制成的综合品种	在灌溉条件下，产草量高，可作为集约型品种
龙牧 801 苜蓿	以野生二倍体扁蓿豆作母本，四倍体肇东苜蓿为父本进行的种间杂交育成	抗寒，冬季少雪 -35℃和冬季有雪 -45℃以下仍能安全越冬
龙牧 803 苜蓿	以四倍体肇东苜蓿为母本，野生二倍体扁蓿豆为父本进行的种间杂交育成	再生性好，较耐盐碱
图牧二号杂花苜蓿	以苏联 0 134 号、印第安、匈牙利和武功 4 个品种同当地苜蓿进行多父本杂交育成	抗寒，在 -48℃条件下，能安全越冬
新牧 2 号苜蓿	以 85 个苜蓿为材料，以抗寒、抗旱、耐盐、高产为目标，选出 9 个优良无性系，种子等量混合成的综合品种	再生快，耐寒，耐旱，耐盐，高产，干草产量可达 9 000～15 000 kg/hm^2
中苜 1 号苜蓿	以保定苜蓿、秘鲁苜蓿、南皮苜蓿、RS 苜蓿及细胞耐盐筛选的优株为材料，在 0.4% 盐碱地上，开放授粉，经四代混合选择育成	耐盐，在 0.3% 盐碱地上比一般栽培品种增产 10% 以上，干草产量 7 500～13 500 kg/hm^2，同时耐旱、耐瘠薄

续表

品种名称	选育方法	品种特点
中兰 1 号苜蓿	以 69 个苜蓿为材料，通过多年的接种苜蓿霜霉病进行致病性鉴定，选出 31 个抗病系，经配合力测定，选出 5 个高产、抗病系，在隔离区内，开放授粉而成的综合品种	抗霜霉病，同时抗褐斑病和锈病，高产，干草产量可达 25 500 kg/hm^2
阿勒泰杂花苜蓿	以当地高大野生直立型黄花、苜蓿为材料，经多年混合选择的育成品种	抗旱，抗寒，耐盐碱
新牧 1 号杂花苜蓿	以野生黄花为主的天然杂种为材料，选择植株高大、抗病、花黄色、产量高，经混合选择而成的育成品种	抗寒，抗旱，抗病
新牧 3 号杂花苜蓿	以 Speador2 为原始材料，在严寒条件下，经 3 年的自然选择，选出 11 个优良无性系，经开放授粉而成的综合品种	抗寒，在 -43℃的条件下能安全越冬，高产，干草产量可达 11 250 kg/hm^2
甘农 4 号苜蓿	以从欧洲引进的安达瓦、普列洛夫卡、尼特拉卡、塔保尔卡、巴拉瓦、霍廷尼科等 6 个品种为材料，经母系选择法育成	生长速度快，较抗寒、抗旱
中苜 2 号苜蓿	以 101 个国内外苜蓿品种为材料，以主根不明显、分枝根强大、叶片大、分枝多为目标，经 3 代混合选择育成	耐寒，抗病虫害，耐瘠薄
中苜 3 号苜蓿	以耐盐中苜 1 号苜蓿为材料，通过表型选择，经配合力测定后，相互杂交，育成的综合品种	返青早，再生性强，耐盐，含盐量达 0.18%～0.3% 的盐碱地上，比中苜 1 号苜蓿增产 10%
龙牧 806 苜蓿	以肇东苜蓿与扁蓄豆远缘杂交的 F_3 群体为材料，以越冬率、粗蛋白含量为目标，经单株混合选择育成	抗寒，在 -45℃的严寒条件下能安全越冬
草原 3 号杂花苜蓿	以草原 2 号苜蓿为材料，选择杂种紫花、杂种杂花、杂种黄花为目标，采用集团选择法育成	抗旱，抗寒性强，高产，干草产量达 12 330 kg/hm^2
赤草 1 号杂花苜蓿	以当地野生黄花苜蓿与当地品种敖汉苜蓿在隔离区内，进行天然自由授粉杂交而成	抗寒，抗旱
公农 3 号苜蓿	以阿尔冈金杂花苜蓿、海恩里奇斯、兰杰兰德、斯普里德、公农 1 号 5 个品种为原始材料，选择具有根蘖优良单株，建立无性系，经一般配合力测定后组配成综合品种	抗寒，较耐旱
呼伦贝尔黄花苜蓿	以呼伦贝尔鄂温克旗自治旗草原采集的野生黄花苜蓿为材料，经多年栽培驯化而成	抗寒，抗旱，防病虫害
陇东天蓝苜蓿	以甘肃灵台县等地采集的野生种子，经栽培驯化而成	耐寒，耐旱

3. 国外引进品种

不论是在国内各省（区）相互引种，还是从国外引入的苜蓿品种，都有重要意义。第一是引入的苜蓿品种可直接在生产中应用，增产效果显著，例如在我国不少地区栽培的润布勒杂花苜蓿是1972年从加拿大引进的综合品种；第二是增加我国苜蓿种质资源，应该承认，包括美国、加拿大、俄罗斯、法国、丹麦、荷兰等国开展苜蓿栽培育种时间长，手段较先进。20世纪至今，已培育各种苜蓿新品种千余个，是我国杂交育种的亲本材料。例如公农2号苜蓿是利用蒙他那普通苜蓿、特普28号苜蓿、加拿大普通苜蓿、格林19号和格林选择系等5个苜蓿品种经混合选择育成。又如草原2号苜蓿是以黄花苜蓿为母本，以5个苜蓿为父本通过种间杂交育成的，其中1个父本就是引进的苏联一号苜蓿，另外4个亲本是国产的苜蓿（表5-6）。

表5-6　部分常见引进苜蓿品种

品种	主要特性	审定信息
WL168HQ	秋眠级2，抗寒指数1，耐寒、抗旱。根蘖型，通过水平根进行自我繁殖，不断形成新的植株，适用于苜蓿产业化种植和放牧草场利用	全国草品种审定委员会审定品种编号：518 内蒙古自治区草品种审定委员会审定品种编号：N020
乐金德	秋眠级3，抗寒指数1，叶量丰富，多叶率高，茎秆纤细，适口性极好，持久性强，适用于苜蓿产业化种植	全国草品种审定委员会审定品种编号：603 内蒙古自治区草品种审定委员会审定品种编号：N076
WL319HQ	秋眠级3，抗寒指数1，叶量丰富，多叶率高，茎秆纤细，适口性极好，对于盐碱抗性较强，适用于苜蓿产业化种植	内蒙古自治区草品种审定委员会审定品种编号：N035
WL343HQ	秋眠级4，抗寒指数1，多叶率高，牧草品质好，适用于苜蓿产业化种植	全国草品种审定委员会审定品种编号：476 山东省草品种审定委员会审定品种编号：028 内蒙古自治区草品种审定委员会审定品种编号：N057
WL354HQ	秋眠级4，越冬指数1。抗细菌性萎缩病、镰刀菌萎蔫病、炭疽病、疫霉根腐病、丝囊霉根腐病、黄萎病、蚜虫和线虫等，适用于苜蓿产业化种植。尤其高抗根腐病，适合漫灌条件种植	甘肃草品种审定委员会审定品种编号：GCS005 内蒙古自治区草品种审定委员会审定登记品种审定品种编号：N058
DG4210	秋眠级4，抗寒指数1，饲草产量高，抗寒能力强，适用于苜蓿产业化种植	全国草品种审定委员会审定品种编号：541

第二节 品种选择

品种选择是苜蓿生产计划中重要的考虑因素之一。市场上有许多苜蓿品种，既有国产品种，又有引进品种。各品种特性差异较大，选择适栽品种至关重要。

一、品种选择原则

一般认为，苜蓿起源的地理中心是伊朗。其起源地为寒冬和干热夏季明显的大陆性气候，春季来得晚，夏季短促，土壤 pH 值为中性。土壤和底土通常含石灰质较高，排水良好。了解苜蓿起源地的气候及土壤等生态条件对苜蓿的品种选择具有重要意义。

苜蓿在世界多数地区都能种植，具有较广泛的适应性。在长期的栽培过程中，自然形成和人为培育出许多品种，每个品种在适宜的种植区内都具有较强的适应性并能获得较高的产量。因此，在品种选择时要求根据栽培区的自然气候条件、土壤条件、牧草的利用方式及品种的适应性等来确定新品种。

1. 地理条件相近原则

苜蓿的适宜种植区主要分布在北纬 35°～43°。选择苜蓿品种时一般要求在同纬度或纬度相近的区域内选择。

2. 气候及土壤相似原则

我国地域广阔，自然气候及土壤条件差异显著，选择苜蓿品种时应根据栽培地的气候和土壤类型选择来源于相同或相近的气候和土壤类型区的苜蓿品种。例如在寒冷干旱地区种植苜蓿应选择敖汉苜蓿、准格尔苜蓿、草原 1 号、草原 2 号等品种，因为这些苜蓿的原产地和育成地均具有寒冷干旱的气候特点，土壤条件也比较一致。一般而言，干旱半干旱区无灌溉地区应选择国产品种，水热条件较好有灌溉条件的地区可选择进口品种。

3. 品种的适应性

有些苜蓿品种虽然来自纬度相同或相近的地区，或生态条件相似区域，但由于距离较远，也容易产生品种的不适应问题，因此，进行远距离引种至少要 3～4 年的引种试验，特别是在寒旱区引种进口品种，进行引种试验是非常重要的，也是必须的。有些品种的适应性非常强，而有些品种则要求有较高的管理水平才能发挥其优良性能，例如需要有良好的土壤结构和肥力、灌溉条件、盐碱状况、越冬保护、病虫害防治、杂草的控制及根瘤菌的活力等。一般来说，国内品种要比引进品种的适应性强，更耐粗放管理，持续利用时间较长，而引进品种适应性相对弱一些，需要好的水肥条件和较好的管理其高产性能才能表现出来，所以在引种时也要考虑当地的管理水平和条件。

4. 不同的利用目的

用于生态建设用的苜蓿品种应选择抗逆性强、适应性广泛的品种，特别应选择具有较强抗寒和抗旱性能的品种，多考虑国产品种；用于草田轮作的苜蓿品种应选择生长速度较快、较短时间内形成高产并且有发达根系的品种；建立高产型人工草地要选择具有高产性能的品种，对水肥敏感，水肥效应好，同时要具有抗病虫的特点，也可考虑选择优良的进口品种；建立放牧型草地应选择耐践踏的苜蓿品种如根蘖型苜蓿；在盐碱地上种植宜选择耐盐碱的品种如中苜1号等。

5. 引种试验与检疫

任何地区引种的苜蓿若为当地以前未种植的品种均需进行引种试验，尤其是所引种的苜蓿种植面积大时。同时，要通过检疫，我国对苜蓿的主要检疫对象有病害、线虫、籽蜂以及恶性杂草等。这些病虫害往往会对苜蓿生产及种植地的其他植物或动物造成无法预料的损失甚至是毁灭性的打击，因此必须高度重视苜蓿种子检疫问题。

6. 清楚品种特性

对所选择的品种要弄清楚其所具备的优良特性和适应性，同时要了解种子的成熟度、纯净度、发芽率等质量问题。

二、品种选择技巧

许多苜蓿种植者在选择苜蓿品种时，一方面没有对当地气候、土壤等立地条件仔细了解，二是对品种特性了解不清，只是道听途说。一个常见的错误是仅仅根据种子价格、生长习惯或经销商的推销来选择品种。基于种植者的盈利潜力，以下要点可供品种选择参考。

1. 了解苜蓿地周围环境

苜蓿品种具有较强的地域性，只有生态环境、生产条件与品种达到高度耦合，苜蓿的优良品性才能充分表现，才能获得较为理想的品种效应和较高收益。因此，选择一个适合所选地域的品种非常重要，并非所有的区域都适合苜蓿种植，土壤和环境条件对种植苜蓿影响很大。苜蓿在土层深厚、排水良好的微碱性土壤上表现最好，而不适合盐碱或下湿草甸地点。

在北方受气候制约苜蓿生产潜力较高的地点，苜蓿安全越冬尤为重要，要清楚冬季的低温程度及降雪的概率有多大，最近几年里有无发生过严重的苜蓿冻害，这对选择苜蓿品种非常关键。苜蓿生长期的长短，灌溉投入的季节充足性，对病虫害的抗性，包括疾病、昆虫、线虫、脊椎动物和杂草等，这些都是在选择品种时要熟知的情况。

目前，我国市场上常见的苜蓿品种有两大类，即国内品种和国外品种。国内品种抗性好、适应性强，耐粗放管理。国外品种需要在好的条件下，其优良性状才能表现出来。所以，在选择品种时看立地条件是否能满足国外品种的要求，否则会适得其反。

2. 基于植物性状的品种选择

（1）选择适宜的苜蓿种　苜蓿品种大致分为苜蓿（*Medicago sativa*）、黄花苜蓿（*M. falcata*）及杂种苜蓿（*M. medium*）。相对于苜蓿，黄花苜蓿往往更耐旱，晚春和早秋休眠期，冬季耐寒，再生速度较慢，在水分不受限的情况下，整个生长季节的产量也较低。黄花苜蓿通常具有更匍匐的生长习性和宽广的近地表的根颈（根和芽之间的连接和再生芽区）。一些黄花品种是匍匐根或根状茎的，有地下的侧向结构，可以从中出现新的根和芽，它们通常最适合旱地应用。杂种苜蓿的耐寒性、耐旱性介于苜蓿与黄花苜蓿之间。目前，在苜蓿生产中，特别是在具有灌溉条件下，生态环境相对较差的植被恢复中可选择黄花苜蓿或杂花苜蓿。

（2）根据立地条件选择适宜的秋眠级品种　秋眠性（FD）是苜蓿品种分类的一种方案，环境、经验和种植者的目标决定了最佳的FD选择。FD较高的品种往往产量较高，但情况并非总是如此。质量和长期坚持也是重要的考虑因素。一种方法是选择能在一个地区生存的FD最高的品种，因为那些FD较高的品种往往产量更高。秋眠级选择这是一个复杂的问题，因为它不仅取决于纬度（更多的性状品种越往北）和海拔（更多的性状品种在高海拔地区），还取决于温度模式（在寒冷地区需要更多的捐赠）、土壤类型、持久性预期，以及某种程度上的市场预期。

过去秋眠级被解释为一个抗寒和生存的指标，在我国北方最冷的地点，秋眠级低至1～2。秋眠级和抗寒性之间的关系在现代品种中似乎不那么强（但还是有一定的关系）。秋季不休眠或少休眠型比较休眠型在刈割后恢复快，全季产量潜力大。因此，选择适当的秋眠级水平成为平衡季节产量潜力和冬季伤害（冬害）风险的重要手段。

在我国北方，选择秋眠级较高的品种具有一定的高产潜力，但也承担着苜蓿安全越冬的风险。因为到了秋季秋眠品种会更早地进入休眠状态，将营养物质贮存在根颈或根部，从而增加了耐寒性，以更好地越冬；而少秋眠或不秋眠品种，到了秋季将根颈或根部营养物质用于地上部生长，在越冬前很少有营养物质，降低了耐寒性，从而抵抗低温的能力较差。因此，秋眠级的选择与苜蓿安全越冬至关重要，一定要认真考量。目前，在我国苜蓿品种审定过程中许多品种为测定或注明秋眠级。方珊珊（2015）、刘志英（2016）研究表明，我国现有苜蓿品种的秋眠级大部分为 1～2 级（表 5-7）。

表 5-7　国产苜蓿品种秋眠级

秋眠级	品种
1	公农 1 号、公农 2 号、公农 3 号、新牧 1 号、中草 13 号、公农 5 号、龙牧 801、龙牧 803、龙牧 806、龙牧 808、草原 3 号、敖汉苜蓿、肇东苜蓿、润布勒、准格尔苜蓿、草原 2 号
2	中苜 1 号、中苜 3 号、淮阴苜蓿、中苜 2 号、新牧 2 号、鲁苜 1 号
3	甘农 1 号
4	中兰 1 号
7	渝苜 1 号、甘农 5 号
8	凉苜 1 号

（3）根据立地环境和预期草地利用年限选择适宜的抗病虫害品种　通常品种抗性是对昆虫或疾病的经济可行的防御。确定在过去哪些害虫可能导致苜蓿草地密度下降，要知道当地常见的苜蓿病虫，例如青枯病、黄萎病、疫病根腐病、线虫和蚜虫。在我国苜蓿主产区常能见到根腐病，因此，抗根腐病品种很重要。旱地的疾病压力通常比灌溉苜蓿的疾病压力小，当苜蓿是短期轮作作物时，可能不太受关注。

重要的是要确定种植地区最重要的疾病、线虫和害虫，以确定具最佳的抗病性的品种。

害虫抗性不是绝对的，也不等同于免疫。由于苜蓿品种作为群体的性质，对害虫的抗性不是绝对的。一些植物将保持敏感，即使在一个高抗性的品系。被归类为对特定昆虫或疾病具有高度抗性（HR）的苜蓿品种，根据定义，有超过 50% 的植物表现出抗性，抗虫品种（R）为 35%～50% 的苜蓿植株表现出抗性（表 5-8）。

表 5-8　苜蓿抗虫性

抗虫等级	代码	抗虫植株（%）
高抗	HR	＞50
抗虫	R	35～50
中抗	MR	20～35
低抗	LR	5～20
易感	S	<5

注：抗虫性在温室幼苗试验中独立确定。

对所有病虫害都有抵抗力是不可能的，甚至也不是必须的。对病虫害抗性的需要不仅取决于地区，而且取决于特定的领域。对于大多数地区来说，抗疫根腐病是非常重要的，但排水良好的农田可能不需要像排水不良的农田那样需要高度的抗性。抗虫性并不一定越多越好。需要对田间没有发生的害虫产生抗性可能会不必要地限制适宜的品种。然而，一般来说，多重害虫抗性是廉价的保险。

（4）*充分利用与环境和管理相似的苜蓿品种产量潜力*　产量显然是影响苜蓿的最重要的经济因素，但也综合了苜蓿生产性能的许多方面，因此，是品种选择的主要标准。经过几年的试验，平均产量表现不仅表明苜蓿潜在的经济收益，而且还表现了抗病能力和耐受性。产量是一个品种适应一个地区的优秀指标，并考虑到该品种的许多其他特征，包括秋季休眠、抗虫、病虫害、抗病能力和持久性。对于种植者来说，产量潜力通常是最重要的经济因素，因此应该是品种选择的首要考虑因素。

目前，市场上苜蓿品种较多，各品种特性差异也较大，无法全部进行引种试验，但可以参考与所选环境条件相似、管理水平相近地区的试验结果或生产性能进行产量潜力判断。选择生产潜力表现良好的品种，在更换新品种时，要以老品种为标准，与老品种比较每年牧草增产不少于 10%，方可更换新品种。要知道在更换新品种的同时，在生产中会带来一定的风险，如越冬风险、病虫害压力和持久性等。

试验中应选择最好的品种时，通常会从试验的前 1/3 中进行选择。例如在 Tulelake 的 CA 试验结果中，有许多品种（除了产量最高的品种外）都有相同的字母，从统计学的角度来看，无法在 95% 的置信度水平（5% 的出错几率）区分这些品种。在较低的置信度水平（70% 或 80% 的置信度，或 20%～30% 的错误率）下，高产品种的数量将在较高的品种中大大减少。因此，根据“经验法则”，选择大约 1/3 的顶级品种是合理的，这一选择过程大大缩小了选择范围，增加了选择表现最好的品种的可能性。

多年的数据很重要。不要接受单一收成或单一年份的数据作为选择品种的指南。随着时间的推移，会发生许多变化。搜索尽可能多的多年数据，来自多个地点的数据也很有用，但依赖性最强。在各种各样的测试中，如果公司提供了有关品种的数据，一定要索取试验的完整表格，而不仅仅是部分结果，以免影响样本的可信度。加利福尼亚州其他地点的数据可以从《农学进展报告》（Putnam et al.，1997 a）中获得，该报告通常在每年 12 月发布。苜蓿产量测试在国见湖地区、戴维斯地区、圣华金谷（位于弗雷斯诺县的科尔尼农业中心和五点西侧野外站以及低沙漠地区（加州大学沙漠研究与推广中心）。

（5）高品质牧草　虽然品种在牧草质量上可能有所不同，但农艺措施对牧草质量的影响比品种更大，如刈割时间表和杂草控制。因此，牧草质量并不是选择苜蓿品种最重要的标准。多叶性状有助于提高牧草品质，但并不总是如此。有些品种牧草品质较高，但产量较低。应该认真考虑为了牧草质量而牺牲产量是否经济。应选择适宜的高产品种，并改善牧草质量。到目前可能还没有既高产量又高质量的苜蓿品种。一个苜蓿品种的潜在牧草品质不能在不考虑产量的情况下考虑。一般而言，高质量的品种几乎总是产量较低。就像刈割时间表一样，不同品种之间也存在着产量和质量的权衡。因此建议种植者平衡产量和质量因素，即利用好收益—质量权衡的经济学。为了质量而选择一个品种，必须准备好接受这种选择通常会导致的产量损失，通常是在产量、质量和持久性之间的折中。

> 虽然品种在牧草质量上可能有所不同，但农艺措施例如刈割时间表和杂草控制对牧草质量的影响比品种更大。

（6）持久性　比较植株存活率或 4～5 年龄草地的产量以确定品种的相对持久性。北方地区的持久性主要取决于冬季温度的严重度；在更远的南方，持久性更依赖于抗病能力。如果无法获得植株成活率或 4～5 年龄草地的产量，则使用抗寒性和抗病性来估计其持久性。在评估品种的时候，要记住长期持有不一定是最有利可图的。许多农民发现，4 年轮作 3 年的苜蓿比 7 年或 8 年轮作 5 年或 6 年的苜蓿更有利可图。出现这种情况的原因如下：年轻的苜蓿草地比老的苜蓿草地产量更高；4 年轮作制，意味着苜蓿草地在 8 年里要耕翻 2 次，每次耕翻均可增加氮的含量；苜蓿后的玉米比玉米后的玉米产量高出约 10%；玉米根虫在苜蓿后的第 1 年比在玉米后的第 1 年少得多。

3. 种子质量和处理的考虑

（1）种子产地　选择的品种其种子产地要有一定的了解，环境条件（如气候、土壤）尽量与目标苜蓿生产区域相近。在我国北方地区，若选择引进品种（国外品种）要关注其耐寒性及对生产条件的要求，一般国外苜蓿品种都要求在较好的水肥条件其优良性状才能表现出来，而国产品种适应性强，抗性良好。

（2）从信誉良好的来源获得高质量的种子　选择高质量的种子是苜蓿立地和长寿的关键步骤。认证使种植者能够获得所用种子的真实特性，如种子纯度、发芽率和生活力。

检查种子公司质量保证、基因身份或性能。利用认证或植物品种保护（PVP）种子以确保遗传身份是如标签所述。选择进口品种，要确认蓝色标签。虽然普通苜蓿种子，通常比认证或 PVP 种子更便宜，但这些种子质量标准、遗传纯度和允许的杂草种子标准较低。选择品种种子价格，是一个考虑因素，但不是主要因素。

（3）使用种子标签信息了解种子特性　使用种子标签信息，以了解种子类别、品种名称、产地、种子生产经营许可证编号、种子特征特性、纯度、净度、发芽率、含水量、活力及纯活种子浓度（PLS）。纯活种子浓度是通过将种子纯度水平乘以种子萌发水平得到的，即

$$纯活种子浓度 = 纯度 \times 萌发率$$

例如一种商品种子纯度为 99%，萌发率为 90%，则其纯活种子浓度为 0.89。

在种子批次之间，可以根据 PLS 的价格进行比较。种子包衣可能占包装种子总重量的 1/3。因此，涂有营养层、杀菌剂或接种层的苜蓿种子的纯度可能比未涂有涂层的种子低（如 65%～66%）。这些纯度差异可能需要调整播种率以达到目标纯活播种率。种子发芽试验的日期应显示在种子标签上，因为发芽率随种龄而下降。

（4）检查种子标签上的有效期　如果苜蓿种子预先接种适当的根瘤菌进行结瘤和 N_2 固定，要检查种子标签上的有效期以确认接种物的活力，或者在播种前或播种时购买新鲜的接种剂和接种种子。使用黏结剂，如糖溶液或炼乳，然后干燥，将改善泥炭基接种物对种子的黏附。新的黏土基的接种剂则可能不需要黏结剂。

第三节　苜蓿栽培区划与品种

一、全国苜蓿栽培区划与当家品种

据《中国多年生牧草栽培草种区划》（洪绂曾，1989）全国苜蓿栽培区划为7大区26亚区（表5-9）。

表5-9　全国苜蓿栽培区划与当家品种

区	亚区	当家品种
东北苜蓿栽培区	大兴安岭苜蓿亚区	肇东苜蓿、公农1号苜蓿、公农2号苜蓿、图牧1号杂花苜蓿、图牧2号苜蓿、龙牧801、龙牧806等
	三江平原苜蓿亚区	
	松嫩平原苜蓿亚区	
	松辽平原苜蓿亚区	
	东部长白山山区苜蓿亚区	
	辽西低山丘陵苜蓿亚区	
内蒙古高原苜蓿栽培区	内蒙古中南部苜蓿栽培亚区	敖汉苜蓿、草原1号苜蓿、草原2号苜蓿、图牧1号杂花苜蓿、图牧2号苜蓿、中草13号苜蓿、赤杂1号
	内蒙古东南部苜蓿亚区	
	河套—土默川平原苜蓿亚区	中草13号、润布勒苜蓿、中苜1号
	内蒙古中北部苜蓿亚区	草原1号苜蓿、草原2号苜蓿
	鄂尔多斯苜蓿亚区	准格尔苜蓿、中草13号、草原3号
	宁甘河西走廊	河西苜蓿、甘农1号杂花苜蓿、甘农2号杂花苜蓿、甘农3号苜蓿
黄淮海苜蓿栽培区	北部西部苜蓿亚区	蔚县苜蓿、中苜1号苜蓿、中苜2号苜蓿、偏关苜蓿、保定苜蓿、沧州苜蓿
	华北平原苜蓿亚区	
	黄淮平原苜蓿亚区	无棣苜蓿、淮阴苜蓿、保定苜蓿、鲁苜1号
	胶东低山丘陵苜蓿亚区	
黄土高原苜蓿栽培区	晋东豫西丘陵山地苜蓿亚区	晋南苜蓿、关中苜蓿
	汾渭河谷苜蓿亚区	
	晋陕甘宁高原丘壑苜蓿亚区	陕北苜蓿、内蒙古准格尔苜蓿
	陇中青东丘陵沟壑苜蓿亚区	陇中苜蓿、陇东苜蓿、天水苜蓿、甘农3号苜蓿

续表

区	亚区	当家品种
西南苜蓿栽培区	川陕甘秦巴山地苜蓿亚区 云贵高原苜蓿亚区	凉苜 1 号、渝苜 1 号
青藏高原苜蓿栽培区	藏南高原河谷苜蓿亚区 藏东川西河谷山地苜蓿亚区 柴达木盆地苜蓿亚区	凉苜 1 号、渝苜 1 号
新疆苜蓿栽培区	北疆苜蓿亚区	北疆苜蓿、阿勒泰杂花苜蓿、新牧 1 号杂花苜蓿、新牧 2 号苜蓿
	南疆苜蓿亚区	新疆大叶苜蓿

二、内蒙古自治区苜蓿栽培区划与品种选择

随着内蒙古畜牧业的强势发展，特别是奶业的高质量发展，内蒙古苜蓿产业也呈快速高质量发展态势。目前，形成以阿鲁科尔沁旗为中心的科尔沁沙地苜蓿片区、以土默特左旗为中心的土默川苜蓿片区、以达拉特旗为中心的库布齐沙漠—毛乌素沙地苜蓿片区。经过多年的发展，内蒙古形成一批适宜不同生态区的苜蓿品种，也形成一套科学的苜蓿品种选择标准。

1. 品种要求

（1）生态学特性 适应不同自然环境生长发育表现出的特性（表 5-10）。

表 5-10 优质苜蓿品种生态学特性要求

特性	品种要求
适应性	在不良生长环境中能正常生长，并获得高产
抗寒性、越冬率	根颈收缩性生长良好，入土深，在高寒区越冬性好
秋眠性	极秋眠、半秋眠、非秋眠
抗旱性	根系发达，主根深长，侧根生长旺盛
抗病虫	具有一定的抗病虫害的能力，例如根腐病感染率低，不易受蓟马侵害。
再生性	刈割后，再生草生长速度快，产量高
生长寿命长	生长年限不少于 5 年
生长期	内蒙古东部偏北 120～150 d；内蒙古东部偏南 150～180 d；内蒙古中西部 200～210 d
生育期	100～115 d
耐贫瘠	良好

续表

特性	品种要求
耐土壤酸碱性	适宜土壤 pH 值 6.5～8.2
抗风沙、耐沙埋	良好

（2）种子要求（表 5-11）

表 5-11　优质种子要求

特性	品种要求
真实	品种名真实，不含其他品种的种子
净度高	种子批中无杂物，包括有生命杂质与无生命杂质
纯度高	不含同种类其他品种的种子
生活力强	具有较强的发芽势，发芽率高
种子用价	具有高纯度和高发芽率

（3）营养品质要求　具有叶量丰富、适口性好、营养价值高等特性（表 5-12）。

表 5-12　优质苜蓿品种营养品质要求

特性	品种要求
适口性好	各种家畜均喜食
叶量丰富	叶部繁盛，茎直立，茎叶比较低
营养价值高	可消化蛋白质高，中性洗涤纤维低，RFV 值≥150

2. 选择品种的原则

（1）乡土品种优先原则　在选择苜蓿品种时，优先选择对本地区环境和生产条件高度适应的乡土品种。

（2）适地适种原则　所选品种的生态适应、生物学特性和对生产条件的要求，要与种植地区气候与土壤条件相吻合。

（3）地理相近性原则　在选择苜蓿品种时，应在同纬度或纬度相近的区域内选择，低纬度地区可选择高纬度地区品种。

（4）气象条件及土壤条件相似原则　选择苜蓿品种时，应根据栽培地的气象条件、土壤类型和海拔高度选择来源于相同或相近气象条件、土壤和海拔高度的苜蓿品种，低海拔地区可选择高海拔地区品种。

3. 品种种植区划

（1）区划原则　生态优先原则。根据苜蓿品种的地域适宜性和生态生物学特性，进行优质苜蓿品种的种植区划。做到乡土品种优先，适地适种，因地制宜选择品种，使资源与品质得到合理高效配置。

围绕苜蓿的生产要求与生长规律，充分优化苜蓿品种农艺性状与种植区域生产条件、环境条件的融合，使苜蓿的优良性状在种植区域得到充分表现，潜力得到充分发挥。

（2）品种种植区　目前，我国使用的优质苜蓿品种大类可分为国产品种与进口品种。内蒙古优质苜蓿种植分为 2 个一级分区，15 个二级分区（表 5-13），分区主要特征与所含旗县见表 5-14。

表 5-13　内蒙古优质苜蓿种植分区

一级分区	二级分区	
丘陵平原区	1　岭东丘陵平原区	6　燕北丘陵区
	2　岭东南丘陵平原区	7　后山丘陵区
	3　岭南丘陵区	8　前山丘陵区
	4　西辽河平原区	9　河套—土默特平原区
	5　科尔沁坨甸区	
高原牧区垦区	1　呼伦贝尔高原东部区	4　乌兰察布半荒漠草原区
	2　呼伦贝尔高原西部区	5　黄土丘陵区
	3　锡林郭勒区	6　毛乌素沙区

表 5-14　内蒙古苜蓿种植区与优质苜蓿品种选择

一级区域	二级区域	气候特征	品种选择要求
丘陵平原区	1. 岭东丘陵平原区	北温带向寒温带过渡地带，年均温 -1 ℃～2.5 ℃，无霜期 90～130 d，≥10 ℃ 积温为 2 000～2 400 ℃，日照时数约 2 800 h。年平均降水量 450～530 mm，多集中于秋季	适应性强，抗寒性强，在极寒 -30℃下越冬率不小于 90%，耐旱（干燥度 1.3～1.5 条件下能正常生长），耐瘠薄，耐风沙，耐粗放管理，国产品种，秋季植株斜生枝条多，秋眠级 1；抗病虫害力强，生长寿命长，再生速度快，种性质量高，真实性强，纯度高及生活力强，适口性好，营养价值高

续表

一级区域	二级区域	气候特征	品种选择要求
丘陵平原区	2. 岭东南丘陵平原区	温带半干旱季风气候，年平均温 2.5～5℃，无霜期 95～150 d，≥10 ℃积温 2 400～2 800 ℃，日照时数 2 800 h。年降水量 400～500 mm，多集中于夏秋，冬春蒸发量大于降水量 10 倍左右，春旱严重	适应性强，抗寒性强，在极寒 -30℃下越冬率不小于 85%，耐盐碱（含盐量 0.2%～0.3% 条件下能正常生长），国产品种，秋眠级 1～2，抗病虫害力强，生长寿命长，再生速度快，种性质量高，真实性强，纯度高，生活力强；适口性好，营养价值高
	3. 岭南丘陵区	水热分布差异较悬殊，年平均温 4～8 ℃，≥10 ℃积温 2 800～3 500℃，无霜期 95～150 d，年日照时数 2 800～3 200 h，年降水量 320～420 mm	适应性强，抗寒，越冬率不小于 95%，耐盐碱（在含盐量 0.3%～0.35% 条件下能正常生长），秋眠级 1～3，株型直立，适宜机械刈割，再生速度快，抗病虫害力强，生长寿命长，种性质量高，真实性强，纯度高及生活力强；适口性好，营养价值高
	4. 西辽河平原区	东部比较湿润，西部干旱，年平均温 5.7～6.1℃，≥10 ℃积温 3 000～3 200℃，无霜期 140～145 d。年降水量 320～480 mm，年际年内变率大，春旱较重	适应性强，耐旱，抗寒，越冬率不小于 95%，耐盐碱（含盐量 0.3%～0.35% 条件下能正常生长），秋眠级 1～3，再生性强，抗病虫害力强，生长寿命长；种性质量高，真实性强，纯度高及生活力强；适口性好，营养价值高
	5. 科尔沁坨甸区	气候条件与西辽河平原区相近。年平均温 5～7 ℃，≥10 ℃积温 2 800～3 100 ℃，无霜期 140 d 左右，年平均降水量 300～450 mm，南部比北部偏多	适应性强，耐旱性强（干燥度 3～3.5 条件下能正常生长），抗寒，越冬率不小于 85%，耐瘠薄，耐风沙，耐粗放管理，国产品种，秋季植株斜生枝条或半斜生枝条多，秋眠级 1～2，抗病虫害力强，生长寿命长，种性质量高，真实性强，纯度高，生活力强；适口性好，营养价值高
	6. 燕北丘陵区	因地形复杂，起伏较大，水热分布很不一致，大体上热量是由东南向西北递减，年平均温 6～7℃，≥10℃活动积温 2 500～3 200 ℃。无霜期 130～150 d。大部地区降水量 350～450 mm，由南向北递减，70% 降水分布于 6—8 月，降水集中，强度大	适应性强，耐旱，抗寒，越冬率不小于 90%，耐盐碱（含盐量 0.3%～0.35% 条件下能正常生长），秋眠级 1～2，再生性强，抗病虫害力强，生长寿命长，种性质量高，真实性强，纯度高及生活力强；适口性好，营养价值高

续表

一级区域	二级区域	气候特征	品种选择要求
丘陵平原区	7. 后山丘陵区	海拔较高，光能条件充足，热量资源较少，无霜期 90～120 d，年平均温 1.3～3.1℃，≥10℃积温为 1 800～2 200℃，年降水量 250～400 mm，由东向西渐少，蒸发量 2 400～2 800 mm，由东向西渐多，冬春季降水量少，蒸发强烈，加之风大沙多，春旱严重	适应性强，耐旱（干燥度 1.6～3 条件下能正常生长），抗寒，越冬率不小于 85%，耐瘠薄，耐风沙，耐粗放管理，国产品种，秋季植株斜生枝条或半斜生枝条多，秋眠级 1，抗病虫害力强和生长寿命长，种性质量高，真实性强，纯度高及生活力强；适口性好，营养价值高
	8. 前山丘陵区	年平均温 3～5℃，≥10℃活动积温 2 200～2 800℃，无霜期 100～150 d，光照资源丰富，年降水量 350～400 mm，变率大，强度大，多暴雨和冰雹，蒸发一般大于 200 m，湿度低，尤其是春旱严重	适应性强，耐旱性强（干燥度 3～3.5 条件下能正常生长），抗寒，越冬率不小于 85%，耐瘠薄，耐风沙，耐粗放管理，国产品种，秋季植株斜生枝条或半斜生枝条多，秋眠级 1～2，抗病虫害力强和生长寿命长，种性质量高，真实性强、纯度高及生活力强；适口性好，营养价值高
	9. 河套-土默特平原区	热量资源丰富，年平均温 4～7 ℃，≥10 ℃积温 2 600～3 200℃，无霜期 140～170 d，降水量由西部的 150 mm 左右到东部的 400 mm，蒸发强烈，全年平均 2 200～2 600 mm。该区常处于干旱威胁之下，西部的河套平原属无灌溉即无农业区	适应性强，耐旱（干燥度大于 3.5 条件下能正常生长），抗寒，越冬率不小于 95%，耐盐碱（在含盐量 0.3%～0.35% 条件下能正常生长），秋眠级 2～4，株型直立，适宜机械刈割，再生速度快，抗病虫害力强，生长寿命长，种性质量高，真实性强，纯度高及生活力强；适口性好，营养价值高
高原牧区垦区	1. 呼伦贝尔高原东部区	冬季严寒，夏季温凉，1 月均温普遍在 -24℃以下，7 月均温 17～20 ℃。牧草返青期一般在 5 月上旬，无霜期 100～120 d，年降水量 300～400 mm	适应性强，耐旱（在干燥度 1.6～3 条件下能正常生长），抗寒，越冬率不小于 85%，耐瘠薄，耐风沙，耐粗放管理，国产品种，秋季植株斜生枝条或半斜生枝条多，秋眠级 1，抗病虫害力强和生长寿命长，种性质量高，真实性强，纯度高及生活力强；适口性好，营养价值高

续表

一级区域	二级区域	气候特征	品种选择要求
高原牧区垦区	2. 呼伦贝尔高原西部区	气候干旱，年降水量少，风沙大，夏季凉爽，冬季严寒。年平均温 -2℃～0℃，1月平均气温为 -26℃～-22℃，夏季比较凉爽，7月平均气温 18～20℃，年降水量 300 mm 左右，多集中于夏季	适应性强，抗寒性强，在极寒 -30℃下越冬率不小于 85%，耐旱（在干燥度 1.3～1.5 条件下能正常生长），耐瘠薄，耐风沙，耐粗放管理，国产品种，秋季植株斜生枝条多，秋眠级 1，抗病虫害力强和生长寿命长，种性质量高，真实性强，纯度高及生活力强；适口性好，营养价值高
	3. 锡林郭勒区	水分充足，年降水量 300～400 mm，但集中于夏季，春旱比较严重；冬季较为寒冷，1月平均气温 -18℃～-12℃，最低 -34℃；夏季凉爽，7月均温 18～20℃，无霜期 90～120 d	适应性强，耐旱（在干燥度 1.6～3 条件下能正常生长），抗寒，越冬率不小于 85%，耐瘠薄，耐风沙，耐粗放管理，国产品种，秋季植株斜生枝条或半斜生枝条多，秋眠级 1，抗病虫害力强和生长寿命长，种性质量高，真实性强，纯度高及生活力强；适口性好，营养价值高
	4. 乌兰察布半荒漠草原区	气候干旱温和，年降水量 150～300 mm。降水集中于 7—9 月，春旱严重，十年九旱，苜蓿生产不稳定。≥10℃积温 1 800～2 200℃，无霜期 95～120 d	适应性强，耐旱性强（在干燥度 3～3.5 条件下能正常生长），抗寒，越冬率不小于 85%，耐瘠薄，耐风沙，耐粗放管理，国产品种，秋季植株斜生枝条或半斜生枝条多，秋眠级 1～2，抗病虫害力强和生长寿命长，种性质量高，真实性强，纯度高及生活力强；适口性好，营养价值高
	5. 黄土丘陵区	年降水量 250～450 mm，集中于 7—9 月，冬春季干旱少雨雪，夏秋之交多暴雨，时间短，强度大，水土流失严重，年平均温 5～8℃	适应性强，耐旱，抗寒，越冬率不小于 90%，耐盐碱（含盐量 0.3%～0.35% 条件下能正常生长），秋眠级 1～3，株型直立，适宜机械刈割，再生性强，优质高产，干草产量不低于 10 000 kg/hm^2，抗病虫害力强和生长寿命长，种性质量高，真实性强，纯度高，生活力强；适口性好，营养价值高
	6. 毛乌素沙区	年降水量 300～400 mm，集中在夏季，并多暴雨，春季雨水少，春旱严重。热量条件好，＞5 ℃积温 3 000～3 400 ℃，无霜期较长，可达 130～150 d	适应性强，耐旱（在干燥度大于 3.5 条件下能正常生长），抗寒，越冬率不小于 95%，耐盐碱（在含盐量 0.3%～0.35% 条件下能正常生长），秋眠级 2～3，抗病虫害力强，生长寿命长，种性质量高，真实性强，纯度高及生活力强；适口性好，营养价值高

第四节　不同生态区苜蓿生产力

苜蓿生产性能具有多变性和潜在性，在科尔沁沙地、土默特平原、库布齐沙漠区、河套灌区和河西走廊等不同地区苜蓿的生产性能表现出较大的差异性和趋同适应性。研究为2000—2010年进行，仅供参考。

一、科尔沁沙地不同品种苜蓿的产量

科尔沁沙地区是我国农牧交错带的重要组成部分，属半干旱大陆性季风气候，年平均气温4～5℃；7月最热，平均气温20～22℃，极端最高气温为40.4℃；1月最冷，平均气温为-17℃～-13℃，极端最低气温为-32.2℃；≥10℃积温为2 600～2 800℃，平均日照时数2 985.9 h。年平均降水量为320～380 mm，多集中在6—8月，占年降水量的76.7%；年蒸发量达1 800 mm以上，是降水量的4.95倍。无霜期125～130 d。土壤为栗钙土。试验在科尔沁沙地西段的林西县境内进行。

共引种26个品种或育种材料，播种当年多数苜蓿品种能安全越冬，越冬率平均能达到85%以上，生长2年的苜蓿可刈割2次。从表5-15看出，在26个供试苜蓿品种中，以Makiwakaba干草产量最高，达12 918 kg/hm^2，黄花苜蓿干草产量最低，只有7 834.05 kg/hm^2；除Makiwakaba的干草产量达到12 000 kg/hm^{2}以上外，还有阿尔冈金杂花苜蓿（12 048.45）、杂种F1（12 084.45）、Baralfa（12 106.05）、牧歌（12 334.65）、金皇后苜蓿（12 459.6）和甘农3号苜蓿（12 834.6）等6种；干草产量在9 000～12 000 kg/hm^{2}的有内蒙古准格尔苜蓿（10 008.3）、巴基斯坦苜蓿（10 048.8）、敖汉苜蓿（10 292.7）、克旗杂种（9 667.65）、润布勒（9 000.9）、肇东（9 095.25）、亮苜2号（9 417.6）、WL323苜蓿（9 296.85）、Euver98（10 834.35）、德宝苜蓿（9 501.15）、WL323苜蓿（9 292.65）、Rangelander（9 917.85）、爱菲尼特（11 270.1）、巨人（9 167.55）、等13种；其余为7 500～9 000 kg/hm^{2}的有黄花苜蓿（7 834.05）、亮苜2号（8 667.45）、Makiwakaba（8 704.35）和维多利亚苜蓿（8 042.55）等4种。

表5-15　科尔沁沙地苜蓿产草量比较　单位：kg/hm^2

序号	品种	第1年产量	第2年产量	总产量
1	杂种F_1	6 646.50	5 437.95	12 084.45

续表

序号	品种	第 1 年产量	第 2 年产量	总产量
2	肇东	5 093.40	4 001.85	9 095.25
3	草原 2 号苜蓿	6 656.70	5 011.05	11 667.75
4	敖汉苜蓿	5 969.70	4 323.00	10 292.70
5	克旗杂种	5 220.60	4 447.05	9 667.65
6	黄花苜蓿	4 308.75	3 525.30	7 834.05
7	润布勒	5 112.45	3 888.45	9 000.90
8	亮苜 2 号	5 061.75	3 605.70	8 667.45
9	Euver（99）	5 132.55	4 285.05	9 417.60
10	Makiwakaba	4 683.00	4 021.35	8 704.35
11	Makiwakaba（原）	6 704.40	6 213.60	12 918.00
12	Vertus（原）	5 212.50	3 964.35	9 176.85
13	Euver（98）	6 305.55	4 528.80	10 834.35
14	德宝苜蓿	5 311.05	4 190.10	9 501.15
15	Baralfa	7 142.55	4 963.50	12 106.05
16	WL323 苜蓿	4 943.70	4 348.95	9 292.65
17	Rangelander	5 762.25	4 155.60	9 917.85
18	阿尔冈金杂花苜蓿	6 795.30	5 253.15	12 048.45
19	爱菲尼特	6 652.95	4 623.15	11 276.10
20	巨人	5 408.85	3 758.70	9 167.55
21	牧歌	6 895.05	5 439.60	12 334.65
22	金皇后苜蓿	7 450.80	5 008.80	12 459.60
23	巴基斯坦苜蓿	6 129.75	3 919.05	10 048.80
24	世农 3 号	6 866.55	5 968.05	12 834.60
25	维多利亚苜蓿	4 584.30	3 458.25	8 042.55
26	内蒙古准格尔苜蓿	6 105.00	3 903.30	10 008.30

二、土默特平原低产田不同品种苜蓿的产量

土默特左旗位于土默特平原腹地。属于半干旱大陆性气候，年平均气温 5.6℃，7 月极端最高气温 37.3℃，1 月极端最低气温 -32.8℃，≥10℃的积温为

2 700℃以上，年均降水量 400 mm，多集中在 7、8、9 月，无霜期 130 d，初霜日一般出现在 9 月 15 日左右，终霜日出现在 5 月 12 日左右。土壤为淡栗钙土。试验在距呼和浩特市 30 km 的土默特左旗沙尔沁乡中国农业科学院草原研究所试验场进行。

由于 2003 年气候干旱未能进行早播，在雨季 7 月 15 日播种，播种当年未进行产量测定。2004 年收割 3 次干草总量以射手最高，达 12 980.55 kg/hm^2，塞特最低，只有 7 033.5 kg/hm^2；干草产量达到 12 000 kg/ hm^2 以上的除射手外，还有陇东（12 266.1）、中苜 1 号苜蓿（12 146.25）等 3 种；干草产量在 9 000～12 000 kg/hm^2 的有 RS-1 号（9 509.4）、胜利者（10 785.45）、WL323 苜蓿接种（11 550.9）、CS20V（11 505.9）、CS40V（10 425.3）、朝阳（10 025.25）等 22 种；干草产量在 6 000～9 000 kg/hm^2 的有全能（8 194.2）、阿尔冈金杂花苜蓿（8 939.25）、润布勒（8 269.2）、美林（8 233.95）和塞特（7 033.5）等 5 种（表 5-16）。

表 5-16　土默特平原苜蓿产草量比较　　单位：kg/hm^2

序号	品种	株高（cm）	第 1 次草量	第 2 次草量	第 3 次草量	总产量
1	全能	80.2	4 257.15	2 871.45	1 065.60	8 194.20
2	RS-1 号	83.4	4 716.90	3 521.85	1 270.65	9 509.40
3	胜利者	81.1	5 672.85	3 861.90	1 250.70	10 785.45
4	WL323 苜蓿（接种）	100.5	5 602.80	4 542.30	1 405.80	11 550.90
5	CS20V	102.7	5 812.95	4 097.10	1 595.85	11 505.90
6	射手	85.6	6 218.10	4 802.40	1 960.05	12 980.55
7	陇东	75.2	6 853.50	4 392.15	1 020.45	12 266.10
8	阿尔冈金杂花苜蓿	94.1	4 422.15	3 281.70	1 235.55	8 939.25
9	CS40V	100.0	5 227.65	3 882.00	1 315.65	10 425.30
10	中苜 1 号苜蓿	98.3	6 153.15	4 342.20	1 650.90	12 146.25
11	朝阳	107.5	5 167.65	3 717.00	1 140.60	10 025.25
12	德宝苜蓿	100.2	5 462.70	4 167.15	1 215.45	10 845.45
13	润布勒	80.1	4 692.30	2 851.50	725.40	8 269.20
14	爱菲尼特	95.2	5 672.85	3 841.95	1 385.70	10 900.50
15	改革者	103.3	5 017.50	3 631.80	1 150.65	9 799.95

续表

序号	品种	株高（cm）	第1次草量	第2次草量	第3次草量	总产量
16	金皇后苜蓿	95.7	4 992.45	3 515.40	1 045.50	9 553.35
17	超级阿波罗	94.6	5 147.55	4 102.05	1 335.60	10 585.20
18	草原2号苜蓿	99.7	5 883.00	3 551.85	860.40	10 295.25
19	Americans	78.5	5 372.70	3 526.80	1 285.65	10 185.15
20	肇东	86.1	5 127.60	3 796.95	1 050.60	9 975.15
21	塞特	92.8	3 646.80	2 441.25	945.45	7 033.50
22	美林403 T	89.2	4 122.00	2 991.45	1 120.50	8 233.95
23	苜蓿王	87.6	4 807.35	3 281.70	1 305.60	9 394.65
24	公农1号	86.0	5 883.00	4 242.15	1 510.80	11 635.95
25	WL323 苜蓿	90.7	5 607.75	3 942.00	1 395.75	10 945.50
26	敖汉苜蓿	79.0	5 437.65	3 761.85	1 255.50	10 455
27	射手2号	89.6	4 602.30	3 211.65	1 305.60	9 119.55
28	牧歌	86.4	5 142.60	3 717.00	1 220.55	10 080.15
29	内蒙古准格尔苜蓿	73.3	5 462.70	3 882.00	1 159.05	10 503.75
30	WL232 苜蓿	90.7	6 168.15	4 402.20	1 375.65	11 946.00

三、库布齐沙漠不同品种苜蓿的产量

库布齐沙漠位于内蒙古鄂尔多斯北部、黄河南岸，涉及鄂尔多斯市的杭锦旗、达拉特旗和准格尔旗，库布齐沙漠总面积 16 158 km^2，流动沙地 940.546 km^2，半固定沙地 2 401.4 km^2，固定沙地 432.24 km^2，库布齐沙漠呈狭长状，东西延伸，长约 360 km，跨越了暖湿型的荒漠草原、干旱草原及半干旱草原 3 个亚带，是条以流动、半流动沙丘为主的裸露草原沙带，植被的演替受到阻碍，大部沙地无植被或有稀疏植被，仅在其周围固定沙地上植被发育较好。库布齐沙漠气候干旱，年平均气温 6～7℃，≥10℃积温 3 000～3 200℃，年平均降水量 240～280 mm，年蒸发量 2 093 mm，年日照时数为 3 117 h，最高气温 39.1℃，最低气温 -32.8℃，无霜期 145 d。

研究不同苜蓿品种不同年份、不同茬次的产量特性可以确定不同苜蓿品种的生产性能，对苜蓿的引种评价有十分重要的意义。2004—

2006年，在内蒙古库布齐沙漠对国内外引进的15个不同苜蓿品种的产量性能进行了研究，重点评价其综合性能。15个苜蓿品种的初花期产量见表5-17。8925MF苜蓿生长翌年第1茬的干草产量最高，达4 778.59 kg/hm²，与其他品种相比差异显著（$P<0.01$），其次，龙牧801苜蓿和WL323苜蓿也明显高于其他品种在4 000 kg/hm²，干草产量分别为4 178.74 kg/hm²和4 251.03 kg/hm²，而费纳尔、敖汉苜蓿和射手的产量最低，低于2 600 kg/hm²，其余品种的干草产量在2 600～4 000 kg/hm²。生长翌年第2茬苜蓿的干草产量WL323苜蓿最高，达4 213.15 kg/hm²，其次是8925MF、龙牧801苜蓿、中苜1号苜蓿、甘农3号苜蓿和巨人201+Z，敖汉苜蓿的干草产量最低为1 953.91 kg/hm²，其余品种的干草产量为2 300～3 200 kg/hm²。从年总产量上看，8925MF、WL323苜蓿、巨人201+Z、中苜1号苜蓿、甘农3号苜蓿和龙牧801苜蓿的年总产量较高，说明这几个品种在当地的经济性能较好；费纳尔、敖汉苜蓿和射手的年总产量较低，说明这几个品种在当地的经济性能较差。生长翌年第1茬苜蓿的干草产量与第2茬苜蓿的干草产量差异比较明显，除少数品种如费纳尔、甘农3号苜蓿、德宝苜蓿和射手外，第1茬苜蓿的干草产量比第2茬苜蓿的干草产量高，第1茬对年总产量贡献最大，搞好第1茬的田间管理尤为重要，第2茬苜蓿生长受水分胁迫产量降低，但也不能忽视第2茬的管理，苜蓿是多年生牧草，第2茬的生长状况直接影响了苜蓿的越冬性能和根系的健壮程度，对下一年的苜蓿生长有直接的影响（表5-17）。

表5-17　不同苜蓿品种的产量比较　　单位：kg/hm²

品种	第2年干草产量			第3年干草产量			总产量
	第1茬	第2茬	总产量	第1茬	第2茬	总产量	
巨人201+Z	4 083.93^{bc}	3 259.07^{c}	7 343.00^{b}	3 828.91^{c}	3 531.41^{bc}	7 360.32^{bc}	14 703.32^{c}
费纳尔	2 587.76^{h}	2 637.24^{ef}	5 225.00^{h}	3 219.17^{f}	2 714.38^{fg}	5 933.55^{f}	11 158.55^{h}
中苜1号苜蓿	3 872.74^{cde}	3 494.68^{b}	7 367.42^{b}	3 434.70^{ef}	2 971.22^{e}	6 405.92^{e}	13 773.34^{e}
敖汉苜蓿	2 548.90^{h}	1 953.91^{h}	4 502.81^{i}	2 890.53^{g}	2 109.21^{i}	4 999.74^{ij}	9 502.55^{k}
射手	2 566.74^{h}	2 703.04^{e}	5 269.78^{h}	2 288.50^{h}	2 527.18^{gh}	4 815.68^{j}	10 085.46^{j}
德宝苜蓿	2 740.71^{gh}	2 809.88^{de}	5 550.59^{fg}	2 408.96^{h}	2 693.81^{fg}	5 102.77^{hi}	10 653.36^{i}
甘农3号苜蓿	3 295.79^{f}	3 593.24^{b}	6 889.03^{c}	3 600.36^{de}	3 690.31^{b}	7 290.67^{bc}	14 179.70^{d}
阿尔冈金杂花苜蓿	2 880.01^{g}	2 318.39^{g}	6 198.40^{e}	2 906.88^{g}	2 540.58^{gh}	5 447.46^{g}	11 645.86^{g}

续表

品种	第 2 年干草产量			第 3 年干草产量			总产量
	第 1 茬	第 2 茬	总产量	第 1 茬	第 2 茬	总产量	
苜蓿王	3 800.00[de]	2 807.86[de]	6 607.86[d]	3 733.33[cd]	3 291.93[d]	7 025.26[d]	13 633.12[e]
龙牧 801 苜蓿	4 178.74[b]	3 432.87[b]	7 611.61[b]	3 447.93[e]	2 798.26[ef]	6 246.19[e]	13 857.80[e]
8925MF	4 778.59[a]	3 484.60[b]	8 263.19[a]	4 873.48[a]	4 508.25[a]	9 381.73[a]	17 644.92[a]
内蒙古准格尔苜蓿	2 716.28[hg]	2 631.58[ef]	5 347.86[hg]	2 817.55[g]	2 430.12[h]	5 247.67[gh]	10 595.53[i]
爱菲尼特	3 950.50[cd]	2 599.45[ef]	6 549.95[d]	3 710.67[cd]	3 456.11[cd]	7 166.78[cd]	13 716.73[e]
WL323 苜蓿	4 251.03[b]	4 213.15[a]	8 464.18[a]	4 122.69[b]	3 327.41[cd]	7 450.10[b]	15 914.28[b]
肇东苜蓿	3 659.72[e]	3 012.83[d]	6 672.55[d]	3 219.60[f]	2 648.11[fg]	5 867.71[f]	12 540.26[f]

注：右上角有相同字母表示不同品种间差异不显著，字母不同表示差异显著（$P < 0.01$）。

生长第 3 年第 1 茬 8925MF 苜蓿的干草产量最高，达 4 873.48 kg/hm^2，其次是巨人 201+Z、中苜 1 号苜蓿、甘农 3 号苜蓿、苜蓿王、龙牧 801 苜蓿、爱菲尼特和 WL323 苜蓿，德宝苜蓿和射手产量最低分别为 2 408.96 kg/hm^2 和 2 288.5 kg/hm^2，其余品种的干草产量为 2 500～3 400 kg/hm^2。生长第 3 年第 2 茬苜蓿的干草产量 8925MF 最高达 4 508.25 kg/hm^2，其次是巨人 201+Z、甘农 3 号苜蓿、苜蓿王、爱菲尼特和 WL323 苜蓿，敖汉苜蓿产量最低为 2 109.21 kg/hm^2，其余品种的干草产量在 2 200～3 000 kg/hm^2。从年总产量上看，8925MF、WL323 苜蓿、巨人 201+Z、甘农 3 号苜蓿、苜蓿王、爱菲尼特和 WL323 苜蓿的年总产量较高，说明这几个品种在当地的经济性能较好；敖汉苜蓿、射手和德宝苜蓿的年总产量较低，说明这几个品种在当地的经济性能较差。对生长第 2 年、第 3 年第 1 茬、第 2 茬苜蓿的干草产量的对比分析表明，8925MF、WL323 苜蓿、巨人 201+Z、中苜 1 号苜蓿、甘农 3 号苜蓿、苜蓿王、龙牧 801 苜蓿和爱菲尼特 2 年内牧草产量较高且稳定，具有较高的稳定持续提供牧草产量的能力，其使用年限也较长。

四、河套灌区盐碱地不同品种苜蓿的产量

河套灌区位于内蒙古西部，年平均气温 9.1 ℃，7 月最热，极端最高气温 32.4 ℃，1 月最冷，极端最低气温 −33.1 ℃；年降水量 173.5 mm，年蒸发量 1 957 mm；年照时数 3 132.7 h；≥10 ℃积温 3 100 ℃，无霜期 140 d，初霜期 9 月

下旬，终霜期 5 月上中旬。春季干旱多风，大气干旱，地面蒸发作用强烈、年蒸发量达 2 200～2 400 mm，导致土壤盐分向表层积累，造成土地次生盐碱化。试验地 0～5 cm 全盐含量达 0.83%，5～20 cm 为 0.34%，土壤有机质 1.34%，全氮 0.14%，全磷 0.089 %，速效钾 248.7 mg/kg。灾害性气候为“倒春寒”和“干热风”。试验地为弃耕多年的低产盐碱地或盐碱地。播种前 1 年秋天将试验地深翻后进行冬灌，翌年 3 月 20 日对准备播种苜蓿的地块精细整地。

在 2003 年（生长 2 年）干草产量 WL323 苜蓿最高，达 24 972.45 kg/hm^2，金键干草产量最低，只有 11 105.55 kg/hm^2；干草产量达到 22 500 kg/hm^2 以上的除 WL323 苜蓿外，还有全能（23 712）、卫士（24 312.3）；干草产量在 18 000～22 500 kg/hm^2 的有 Baralfa（20 110.05）、阿尔冈金杂花苜蓿（19 594.8）、美林（19 709.85）、中苜 1 号苜蓿（18 809.4）、Makiwakaba（18 709.5）、超级阿波罗（21 510.75）、金皇后苜蓿（18 209.1）、三得利（21 460.8）、射手 2 号（18 909.45）、8920MF（18 654.3）和巨人（19 586.25）等 11 种；干草产量在 15 000～18 000 kg/hm^2 的有爱菲尼持（17 508.75）、射手（16 408.2）、敖汉苜蓿（16 538.4）、弗纳尔（17 078.55）、维多利亚苜蓿（16 108.05）、8925（17 730.45）和多叶苜蓿（17 607.6）等 11 种；产草量在 12 000～15 000 kg/hm^2 的有 Rangelander（12 606.3）、Vertus（14 702.85）、爱维兰（12 506.4）、胜利者（14 807.4）、Prime（13 806.9）、塞特（14 627.25）、润布勒（14 882.4）、肇东苜蓿（12 756.75）和宁夏苜蓿（13 363.65）等 9 种；其余苜蓿干草产量在 10 500～12 000 kg/hm^2 的是 Euver（11 778.3）、草原 2 号苜蓿（11 705.85）、金键（11 105.55）和 X7043（11 914.5）等 4 种。

在 2003 年，由于气候相对正常，试验区无霜期达到了 156 d，所以苜蓿收割了 4 次。从 4 茬干草占总产量的比重看，多数苜蓿第一茬占比重较大，4 茬产草量占总产量的比例为 29%～35%、25%～27%、25%～28% 和 12%～15%；例如 Baralfa 4 茬产草量的比例分别为 34.86%、25.87%、26.87 和 12.44%；个别苜蓿第 2 茬、第 3 茬草产量较高，例如卫士 4 茬草产量分别占总产量的 16.46%、37.04%、32.92% 和 13.58%。

在 2004 年（生长第 3 年），受“倒春寒”的影响，苜蓿减产明显，干草产量均未达到 1 000 kg/hm^2。从两年的平均产量看，干草产量以 WL323 苜蓿最高，达 18 264 kg/hm^2，Rangelander 产草量最低，只有 9 504.9 kg/hm^2；干草产量在 18 000 kg/hm^2 以上的除 WL323 苜蓿外，还有全能（18 034.2）、卫士（18 159.3）等 3 种；干草产量在 15 000～18 000 kg/hm^2 的有 Baralfa（15 600.3）、

Makiwakaba（15 232.8）、超级阿波罗（15 657.9）、改革者（15 557.85）、金皇后苜蓿（15 057.45）、射手 2 号（16 758.45）、维多利亚苜蓿（15 107.55）、8920MF（15 705.45）、多叶苜蓿（15 959.85）和巨人（16 146.45）等 10 种；12 000～15 000 kg/hm^2 的有爱菲尼特（12 406.35）、美林（13 456.8）、射手（12 631.35）、中苜 1 号苜蓿（14 307.15）、Euver（12 567.6）、敖汉苜蓿（14 626.2）、德宝苜蓿（14 096.1）、爱维兰（12 281.25）、爱琳（13 882.05）、弗纳尔（12 541.35）、Prime（13 631.85）、润布勒杂花苜蓿（13 919.55）、肇东苜蓿（12 531.45）、8925（14 042.85）、宁夏苜蓿（12 359.7）等 15 种，其余为 9 000～12 000 kg/hm^2 的有 6 种。

从表 5-18 可看出，生长 2 年（2003 年）的苜蓿产草量明星高于生长 3 年（2004 年），主要原因是 2004 年 5 月初试验区遭受了“倒春寒”袭击，使返青后生长 10～15 cm 的苜蓿植株几乎全部冻死，冷空气过后，待气温转暖，又产生新的枝条，由于生长期延后，苜蓿只收割 3 次，所以造成苜蓿 2004 年产量普遍低于 2003 年的产草量，另外，阿尔冈金杂花苜蓿、三得利和塞特等 3 种苜蓿被冻死。

五、河西走廊盐碱地不同品种的产量

河西走廊位于甘肃省内的黄河以西。东经 93°23′～104°12′，北纬 37°17′～42°48′，东西长约 1 000 km。土地总面积 21.5 万 km^2，耕地面积 67.4 万 hm^2。年降水量 29～490 mm，年蒸发量 1 800～3 000 mm。全年日照时数 3 000～3 400 h，无霜期 160 d，灾害性天气主要是干旱、霜冻、大风、干热风、扬沙浮尘，沙尘暴年年都有发生。河西走廊内三大内陆河流，即石羊河、黑河、疏勒河，年径流量 73.4 亿 m^3，灌溉走廊内农田 59.3 万 hm^2。武威、张掖和酒泉分布有 120 万 hm^2 灰漠土、灰棕漠土和棕漠土，这 3 类土壤统称荒漠化土壤，它是在漠境生物气候条件下发育的地带性土壤。土壤干旱板结、盐结皮、瘠薄，肥力水平很低，是本区的低产地或盐碱荒地。试验地为弃耕多年的盐碱荒地，播种前一年进行深耕翻。0～20 cm 耕层农化性质：土壤有机质含量 0.74 g/kg，碱解氮 25 mg/kg，速效磷 4.3 mg/kg，速效钾 126 mg/kg，全盐 10 g/kg，$CaCO_3$ 264 g/kg，土壤阳离子交换量（CEC）6.4 mol/kg，pH 值 8.5。土壤盐分组成较为多样，其中以氯化物—硫酸盐居多。试验地以镁质碱化盐土（当地称之为“青白土”）为主，镁质碱化盐土的盐分主要是 CO_3^{2-}、HCO_3^- 和 Mg^{2+}、Na^+，pH 值较高可达 9 以上。

表 5-18　河套灌区产草量比较

单位：kg/hm^2

序号	品种	2003 年（生长 2 年）					2004 年（生长 3 年）				两年平均
		1	2	3	4	平均	1	2	3	平均	
1	Baralfa	7 003.5	5 202.6	5 402.7	2 501.25	20 110.05	7 954.05	3 051.6	2 004.75	13 010.4	16 560.3
2	爱菲尼特	6 003.0	4 102.05	7 403.7	3 201.6	17 508.75	4 252.2	1 900.95	1 150.65	7 303.8	12 406.35
3	阿尔冈金杂花苜蓿	7 003.5	3 801.9	6 488.25	2 301.15	19 594.8	无苗				
4	Rangelanter	5 102.6	2 501.25	3 201.6	1 800.9	12 606.3	3 901.95	1 851	650.4	6 403.35	9 504.9
5	美林	5 002.5	3 001.5	7 903.95	3 801.9	19 709.85	4 352.25	1 951.05	900.45	7 203.75	13 456.8
6	全能	7 003.7	6 103.05	7 403.7	3 201.6	23 712	7 153.65	3 001.65	2 201.1	12 356.4	18 034.2
7	卫士	4 002	9 004.65	8 004	3 301.65	24 312.3	7 203.6	2 851.5	1 951.05	12 006.15	18 159.3
8	射手	5 902.95	2 101.05	6 403.2	2 001	16 408.2	4 902.45	2 351.25	1 600.8	8 854.5	12 631.35
9	中苜 1 号苜蓿	6 203.1	4 702.35	5 202.6	2 701.35	18 809.4	5 752.8	2 401.2	1 650.9	9 804.9	14 307.15
10	Euver	4 002	2 301.15	6 703.35	3 201.6	11 778.3	7 954.05	3 501.75	1 900.95	13 356.75	12 567.6
11	Makiwakaba	4 202.1	3 001.65	8 104.05	3 401.7	18 709.5	7 153.65	2 901.45	1 700.85	11 755.95	15 232.8
12	Vertus	3 151.5	4 247.1	5 302.65	2 001.6	14 702.85	3 701.85	2 001	3 101.55	8 804.4	11 753.7
13	敖汉苜蓿	5 752.8	2 881.5	5 802.9	2 101.05	16 538.4	7 602.3	3 151.65	1 960.05	12 714	14 626.2
14	草原 2 号苜蓿	3 201.6	3 101.55	3 701.85	1 700.85	11 705.85	6 303.15	2 916.45	1 850.85	11 070.45	11 388.15
15	金键	3 301.65	1 600.8	4 402.2	1 800.9	11 105.55	6 153.15	2 331.6	1 160.55	9 645.3	10 375.5
16	德宝苜蓿	4 102.05	4 502.25	6 003	3 079.5	17 686.8	6 753.45	2 451.3	1 300.65	10 505.4	14 096.1
17	WL232 苜蓿	5 102.55	1 800.9	6 503.25	2 401.2	15 807.9	6 653.4	3 151.65	1 800.9	11 605.95	13 706.25
18	爱维兰	5 202.6	3 201.6	3 101.55	1 000.65	12 506.4	7 103.55	3 201.6	1 750.95	12 056.1	12 281.25
19	超级阿波罗	4 202.1	11 005.5	4 102.05	2 201.1	21 510.75	5 902.95	2 451.3	1 450.8	9 805.05	15 657.9

续表

序号	品种	2003年（生长2年）					2004年（生长3年）				两年平均
		1	2	3	4	平均	1	2	3	平均	
20	改革者	5 902.95	2 501.25	6 103.05	2 401.2	16 908.45	8 504.25	3 601.8	2 101.05	14 207.1	15 557.85
21	胜利者	6 103.05	3 201.6	4 002	1 500.75	14 807.4	3 451.8	2 301.15	1 450.8	7 203.45	11 005.5
22	爱琳	5 152.65	4 802.4	3 901.95	1 300.65	15 157.65	7 453.8	3 151.65	2 001	12 606.45	13 882.05
23	WL323 苜蓿	6 203.1	8 704.35	5 902.95	4 162.05	24 972.45	7 688.85	2 651.4	1 200.6	11 555.85	18 264.15
24	金皇后苜蓿	7 103.55	4 002	5 102.55	2 001	18 209.1	7 403.7	2 501.25	1 700.85	11 905.8	15 057.45
25	三得利	6 303.15	3 801.9	7 153.65	4 202.1	21 460.8	无苗				
26	弗纳金	6 273.15	3 001.5	5 602.8	2 201.1	17 078.55	5 302.65	2 151.15	550.35	8 004.15	12 541.35
27	射手 2 号	5 502.75	4 202.1	5 102.55	4 102.05	18 909.45	8 604.3	3 801.9	2 201.1	14 607.3	16 758.45
28	Prime	4 102.05	5 302.65	2 901.45	1 500.75	13 806.9	8 954.55	2 901.45	1 600.8	13 456.8	13 631.85
29	维多利亚苜蓿	4 402.2	5 502.75	4 302.15	1 900.95	16 108.05	8 504.25	3 501.75	2 101.05	14 107.05	15 107.55
30	塞特	4 332.15	3 501.75	5 447.7	1 345.65	14 627.25	无苗				
31	润布勒	4 247.1	2 531.25	5 302.65	2 801.4	14 882.4	8 804.4	2 651.4	1 500.75	12 956.55	13 919.55
32	8920MF	6 348.15	4 402.2	4 802.4	3 101.55	18 654.3	7 753.95	3 401.7	1 600.8	12 756.45	15 705.45
33	肇东苜蓿	4 702.35	4 102.05	2 711.4	1 090.95	12 756.75	7 303.65	3 601.8	1 400.7	12 306.15	12 531.45
34	8925	5 202.6	4 162.05	6 331.8	2 034	17 730.45	5 853.015	1 301.4	1 700.85	10 355.25	14 042.85
35	宁夏苜蓿	5 332.65	4 059	2 271.15	1 700.85	13 363.65	6 403.2	3 101.55	1 851	11 355.75	12 359.7
36	多叶苜蓿	6 403.2	2 301.15	5 202.15	3 701.1	17 607.6	8 604.3	3 556.8	2 151.15	14 312.25	15 959.85
37	巨人	5 003.25	4 447.2	6 158.1	3 977.7	19 586.25	7 753.95	3 301.65	1 650.9	12 706.5	16 146.45
38	X7043	2 835	3 701.85	4 177.05	1 200.6	11 914.5	6 703.35	2 301.15	1 300.65	10 305.15	11 109.9

从表 5-19 中可以看出，供试的 34 个苜蓿品种间的产草量存在较大差异，4 年平均产草量以德福最高，产草量高达 26 567.85 kg/hm^2，产草量超过 15 000 kg/hm^2 的有胜利者（16 653.6 kg/hm^2）、全能（15 214.5 kg/hm^2）、爱菲尼特（16 034.4 kg/hm^2）、卫士（15 100.65 kg/hm^2）、Baralfa（115 146.7 kg/hm^2）、Prime（17 451.9 kg/hm^2）、甘农 3 号苜蓿（16 161.15 kg/hm^2）；产草量 13 500～15 000 kg/hm^2 的有改革者（14 161.8）、WL323 苜蓿（13 997.25 kg/hm^2）、德宝苜蓿（14 713.65 kg/hm^2）、敖汉苜蓿（13 552.8 kg/hm^2）、苜蓿皇后（14 080.2 kg/hm^2）、爱琳（14 077.8 kg/hm^2）、射手 2 号（13 834.35 kg/hm^2）7 个品种；产草量 12 000～13 500 kg/hm^2 的有阿尔冈金杂花苜蓿（12 338.25 kg/hm^2）、盛世（12 015.45 kg/hm^2）、美标（13 381.2 kg/hm^2）、CW200（13 480.95 kg/hm^2）、巨人（13 213.05 kg/hm^2）、WL232 苜蓿（12 613.95 kg/hm^2）、Rangelander（13 169.25 kg/hm^2）、中苜 1 号苜蓿（12 282.3 kg/hm^2）8 个；产量在 10 500～12 000 kg/hm^2 的有爱维兰（10 752.3 kg/hm^2）、阿波罗（10 971.15 kg/hm^2）、弗纳尔（11 589.15 kg/hm^2）和陇东（11 881.35 kg/hm^2）4 个；低于 10 500 kg/hm^2 的有塞特（8 937.45 kg/hm^2）、射手 2 号（7 403.25 kg/hm^2）、维多利亚苜蓿（8 372.7 kg/hm^2）、宁夏苜蓿（8 284.05 kg/hm^2）、Siriver（9 955.05 kg/hm^2）、Hunter（9 624.3 kg/hm^2）、Alfalfa（9 330.9 kg/hm^2）等 7 个品种。国内 5 种苜蓿产草量属中等偏下，其中，产草量最高 15 000 kg/hm^2 的国产苜蓿品种只有甘农 3 号苜蓿，13 500～15 000 kg/hm^2 的有敖汉苜蓿，产量高于其他 3 个品种。

表 5-19　34 个苜蓿品种不同生长年限产草量的比较　　单位：kg/hm^2

序号	品种名称	2003 年	2004 年	2005 年	2006 年	平均
1	塞特	—	14 220.00	9 554.40	3 038.10	8 937.45
2	射手	—	14 220.00	9 554.40	3 038.10	8 937.45
3	维多利亚苜蓿	6 904.65	9 915.60	9 842.10	2 950.35	7 403.25
4	爱维兰	9 382.35	—	9 628.65	6 107.25	8 372.70
5	宁夏苜蓿	7 024.20	11 435.25	15 259.20	9 290.70	10 752.30
6	阿尔冈金杂花苜蓿	4 830.00	8 563.80	13 193.70	6 548.55	8 284.05
7	盛世	—	10 595.10	17 386.95	9 032.70	12 338.25
8	改革者	11 914.95	8 990.25	18 315.30	8 841.15	12 015.45
9	Siriver	5 849.70	12 739.65	18 277.50	19 780.20	14 161.80
10	WL323 苜蓿	9 436.95	6 978.75	14 852.55	8 551.80	9 955.05

续表

序号	品种名称	2003年	2004年	2005年	2006年	平均
11	胜利者	11 420.10	10 645.20	14 892.75	19 030.95	13 997.25
12	德宝苜蓿	10 438.20	11 176.65	16 590.30	28 408.95	16 653.60
13	敖汉苜蓿	7 977.30	8 805.45	18 495.30	23 576.25	14 713.65
14	全能	7 234.50	11 275.80	13 742.70	21 958.05	13 552.80
15	阿波罗	—	9 000.90	11 770.35	24 872.10	15 214.50
16	美标	5 707.50	14 433.75	12 772.05	—	10 971.15
17	弗纳尔	9 562.35	14 277.75	15 598.50	14 085.90	13 381.20
18	爱菲尼特	6 643.80	13 689.75	13 972.50	12 050.55	11 589.15
19	陇东	8 831.70	17 353.95	17 372.55	20 579.40	16 034.40
20	苜蓿皇后	6 420.00	11 667.45	12 404.70	17 032.95	11 881.35
21	CW200	6 822.75	12 726.45	13 894.20	22 877.10	14 080.20
22	卫士	8 261.55	14 919.45	15 757.80	14 985.00	13 480.95
23	爱琳	7 530.45	14 635.50	15 809.25	22 427.55	15 100.65
24	巨人	6 789.60	14 274.15	14 867.85	20 379.60	14 077.80
25	德福	6 030.30	13 623.75	19 984.95	—	13 213.05
26	射手2号	6 939.00	13 137.30	54 746.55	31 448.55	26 567.85
27	Alfalfa	7 708.65	12 571.35	15 596.55	19 460.55	13 834.35
28	WL232苜蓿	10 546.35	—	9 953.85	7 492.50	9 330.90
29	Hunter	8 698.65	13 445.55	15 697.80	—	12 613.95
30	Rangelander	5 217.45	10 978.95	11 761.35	10 539.45	9 624.30
31	Baralfa	7 447.50	11 242.35	13 532.70	20 454.15	13 169.25
32	Prime	7 293.60	12 138.45	16 302.15	24 852.75	15 146.70
33	甘农3号苜蓿	10 389.45	11 854.65	14 681.25	32 882.25	17 451.90
34	中苜1号苜蓿	—	11 907.60	18 763.65	17 812.20	16 161.15

播种当年苜蓿产草量较低，产草量最高的为盛世（11 914.95 kg/hm^2）和WL323苜蓿（11 420.1 kg/hm^2），宁夏苜蓿和阿波罗苜蓿产量最低，仅为4 830 kg/hm^{2}和5 707.5 kg/hm^2，多数苜蓿产量在6 500～10 000 kg/hm^2；生长2年的苜蓿产草量明显升高，在13 000～18 000 kg/hm^{2}的有爱菲尼特（17 353.95 kg/hm^2）、阿波罗（14 433.75 kg/hm^2）、美标（14 277.75 kg/hm^2）、cw200（14 919.45 kg/hm^2）、卫士（14 635.5 kg/hm^2）、爱琳（14 274.15 kg/hm^2）、巨人

（13 137.3 kg/hm^2）等 9 种。苜蓿产量相对较低的有射手（9 915.6 kg/hm^2）、宁夏苜蓿（8 563.8 kg/hm^2）、盛世（8 990.25 kg/hm^2）、Siriver（6 978.75 kg/hm^2）、德宝苜蓿（8 805.45 kg/hm^2）、全能（9 000.9 kg/hm^2）、中苜 1 号苜蓿（8 563.8 kg/hm^2）等 7 个品种。生长 3 年德福苜蓿产量较生长 2 年的要高，产草量在 9 600～54 750 kg/hm^2，德福产草量达到最高 31 448.55 kg/hm^2，其他品种牧草产量超过 15 000 kg/hm^2 的有爱维兰（15 259.20 kg/hm^2）、阿尔冈金杂花苜蓿（17 386.95 kg/hm^2）、盛世（18 315.3 kg/hm^2）、改革者（18 277.5 kg/hm^2）、胜利者（16 590.3 kg/hm^2）、德宝苜蓿（18 495.3 kg/hm^2）、美标（15 598.5 kg/hm^2）、爱菲尼特（17 372.55 kg/hm^2）、CW200（15 757.8 kg/hm^2）、卫士（15 809.25 kg/hm^2）、巨人（19 984.95 kg/hm^2）、射手 2 号（15 596.55 kg/hm^2）、WL232 苜蓿（15 697.8 kg/hm^2）、Baralfa（16 302.15 kg/hm^2）、甘农 3 号苜蓿（18 763.65 kg/hm^2）、中苜 1 号苜蓿（18 012.6 kg/hm^2）等 15 个品种，而宁夏苜蓿（13 193.7 kg/hm^2）、Siriver（14 852.55 kg/hm^2）、WL323 苜蓿（14 892.75 kg/hm^2）、敖汉苜蓿（13 742.7 kg/hm^2）、弗纳尔（13 972.5 kg/hm^2）、陇东（12 404.7 kg/hm^2）、苜蓿皇后（13 894.2 kg/hm^2）、爱琳（14 867.85 kg/hm^2）、Rangelander（13 532.7 kg/hm^2）、Prime（14 681.25 kg/hm^2）产量在 12 000～15 000 kg。塞特、射手、维多利亚苜蓿、全能、Alfalfa 和 Hunter 等 6 个品种草产量均较低，产量多在 9 600～10 500 kg，特别是塞特、射手、阿波罗生长 3 年的产草量要低于生长 2 年的苜蓿产草量。生长 4 年的苜蓿品种一部分苜蓿品种产草量持续增长，改革者（19 780.2 kg/hm^2）、WL323 苜蓿（19 030.95 kg/hm^2）、胜利者（28 408.95 kg/hm^2）、德宝苜蓿（23 576.25 kg/hm^2）、敖汉苜蓿（21 958.05 kg/hm^2）、全能（24 872.1 kg/hm^2）、爱菲尼特（20 579.4 kg/hm^2）、陇东（17 032.95 kg/hm^2）、苜蓿皇后（22 877.1 kg/hm^2）、卫士（22 427.55 kg/hm^2）、爱琳（20 379.6 kg/hm^2）、射手 2 号（19 460.5 kg/hm^2）、Rangelander（20 454.15 kg/hm^2）、Baralfa（24 852.75 kg/hm^2）、Prime（32 882.25 kg/hm^2）等 15 个品种，其中产量增长最快的是 Prime（11 854.65～32 882.25 kg/hm^2），其次是全能（11 770.35～24 872.1 kg/hm^2）和胜利者（16 590.3～28 408.95 kg/hm^2）。其余品种产草量都发生了不同程度的减产，塞特和射手的产草量只有 3 038.1 kg/hm^2 和 2 950.35 kg/hm^2，维多利亚苜蓿、宁夏苜蓿、Alfalfa 的产草量也只有 6 107.25 kg/hm^2、6 548.55 kg/hm^2 和 7 492.5 kg/hm^2。德福的产草量虽有所下降，但生长 4 年的德福产草量仍保持在 31 448.55 kg/hm^2，从产草量这一因素考虑，德福、Prime、胜利者、德宝苜蓿、全能、爱菲尼特、卫士、甘农三号、Baralfa 这 9 种在盐碱地区生长良好。

综合以上 4 个反映生产性能的指标，射手 2 号、甘农 3 号苜蓿、中苜 1 号苜蓿、Prime、陇东、阿波罗、德宝苜蓿、爱琳能较好地适应河西走廊地区盐碱地的气候条件，Siriver、敖汉苜蓿次之，宁夏苜蓿、苜蓿皇后、塞特、Hunter、维多利亚苜蓿适应性较差。

六、不同生态区产量比较

两年的试验结果表明，相同品种在不同生态区产草量存在明显差异；河套灌区的苜蓿产草量普遍高于其他 3 个试验区（表 5-20）。

表 5-20　不同生态区苜蓿干草产量比较

干草产量（kg/hm²）	库布齐沙漠	科尔沁沙地	土默特平原	河套灌区	河西走廊
1 200～1 230				全能、卫士、WL323 苜蓿	
1 000～1 200				Baralfa、Makiwakaba 超级阿波罗、改革者、金皇后苜蓿、射手 2 号、维多利亚苜蓿、8925MF、多叶苜蓿、巨人	
800～1 000		杂种 F_1、Makiwakaba（原）、Baralfa 阿尔冈金杂花苜蓿、牧歌、金皇后苜蓿、甘农 3 号苜蓿	射手、陇东、中苜 1 号苜蓿	爱菲尼特、美林、射手、中苜 1 号苜蓿、Euver、敖汉苜蓿、德宝苜蓿、WL232 苜蓿、爱维兰、爱琳、弗纳尔、Prime、润布勒、肇东、8925、宁夏苜蓿	爱菲尼特、Alfalfa、WL323 苜蓿
600～800		肇东、草原 2 号、苜蓿、敖汉苜蓿、克旗杂种、润布勒、亮苜 2 号、Vertus（原）、Euver 98、德宝苜蓿、WL323 苜蓿、Rangelander、爱菲尼特、巨人、巴基斯坦、准格尔	RS-1 号、胜利者、WL323 苜蓿、CS 20V、CS40V、朝阳、德宝苜蓿、爱菲尼特、改革者、金皇后苜蓿、超级阿波罗、草原 2 号苜蓿、Americans、肇东、苜蓿王、公农 1 号、WL323 苜蓿、敖	Rangelander、Vertus、草原 2 号苜蓿、金键、胜利者、X7043	盛世、CW200、Prime、美标、卫士、德福、德宝苜蓿、金皇后苜蓿、爱琳、射手 2 号、维多利亚苜蓿、胜利者、Baralfa、巨人、阿波罗、爱维兰、改革者、WL232 苜蓿、弗纳尔

续表

干草产量（kg/hm²）	库布齐沙漠	科尔沁沙地	土默特平原	河套灌区	河西走廊
600～800			汉苜蓿、射手2号、牧歌、内蒙古准格尔苜蓿、WL232 苜蓿		
400～600	肇东、苜蓿王、爱菲尼特、中苜1号苜蓿、龙牧 801 苜蓿、甘农3号苜蓿、巨人 201+Z、WL323 苜蓿、8925MF	黄花苜蓿、亮苜2号、Makiwakaba、维多利亚苜蓿	全能、阿尔冈金杂花苜蓿、润布勒、塞特、美林		敖汉苜蓿、Rangelander、陇东、Siriver、射手、Hunter、宁夏苜蓿、全能、阿尔冈金杂花苜蓿、中苜1号苜蓿、甘农3号苜蓿

第六章

苜蓿种植

第一节　播种前准备

苜蓿通常被认为是一种“弱”幼苗作物，在早期生长阶段需要特别照顾，然后才会成为一种茁壮的、深根的多年生植物，能够多年获得高产。地域与地块选择原则包括最大限度地优化幼苗生长发育条件。选择目标应该是“为根而不是为叶而耕作”——即在生长的前 3～6 个月产生一个根系深、健康的发达根颈系统。深耕、大水灌溉平整土地、苗床准备、品种选择、适当的播期、正确的播种深度、良好的土壤—种子接触状况、精心的灌溉管理、控制杂草和安排首次收获等重要因素都对优化播种地的建设起着重要作用。

一、影响苜蓿生产的主要因素

不同地域的生态环境有很大的差异，例如土壤、气候条件，成为影响苜蓿建植、产量和持久性的重要因素。此外，苜蓿品种具有一定的地区性，在不同的生态环境（如土壤、气候）下生长，其生产和持久能力也有很大的不同，品种要与地域生态资源匹配才能充分发挥品种的优良特性，保护土壤并实现最大的回报。

1. 气候资源

地区的气候资源对苜蓿的生长发育、产量、品质及持久性有极大的影响，不是所有地区均适宜苜蓿生长，特别是做苜蓿产业化生产，因此在选择地区进行苜蓿产业化生产时应考虑当地的气候条件是否满足其要求。气候资源主要考虑无霜期、有效积温、降水量（寒旱区降雪量）、灾害性天气等。无霜期、有效积温决定着苜蓿的生长时间，影响苜蓿的刈割次数和产量，应优先考虑。北方寒旱区冬季降雪对苜蓿的安全越冬影响较大，应重点考虑。

2. 水资源

水资源包括地表水资源和地下水资源。水是苜蓿优质高产的重要保障资源，但水资源日益短缺，将成为制约我国苜蓿产业发展的关键因素，因此，在选择发展产业地区时，水资源是不可忽视的。目前，提高苜蓿水分生产力的策略越来越多，常见的策略包括提高灌溉应用效率，改变灌溉应用方法，改进灌溉调度，使用传感系统来指导管理，提高苜蓿抗旱性，以及管理适度的控制亏损灌溉。这些策略通过减少径流和深层渗透损失、更均匀地施水以避免在田间某些地方出现严重亏缺，在其他地方发生内涝，通过在土壤表面附近或地下施水来减少水分蒸发损失，改变作物特有的蒸腾效率，通过改变水分利用效率（单位耗水量的产量）而不是用水量来提高生产力。

3. 土地资源

土地资源已成为制约我国苜蓿产业化发展的关键因素。在地域选择中，要考虑土地质量，更主要的是要考虑土地的可扩性，有无待开发土地资源，例如弃耕地、退耕地、撂荒地、沙化地乃至盐碱地，虽然这些土地资源的质量较差，可能近几年苜蓿产量较低或不适宜种植苜蓿，但苜蓿具有改良土壤的强大功能，通过 3～5 年种植或选择其他适应性更强的牧草，这些土地资源都会转变为适宜苜蓿生长的土地，特别是在国家耕地“非粮化”的大环境下，尤应优先考虑开发土地资源。

4. 生物资源（病虫害）

选择种植苜蓿地区时，应充分考虑当地生物资源的有益性和有害性，重点考虑对苜蓿生长产生为害的资源，包括易导致重大病虫害发生的有害生物资源，特别是当地特有的有害生物，如菟丝子、根腐病菌等。

二、种植前的准备

1. 地块选择

苜蓿是适应性很强的饲草，可以在坡度为 25° 以下的各种地形和多种土壤中生长，但是产量具有一定幅度的变化，最适宜在地势平坦、土层深厚（图 6-1）的地方生长，最好土层在 1.5 m 以上，土层内最好不要有太多的石头（图 6-2）或沙石。最好选择前茬作物进行过中耕除草的地，如玉米、马铃薯、小麦、燕麦等，以减少杂草的为害。

图 6-1　地势平坦土层深厚的地块

图 6-2　土层内有太多的石头或沙石

2. 苜蓿忌连作

苜蓿在生长过程中会向土壤中释放自毒性物质，连作后苜蓿遗留在土壤中的自毒性物质会影响新种苜蓿的生长（图 6-3）。

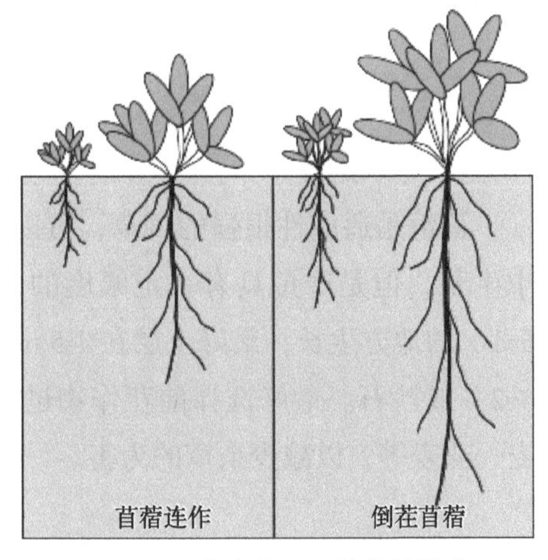

图 6-3　自毒作用对苜蓿的影响

3. 地下水位

由于苜蓿不耐涝，所以地下水位的深度应在 1 m 以下，以防止地表积水导致苜蓿根部死亡，或浅层土壤水分含量过高导致中层或深层根系坏死。低洼地应具备良好的排水条件。

4. 土壤选择

种苜蓿的土壤以中性和偏碱性壤土或沙壤土（图 6-4）为好。在干旱、半干旱及半湿润地区，各种类型的耕地及植被严重退化的草地、覆沙地、沙地以及含盐度低于 0.3%、pH 值为 6.5～8.2 的盐碱地等均可进行苜蓿单播或与其他饲草进行混播。

图 6-4　沙壤土

5. 底肥施用

在整地时，每亩可施入农家肥 1 500～2 500 kg，同时配施一些缓效化学肥料，如磷肥（过磷酸钙）30～45 kg、钾肥（草木灰）5～8 kg 做底肥，根据条件有机肥和磷钾可配合施用，也可单独施用。将有机肥和磷钾肥均匀撒施在地表，然后翻入耕作层，或在翻耕后施肥，然后旋耕或耙地，将肥料与表土混合均匀（图 6-5 至图 6-7）。

图 6-5　有机肥　　图 6-6　重过磷酸钙

图 6-7　施底肥

三、耕作整地

1. 出苗对土壤的要求

苜蓿种子细小，幼苗顶土能力弱，所以苜蓿播种前必须精细整地。首先，进行深翻，然后耙碎土块，消除大土块，耱平地面，使地表平整，土壤松紧适度（土壤过松散不适宜播种），做到上虚下实，利于蓄水保墒，有利于苜蓿出苗。保持土壤有适当的含水量，黏壤土水分含量 18%～20%，粗沙壤土水分含量以 20%～23% 为宜。如果土壤过于干旱应在整地前进行灌溉（图 6-8 至图 6-10）。

图 6-8　土壤过松散不适宜播种

图 6-9　上虚下实适宜播种

图 6-10　苜蓿幼苗

2. 翻耕

对拟选择种苜蓿的土地，应在上年秋季对地块开展灭茬、灭杂草等工作，并进行深耕。苜蓿属深根性植物，宜深耕翻，一般深度应为 30～35 cm 或更深，黏重的土壤要深翻，粉沙土地或沙壤土宜浅翻（图 6-11）。新开垦的荒地要在上年秋季深翻，深度要达到 45 cm。耕翻应遵循“熟土在上，生土在下”的原则，有利于恢复耕作层土壤良好结构、消灭杂草种子及病虫害。

图 6-11　深松与旋耕

3. 耙地

耙地是较关键的整地环节，起到清除杂草及根系、切碎土块、平整地面、轻微镇压和保墒的作用。耙地是在翻耕的基础上进行，使用的工具主要有钉齿耙和圆盘耙，如果翻耕的是荒地或更新草地，则需要使用重型圆盘耙（图 6-12），要清除过多的草根或根茎，需用钉齿耙（图 6-13）耙出杂草及根茎。

图 6-12　重型圆盘耙

图 6-13　钉齿耙

4. 耱地

耱地也称耢地（图 6-14），主要作用是平整地面、保墒、压碎土块，使耕作层土壤变紧，松紧适中，有利于播种。耱地是在翻耕或耙地后进行，播种前灌溉时最好在灌溉前后各耱地 1 次。

图 6-14　耱地

5. 镇压

镇压可起到压碎大土块、紧实表土，并有压平土壤的作用（图 6-15）。播种后镇压，可使种子与土壤充分接触，易于吸收水分萌发，起到提墒保墒的作用。

图 6-15　镇压

6. 杂草防除

有条件的话，在苜蓿播种前选择灭生性除草剂进行杂草防除，特别是准备在春末夏初播种的地，尤应进行杂草防除。

第二节　播种

一、种子清选与处理

1. 浸料

播种前做好种子清选和发芽率检测，使种子的纯度达到 95% 以上，种子的发芽率不低于 85%，根据发芽率确定播种量（图 6-16、图 6-17）。如果种子硬实率达到 20% 以上，则需要进行硬实种子处理，大量种子可在阳光下暴晒 3～5 d 或用碾米机进行机械处理，发芽率可提高 20% 左右，少量种子可用浓硫酸浸种 3 min，或用 1‰ 的钼酸及 3‰ 的硼酸溶液浸种，浸种后用清水冲洗干净即可。

图 6-16　苜蓿种子

图 6-17　苜蓿种子发芽率

2. 拌种

在生长季短、气候寒冷干旱区域，或在沙地、瘠薄土壤上种植苜蓿时，为保证种植成功和有效提高产草量，可将根瘤菌剂、肥料、杀虫剂、除草剂、抗旱剂等按比例用黏合剂混合均匀包在种子外面使之丸衣化，也可在市场上直接购买接种根瘤菌的种子或包衣种子（图 6-18）。

图 6-18 苜蓿包衣种子

3. 种肥

施用种肥可以直接有效促进苜蓿生长，一般施磷酸二铵 10～15 kg/ 亩，或钾肥（钾宝、氯化钾）3～5 kg/ 亩，选用两箱（种箱和肥箱分开）分层播种机与种子同时播种（图 6-19）。

图 6-19 种子与肥料两箱分层播种机

二、播种时间

根据内蒙古干旱、半干旱区的气候特点，多数地区苜蓿播种时期在春、夏两季。

1. 春播

内蒙古的东部、中部及西部的地区均可进行春播。具体在 3 月中下旬至 4 月下旬，可与小麦等农作物同时播种或稍晚于小麦播种。

2. 夏播

在内蒙古大部分地区冬春季降水量少，风沙大且频繁，土壤干旱，无霜期为 120～140 d，播种苜蓿宜在夏季进行。最适宜的播种时间是在 5 月中旬至 6 月中旬，蒙东最晚不能超过 7 月中旬，蒙中偏南和蒙西最晚不能超过 8 月上旬。

三、播种方式

常用的播种方式主要有条播和撒播，用于建植割草型人工草地多采用条播，放牧型人工草地采用撒播，繁育种子田可采用穴播（图 6-20）。

图 6-20　穴播

1. 条播

即每隔一定的距离将种子成行播下，行距一般为 30～35 cm；如在土壤肥力状况好、降水量充沛或有灌溉条件的地方可缩小行距至 12～18 cm，种子田行距 45～60 cm（图 6-21）。

图 6-21　条播

2. 撒播

在沙地种植苜蓿用于放牧地建植及草地改良补播和水土保持，或在坡度大于 25° 的坡地上，或小面积种植以及与其他种类饲草混播可采用撒播（图 6-22）。

图 6-22　撒播机

四、注意事项

1. 播种量

如果种子纯净度在 95% 左右，精细整地后，条播时播种量每亩可控制在 1.2～1.5 kg；撒播时播种量每亩增加到 2～2.5 kg；高湿润地区水热充足，播种量每亩要减少到 1～1.3 kg；干旱地区播种量每亩增加到 1.5～1.8 kg；包衣种子每亩播种 1.6～1.8 kg；土壤墒情不好可增至 2 kg；种子田播种量每亩为 0.5～0.8 kg；穴播播种量适当减少。

2. 播种深度

苜蓿种子较小，播种宜浅不宜深，一般情况下播种深度为 1～2 cm，如果土壤较干或在壤土、沙壤土及沙土上播种则要求稍深，达到 2 cm 即可。常用的条播方法原则上是深开沟、浅覆土，开沟 5～8 cm，播种后稍覆土或直接镇压，使覆土厚度为 1～2 cm，播种后镇压 1～2 遍，如果土壤墒情差或沙壤土必须镇压 2 遍，以利保墒、提墒。不同地区、不同播种时间播种深度则不同，较湿润地区可浅播，干旱地区略深，水浇地浇透水后播种则略浅。

第三节　田间管理

苜蓿地的田间管理非常重要，特别是当年建植的草地，苗期田间管理是草地建植成功的关键环节。田间管理主要包括破除土壤板结层、中耕除草、施肥、灌溉、病虫害防治及冻害防御等。

一、破除土壤板结层

1. 土壤板结层形成原因

苜蓿播种后至出苗前，在这段时间内，土壤表面有时会形成一层坚硬而板结的土层（图 6-23），影响已萌发的幼芽出土，严重时甚至造成缺苗断垄或根本不能出苗。

土壤板结层的出现有以下几种原因：一是播种后遇大雨，并且雨后暴晒，特别是盐碱地遇雨后很容易出盐结皮；二是播种后未出苗前的不当灌溉；三是苜蓿播种时土壤过于潮湿，播后镇压又过重；四是苜蓿播种于低洼含盐碱多的土壤，这类土壤当表层水分迅速丧失时，容易形成盐结皮。

图 6-23　土壤板结

2. 破除板结层的方法

根据上述原因，苜蓿在播种后未出苗之前不宜进行灌溉，如果因土壤太干必须灌溉水时应连续灌水，使土壤表层保持湿润直至出苗。在过湿地上播种时，应待表土稍干燥后，再覆土镇压。已形成板结层时，可用短齿耙或具有短齿的圆形耙来破除（图 6-24）。圆形耙效果较好，能划破板结层，而不致翻动表土，损伤已萌发的幼苗。小面积范围内可人工用齿耙轻搂地表，以破除板结层。

图 6-24　土壤板结层破除

二、中耕除草

1. 人工除杂草

杂草对苜蓿的为害严重时期主要是在幼苗期，其次是在夏季刈割后。中耕除草是苜蓿田间管理的有效措施，苜蓿生长初期消灭杂草，松土保墒，可使苜蓿幼苗正常生长，获得较高的产量和质量。因此，在苜蓿苗期，当株高达到10～20 cm时，用中耕机械、畜拉耘锄或人工用锄头等进行中耕，除掉行间的杂草，行内的杂草用手工拔除（图6-25）。

图6-25 人工拔草

2. 化学除草

使用除草剂消灭苜蓿田间杂草简单有效，特别是较大面积或田间杂草较多时使用效果更好，可节省劳力费用，降低成本，及时消灭杂草。苜蓿田除草剂一般是在播种前、出苗后和刈割后使用。

（1）土壤施用　播种前进行土壤处理，一般选择目前市场上应用效果较好的灭草猛和氟乐灵（图6-26），在使用氟乐灵时要注意在播种前7 d或更长

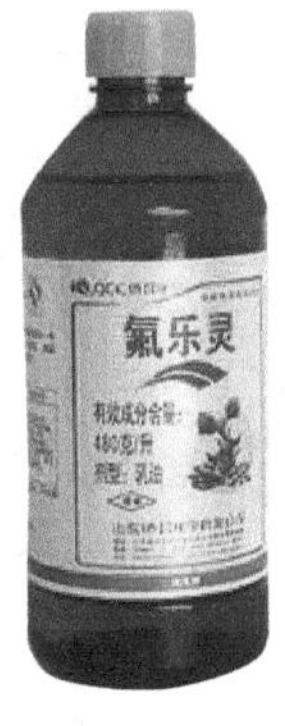

图6-26 播种前土壤使用的除草剂

的时间使用。在处理土壤时，应选择墒情较好时混合进土壤中，在此过程中容易造成土壤失墒，所以应在早春或上年秋季施用。特别在夏季和秋季播种苜蓿时，播种前可用灭生性除草剂或混合使用除单子叶杂草和双子叶杂草的除草剂。

（2）苗期施用　苗期喷施除草剂一般在苜蓿长出 3～5 片真叶、杂草不超过 5 cm 时使用。主要用于防除禾本科杂草的有苜草净、烯草酮、精克草能、拿捕净等（图 6-27），也可施用豆草清等防除一些阔叶杂草，并可以两种除草剂可混用。

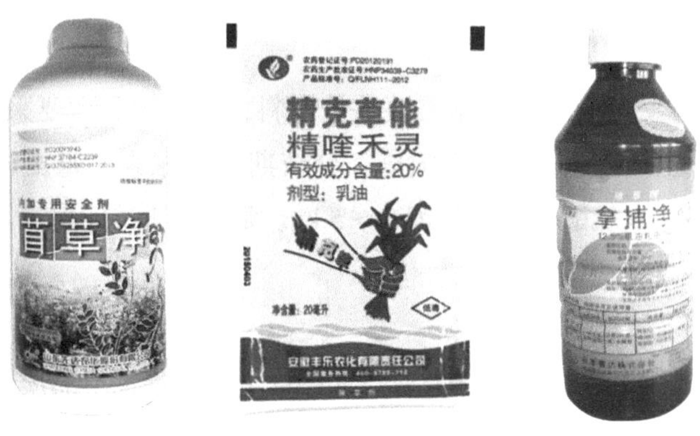

图 6-27　禾本科杂草的除草剂

（3）刈割后施用　在苜蓿刈割后，消灭田间杂草使用的除草剂，除苗期使用的种类外，可用 2,4- 滴丁酯与拿捕净混合，同时杀灭单子叶杂草和阔叶杂草，但必须在苜蓿刈割后，再生芽还未长出地表前施用。在消灭苜蓿田边地头及水渠边的杂草时，可采用灭生性除草剂如敌草隆、草甘膦等（图 6-28）。

图 6-28　地头及水渠边使用的除草剂

4. 注意事项

喷施除草剂时，一般选择晴朗无风天气喷施，24 h 内无雨，气温太高时使用药物很快挥发，所以要避开高温时间。大多数除草剂在有露水或雨后施用，由于叶面有水，易于减弱其药效，药量应增加至 3～5 倍。如果喷后遇雨，药易被淋洗，应再次进行喷施。为了有效地杀除杂草，应在杂草生长的早期施用，效果会更好。

三、施肥与灌溉

1. 追肥

在苜蓿生长发育期间应根据需要追施肥料，即追肥。主要采用速效化肥，可以撒施、条施，也可进行叶面喷施。分枝期施用尿素，每亩施用量为 5～8 kg，同时也可施入硫酸钾或氯化钾 3～5 kg。每年灌上冻水时，可施钾肥 8～10 kg/ 亩，以提高苜蓿抗寒能力。

2. 灌溉

苜蓿生长过程中，适时灌溉是提高其产草量和改善饲草品质的重要管理措施，特别是灌溉与施肥相结合，其效果更加明显。

（1）需水量　苜蓿需水量按理论值应该对应于某一产量水平的需水量，是一个常数。表 6-1 显示的结果，是苜蓿需水量和饲草产量的试验结果，土壤条件相似地区可以参照此表执行。

表 6-1　苜蓿需水量与产草量

水文年	土壤水分	需水量（m^3/ 亩）	产草量（kg/ 亩）	K 值（m^3/kg）
湿润年	高	289.0	618.5	0.46
	中	253.0	422.5	0.6
	低	168.0	241.5	0.62
中等年	高	354.0	717.0	0.48
	中	228.5	501.0	0.52
	低	218.0	331.0	0.64
干旱年	高	428.0	808.5	0.52
	中	281.0	503.5	0.54
	低	145.0	282.0	0.50

注：水利部牧区水利科学研究所《草原灌溉》，1995。

（2）*灌溉时期*　适时灌溉苜蓿非常重要，通常每年至少应灌溉 4 次，春季土壤解冻后苜蓿返青灌溉 1 次，时间在 3 月下旬至 4 月中旬；秋季大地封冻前灌溉 1 次，在 10 月下旬至 11 月上旬进行；每次刈割后为促进苜蓿再生草的生长，应实施灌溉。正常情况下，苜蓿分枝期、孕蕾期地上部分生长迅速，如果土壤干旱应及时灌溉，保证其正常生长。此外，在苜蓿的整个生长过程中，如果气候特别干旱，降水量少，也应该及时灌溉。

（3）*灌溉方式*　灌溉方式一般有 4 种，即漫灌、喷灌、滴灌和畦灌。

漫灌：漫灌只能在较平缓的草地进行，耗水量大，灌溉不均匀，所以目前基本不采用（图 6-29）。

喷灌：喷灌是一种先进的科学灌溉技术，能均匀地将水喷洒在地面上，不产生地表径流，渗漏少，可节水 30%～60%（图 6-30）。

滴灌：滴灌是将毛细管埋在地下，进行灌水的灌溉方式（图 6-31）。

畦灌：在整地时，将播种床修成宽 3～6 m 的畦田，利用水渠进行灌溉。畦灌成本低，操作简便，坡地梯田也可用此法灌溉。缺点是较耗水，水渠占用一部分土地。

图 6-29　漫灌

图 6-30　喷灌

图 6-31　滴灌

四、冻害防御

低温对苜蓿的影响是深刻而广泛的，它不仅影响苜蓿的分布，也影响苜蓿草地的可持续利用。在寒冷干旱地区，苜蓿的冻害防御是一项必不可少的田间管理措施。苜蓿冻害的发生主要是因为气候极端干旱，冬季降雪少或无降雪，并且冬春季节风沙大，使苜蓿受到低温和干旱的双重胁迫而导致苜蓿不能安全越冬（图 6-32）。有时“倒春寒”也可对苜蓿的安全越冬造成严重的危害。

图 6-32　苜蓿冻害

1. 冻害特征

在内蒙古的干旱半干旱寒冷区，特别是蒙东，苜蓿冻害时有发生。苜蓿冻害或发生在冬季，或发生在春季。发生在冬季的冻害，受冻的苜蓿在春季返青萌发时，根部的受冻部分变黄，甚至全部变黑、腐烂，苜蓿不能再度返青（图 6-33）。春季冻害主要是在 2—4 月，此时苜蓿已基本解除冬眠开始进行生理活动，若此时气温变化剧烈，骤升骤降，当气温突然降低 8～10℃，即所谓的

“倒春寒”连续发生 2～4 次时，甚至气温变化剧烈时 1 次苜蓿即可遭受冻害。苜蓿受冻害程度不同，其根颈部表现也不同。受冻较轻时，根颈保持完好，能正常返青；或根颈部分受冻变黑，部分根颈及根仍然有活力，苜蓿仍可返青，但返青要推迟 15～20 d，苜蓿生长较弱；受冻较重时，苜蓿的根颈及部分根变黑、腐烂，但下部根仍保持活力，根不易拔起，达到这种程度时，有些苜蓿品种仍然能够返青，但返青时间一般推迟到夏季的 6 月中下旬或 7 月上旬下透雨后，苜蓿生长受到严重影响，产量大幅度下降，如遇到这种情况，苜蓿草地是否继续保留，取决于返青苜蓿的多少和产草量。

图 6-33　发生在冬季的冻害

在生产中发现，春季受冻的苜蓿无论受冻轻重，在根颈与根相连部位的木质部外围即根表皮里均会出现一轮非常明显的粉色痕迹（图 6-34），并且根茎外围有水“渗”出的现象，这可能是遭遇“倒春寒”导致。

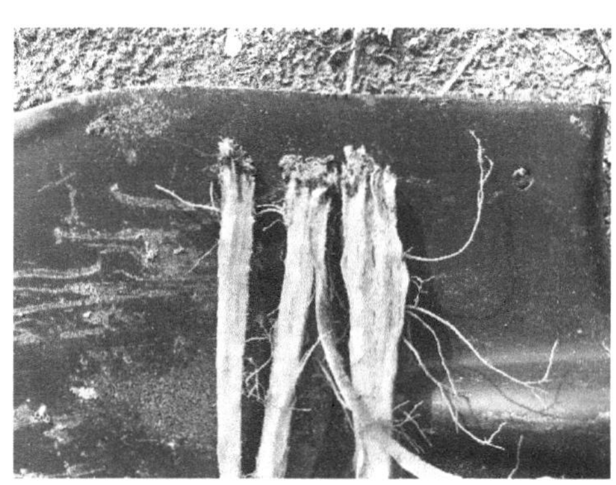

图 6-34　春季受冻的苜蓿根系

2. 冻害防御技术

（1）*施种肥促进个体发育* 施用种肥能明显提高苜蓿的越冬率，随着种肥量的增加越冬率也相应提高。这主要是因为施种肥促进了播种当年苜蓿地上部分的生长和根系的发育，地上分枝增多，促进翌年返青和饲草的生长。

（2）*掌握好最后一次刈割的时间和留茬高度* 最后一次刈割的时间对苜蓿的越冬率也有一定的影响，刈割过晚，苜蓿生长消耗根部营养物质，苜蓿生长停止前，不能及时有效补充根部的营养物质，容易造成苜蓿不能很好越冬（图6-35）。生产中一般在初霜前 30 d 刈割，给苜蓿留下不少于 30 d 的生长时间，使苜蓿储存足够的越冬物质，确保安全越冬。最后一次刈割留茬高度应达到8～10 cm（图 6-36），否则不利于苜蓿草地冬季积雪和安全越冬。

图 6-35 刈割前后对比

图 6-36 苜蓿最后一次刈割留茬高度

（3）*秋季培土* 大多数旱地种植的苜蓿没有灌溉条件，可采取培土的方法进行冬季保护（图 6-37）。秋季在土壤墒情较好时进行趟耘培土可有效防止土壤变干，抵抗冻害的发生。培土厚度一般要求达到 6～8 cm，效果较好。过深影响苜蓿越冬芽萌发出土，过浅不能有效保持土壤温湿度，苜蓿根部的水热条件不能改善，越冬率降低。苜蓿在秋季趟耘培土后，不但提高了越冬率，而且返青后苜蓿长势旺盛，饲草产量有所提高。

图 6-37 秋季培土

（4）*进行冬春灌水* 生产实践表明，苜蓿地的土壤水分对苜蓿的安全越冬和返青有很大影响，一些苜蓿冻死的原因主要是由于土壤过于干燥，使苜蓿冻干而死亡，或由于土壤干燥、地温变幅较大导致苜蓿根茎受冻。土壤湿度大，土壤的热容量也大，在冻融交替中释放较多热量，具有缓冲地温、减小地温变化幅度的作用。土壤墒情好，有利于地表保温，可避免地温的骤升骤降，反之则变化剧烈。因此，实践中在秋末冬初土壤上冻前浇灌冻水（图 6-38），可以增加土壤水分含量，提高苜蓿的抗冻害能力；其次在春季土壤解冻后浇灌返青水，可以有效补充土壤水分不足，提高苜蓿抵御“倒春寒”的能力。

图 6-38　苜蓿上冻前、解冻后进行浇灌

五、收获

1. 收割时期

收割时间对苜蓿的产量和质量有较大影响。最佳收割时间主要根据苜蓿各生育期的粗蛋白质和相对饲喂价值（RFV）等营养物质含量和饲草的产量来确定。苜蓿的适宜收割时间在孕蕾期至初花期，可获产量既高品质又好的饲草，而且有利于再生草生长。第 2 茬和第 3 茬草可根据当地的物候期和饲草生长情况及时进行收割。最后一次刈割应在苜蓿停止生长前的 30～45 d 前进行，蒙西和蒙中偏西具冬灌条件的地区，可在苜蓿停止生长前的 30 d 进行刈割，寒旱区不具备冬灌条件并且冬季少雪的地区，应在苜蓿停止生长前的 40～45 d 刈割。

2. 收获方式

饲草的收获方式一般有刈割收获方式和家畜放牧收获方式两种方式。刈割方式收获草主要用于商品草的生产和饲料贮备与调节（图 6-39）。

图 6-39　刈割收获

3. 留茬高度

收割苜蓿时留茬高度首先影响饲草的产量，其次影响苜蓿再生草的生长速度和质量。一般适宜的留茬高度为 5 cm 左右，既不影响产草量，又基本不影响再生草的生长速度和质量。

最后一次收割留茬高度应在 8 cm 以上，有利于储存降雪，保障苜蓿安全越冬（图 6-40）。

图 6-40　积雪的苜蓿地

4. 收割次数

苜蓿 1 年之中的刈割次数与种植区的气候、土壤条件、生长期的长短及生产条件（如灌溉和施肥）有关。

在蒙东寒旱区（如呼伦贝尔、锡林郭勒）旱作条件下，一般 1 年刈割 1～2 次（播种当年视苜蓿生长状况和气候情况，决定是否进行 1 次刈割），西辽河流域和科尔沁沙地有灌溉条件下，1 年刈割 2～3 次；蒙中高寒区（如乌兰察布北部）、旱区，1 年刈割 1～2 次，蒙中偏南或西南具灌溉条件的地区（如土默川平原），1 年可刈割 2～3 次；蒙西具灌溉条件的地区（如河套灌区），1 年刈割 3～4 次。

第七章

苜蓿主要病虫草害及其防治

第一节　主要病害及其防治

一、苜蓿根腐病

1. 苜蓿镰刀菌根腐病

（1）分布及为害　苜蓿镰刀菌根腐病已经成为引起苜蓿品质和产量明显下降的世界性苜蓿根部病害，国内外苜蓿种植区普遍发生，病原主要为镰刀菌属（*Fusarium*）。自 1937 年美国首次报道该病害发生以来，加拿大、新西兰、澳大利亚、印度、埃及和日本等国家陆续报道发生，发病严重地区的发病率在 60% 以上。1991 年，我国首次在新疆阿勒泰地区发现该病害的发生，后在西北地区（甘肃和陕西等）、东北地区（吉林和黑龙江等）以及华北地区（内蒙古、河北和山西等）也有报道。苜蓿感染镰刀菌根腐病后，根茎和主根木质部腐烂中空，侧根大量死亡，固氮能力下降，发病植株一般在越冬时期开始死亡，导致生长年限缩短。此外，木贼镰刀菌等还可以产生毒素，从而影响以苜蓿为食料的牲畜健康。因此，镰刀菌根腐病的发生严重影响苜蓿的产量和品质，给畜牧业和奶业也带来了隐患。

（2）病原　目前，我国已报道的能够引起苜蓿根腐病的镰刀菌属（*Fusarium*）病原有 20 多个种（变种），包括尖孢镰刀菌（*F. oxysporum*）、燕麦镰刀菌（*F. avenaceum*）、腐皮镰刀菌（*F. solani*）、锐顶镰刀菌（*F. acuminatum*）、半裸镰刀菌（*F. semitectum*）、串珠镰刀菌（*F. moniliform*）、黄色镰刀菌（*F. culmorum*）、三线镰刀菌（*F. tricinctum*）、接骨木镰刀菌（*F. sambucinum*）、链状镰刀菌（*F. fusarioides*）、木贼镰刀菌（*F. equisti*）、大刀镰刀菌（*F. culmorum*）、梨孢镰刀菌（*F. poae*）、厚垣镰刀菌（*F. chlamydosporum*）、拟枝孢镰刀菌（*F. sporotrichioides*）、雪腐镰刀菌（*F. nivale*）、禾谷镰刀菌（*F. graminearum*）、砖红镰刀菌（*F. lateritum*）、弯角镰刀菌（*F. camptoceras*）、变红镰孢菌（*F. incarnatum*）和层出镰刀菌（*F. proliferatum*）。通过

对内蒙古地区苜蓿镰刀菌根腐病病原菌的分离鉴定，研究者们发现锐顶镰刀菌、茄病镰刀菌、木贼镰刀菌、变红镰刀菌和尖孢镰刀菌等12种病原菌。西北地区如新疆阿勒泰地区发生的根腐病常由尖孢镰刀菌、腐皮镰刀菌、锐顶镰刀菌、燕麦镰刀菌、木贼镰刀菌和拟枝孢镰刀菌等引起，造成苜蓿死亡率在60%以上；东北地区发生的根腐病常由尖孢镰刀菌、腐皮镰刀菌和木贼镰刀菌等引起，发病率达20%～40%，高峰期发病率达92%左右；华北地区例如内蒙古和河北发生的根腐病常由尖孢镰刀菌、腐皮镰刀菌、锐顶镰刀菌、燕麦镰刀菌、半裸镰刀菌、三线镰刀菌和层出镰刀菌等引起，发病率在15%～30%。

（3）*发生规律* 镰刀菌为土壤习居菌，主要以菌丝体和孢子形式在病残体、带菌种子和土壤中越冬。其厚垣孢子是侵染植物寄主的初侵染源，能够在土壤中持续存活数十年，一旦侵染条件合适，就再次萌发侵染植物寄主，在病害发生中发挥重要作用；大分生孢子和小分生孢子是侵染植物寄主的二次侵染源，能够在受侵染的植物表面存活，传播给相邻植物。因此，镰刀菌厚垣孢子和分生孢子在病害发生和循环中发挥重要作用，其数量及存活状况直接影响着病害的发生及其为害程度。镰刀菌一般从机械损伤以及逆境条件引起的伤口处直接入侵寄主根部，最后导致植株萎蔫死亡。其中，尖孢镰刀菌不仅可以侵入植物根部引起根腐病，还可以进入维管束引起植株萎蔫枯死。

苜蓿根腐病的发生和流行不仅受病原菌种类和孢子数量的影响，还受到土壤温度、湿度和pH值以及苜蓿品种抗病能力等多方面因素的影响。各种不利于植株生长因素的影响会加速病害发展，加重病害程度，例如根结线虫、丝核菌和茎点霉等病原物常伴随根腐病菌发生，使病情复杂和严重化，有时难以区分根腐病发生的真正原因或者主要原因，所以笼统称为苜蓿综合性根腐病或颈腐病。土壤温度介于5～30℃时，最适合此病发生，一些学者认为，干旱情况下此病的发病率反而较高。

（4）*症状* 植株感病后的叶片枯黄或变为红褐色，萎蔫下垂，主根导管红褐色条状变色，皮层腐烂，容易开裂、剥落，髓部组织腐烂、中空，枯死植株易被从土壤中拔出。根颈部腐烂、易断裂，在根颈部表面可观察到霉层（图7-1），根部皮层组织变褐色或暗褐色、腐烂或易脱落（图7-2），髓部组织变为红褐色至暗褐色、腐

图7-1　根颈部症状

烂、中空（图 7-3）。

苗期植株萎蔫死亡，或春季不返青，或返青时芽死亡，返青后枝条未均匀分布于植株主根颈四周，而在某些方位有缺失，或植株生长衰弱，枝条稀少且纤细，叶片色淡不嫩绿，或在后期生长中个别枝条萎蔫下垂数日后干枯（图 7-4），萎蔫枝条上的叶片变黄枯萎，常有褐紫色变色，或全株在萎蔫数日后死亡。可返青的发病植株因主根和根颈受害部位及受害程度不同，地上可出现其他症状，例如仅根颈受害的植株萌发枝条的能力下降，死亡风险增大，枝条在植株四周的分布不对称，在田间容易拔出，常在根颈处断裂，而主根未变色或腐烂；仅主根受害的植株上枝条数量和分布正常，但植株衰弱，不易拔出，挖除植株可见根颈生长正常；根和根颈的皮层受害，影响地上部光合产物向下运输，引起根系生长不良直至死亡；中柱受害则影响根部吸收的水分和矿物质向上运输，因而枝细叶黄，植株萎蔫直至死亡。

图 7-2　根皮层组织症状

图 7-3　根部髓组织症状

图 7-4　田间萎蔫枯死症状

2. 苜蓿腐霉根腐病

（1）分布及为害　苜蓿腐霉根腐病又名猝倒病，普遍发生在世界各地，主要发生于苗期，特别是在水分供应充足的苜蓿地块发病率高，常造成大量幼苗死亡，草地缺苗断垄。

（2）病原　引起苜蓿腐霉菌根腐病（猝倒病）的病原菌有 10 种以上，主要病原为腐霉属（*Pythium*），包括终极腐霉（*P. ultimum*）、德氏腐霉（*P. debaryanum*）、畸雌腐霉（*P. irregulare*）、华丽腐霉

(*P. splendens*)、喙腐霉(*P. rostratum*)、群结腐霉(*P. myriotylum*)、绚丽腐霉(*P. pulchrum*)、宽雄腐霉(*P. dissotocum*)、瓜果腐霉(*P. aphanidermatum*)、侧雄腐霉(*P. paroecandrum*)、钟器腐霉(*P. vexans*)和堇菜腐霉(*P. violae*)等。低温气候型腐霉的孢子囊是球形的，在孢囊内形成游动孢子或直接产生芽管。藏卵器端生或间生，除畸雌腐霉的藏卵器有刺外，其余均是光滑的。每个藏卵器通常有1～5个雄器，藏卵器自藏卵器柄或其他菌丝上生成。卵孢子萌发产生芽管，长成菌丝或孢子囊。群结腐霉(*P. myriotylum*)和瓜果腐霉(*P. aphanidermatum*)孢子囊有浅裂，每个藏卵器有6个以上的雄器。腐霉菌在培养基上长出白色绒毛状的菌丝，2 d内菌落可达培养皿的边缘。

(3)发生规律　腐霉菌是土壤习居菌，以卵孢子或孢子囊的形式存在于作物的残余物中，也能以病原物或腐生菌定植于其他作物和杂草上。土壤湿度过高和低温，多数情况不利于幼苗的迅速生长，反而有利于病害的发展。高湿的土壤为游动孢子的移动提供了水膜，也降低了寄主的活力，增加了刺激孢子萌发的寄主渗出物扩散及其有效性。出苗前接近16℃，出苗后为24～28℃的温度，对幼苗猝倒病的发生和发展最为适宜。侵染体以游动孢子、直接萌发的孢子囊、卵孢子和菌丝体的方式存在。孢子囊和卵孢子也可萌发形成孢囊，孢囊内形成游动孢子，游动孢子在侵入寄主时通常在寄主表面形成附着胞和侵入钉。

(4)症状　该病的症状有种腐、苗腐、根腐和根颈腐、植物猝倒等。种子在出土前受到腐霉菌侵染则出现种腐，即种子的内含物变成褐色的胶质团，无法萌发胚根和子叶，或萌发出胚根和子叶后变褐、变软、水渍状腐烂。出苗后则出现猝倒，即幼苗子叶小，色暗绿，突然死亡，幼苗倒下，在幼苗发病至死亡干枯前可在下胚轴和根上观察到水渍状病斑。部分幼苗发病但不死亡，挖出这些植物多可见其主根残缺，而有分叉状的不定根是因为根受害部分腐烂后在其上段部分重新长出的根。

3. 苜蓿立枯丝核菌根腐病

(1)分布及为害　该病害分布很广，在较湿热的种植区均有发生，为害尤其严重。美国、澳大利亚和伊朗多有报道。我国台湾、吉林、甘肃、内蒙古和新疆等省(区)也有发生。

(2)病原　该病害由立枯丝核菌(*Rhizoctonia solani* Kuhn)引起。病原菌有性阶段为瓜亡革菌[*Thanatephorus cucumeris*(Frank)Donk]，异名丝核薄膜革菌[*Pellicularia filamentosa*(Pat.)Rogers]。菌丝最初为白色，后变为褐色，直

径 6～10 μm，典型特征是在菌丝分枝处上方形成隔膜，分枝菌丝的基部略有缢缩（图 7-5）。菌丝缠绕压缩形成不规则形的菌核，直径 1～3 mm，褐色至黑色，偶在感病植株上可见。担孢子倒卵形或棍棒状，大小为（12～18）μm ×（8～12）μm，上生 4～6 个担孢子梗，长 6～12 μm，担孢子单胞，椭圆形至长椭圆形，基部稍细，无色，大小为（7～12）μm ×（4～8）μm。病原菌生长的温度为 6～30℃，最适温度 24～30℃，35℃即停止生长。

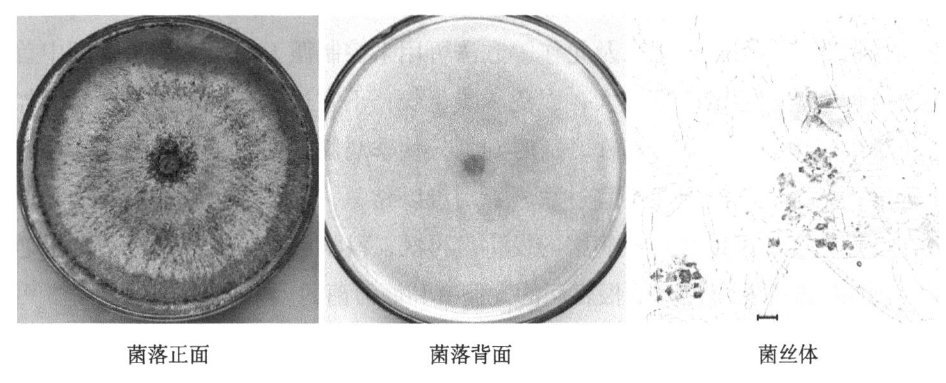

菌落正面　　菌落背面　　菌丝体

图 7-5　立枯丝核菌菌落形态（PDA 培养基）及菌丝体形态

（3）发生规律　病原菌以菌核或菌丝的方式在土壤或病株残体内存活越冬。丝核菌是土壤习居菌，当没有寄主存在时亦能以腐生状态在土壤中存活。菌核萌发产生菌丝，在寄主表面形成附着胞，通过侵入钉直接侵入植物。菌丝在寄主细胞内和细胞间隙生长，产生果胶溶解酶分解寄主组织。通常病原菌通过生出侧根时形成的自然伤口侵入主根。根溃疡只发生在高温的土壤里。土壤含水量在 70%～80% 时易发病，在有灌溉条件的荒漠地区，此菌主要使植株发生根溃疡症状。在降雨多、空气湿度大并且炎热的地区主要发生茎枯和叶枯症状。

（4）症状　幼苗腐烂甚至死亡，死亡后多不倒下，直立在田间，茎基部常变色。成株期伴有根溃疡、芽腐、根颈腐烂、茎基腐、茎和叶的枯萎等症状，根部被侵染后，形成椭圆形、凹陷的溃疡斑，黄褐色至褐色，病斑边缘的颜色较深。若病斑环绕根一周，植株将死亡；若病斑未能环绕根一周，新根将在秋天长出，并维持植株生长直到翌年。根部的溃疡斑往往发生在侧根生出的地方，根颈被侵染后，褐色病斑首先出现在颈芽和新抽生幼枝基部，造成芽和新枝死亡并阻碍新芽再生，根颈本身也会腐烂。叶和茎受到侵染后，出现灰色并带褐色边缘的病斑，形状不规则，病组织很快呈水渍状，数日内蔓延到附近植株。

病叶死亡后常因菌丝体黏结而黏附在附近的枝茎和叶片上是该病发生的重要特征，死亡组织呈深褐色至黑色。

4. 苜蓿根腐病防治方法

（1）培育和选用抗病品种　利用抗病品种防治苜蓿根腐病是最有效的方法，在牧草病害防治体系中占有主导地位。但目前我国还没有培育出抗根腐病的品种，在苜蓿根腐病严重发病的地块，可考虑调换其他受害轻的草种。

（2）加强草地管理　防治苜蓿根腐病的重要措施。例如调节土壤酸碱度、添加作物残茬、增施堆肥以及轮作等方法可用来控制镰刀菌根腐病。管理中首先要合理密植，播量不宜过大，以免影响生长；不宜过深，否则出土慢，增加了土壤中病菌的侵染率。其次，适时刈割，秋季刈割会加重镰刀菌根腐病的严重程度；冬季刈割时留茬不宜过短，否则难以越冬，选择适宜的刈割时间和次数在一定程度上可以减轻该病害的发生。再次，科学施肥可以提高苜蓿的抗逆性，例如增施钾肥可以降低根腐病的发病率和镰刀菌的入侵；氮磷比为 1∶3 可以有效控制根腐病的发生。

（3）生物防治　利用绿色木霉、芽孢杆菌、非致病尖孢镰刀菌等可作为生防菌。绿色木霉可以产生多种具有生物活性的酶，如几丁质酶、纤维素酶和木聚糖酶等，可防治由尖孢镰刀菌引起的根腐病，具有保护和治疗的双重作用；从苜蓿根部分离筛选的拮抗细菌枯草芽孢杆菌 MB29，既可以抑制苜蓿根腐病菌半裸镰刀菌、锐顶镰刀菌、木贼镰刀菌和尖孢镰刀菌的生长，同时对苜蓿生长具有促进作用；非致病性镰刀菌是防效较好、较稳定的生防因子，尤其是对镰刀菌引起的根腐病效果较好。近年来，绿肥的使用也在一定程度上对根腐病起到了防治作用，主要是因其可以增加土壤微生物种类、活性，尤其是非致病性镰刀菌的含量。但是生物防治最重要的是“防”，对于病害还没有发生时起到保护作用，如果病害发生严重，使用拮抗菌的作用没有化学防治效果好。

（4）化学防治　化学防治是根腐病防治的有效途径，但是化学药品残留会对土壤及水资源造成严重污染。由于根腐病病原菌主要分布在土壤中且在苗期或成株期都可以从伤口侵入根部，所以对于化学试剂的使用方法具有较高要求，药剂量大容易造成环境的污染，量小则达不到防治的效果。通过种子处理和土壤施药等方法将枯萎绝和枯腐宁复合使用对根腐病具有很好的防治作用。甲基硫菌灵、福美双进行苜蓿种子处理对该病也有一定的防治作用。大田防治苜蓿根腐病以 50% 咯菌腈和 43% 戊唑醇的有效剂量（250 g/hm^2）防效较好。

对苜蓿根腐病的防治应遵循“防重于治”，加强田间监测，同时将抗病品种与田间管理合理结合起来，将选育出来的生长迅速、根系发达的品种种植3年左右，然后每年及时刈割，防止草产量损失，更能有效防止根腐病的发生。

二、苜蓿炭疽病

1. 分布及为害

苜蓿炭疽病在澳大利亚、美国、阿根廷、捷克、斯洛伐克、法国、意大利和俄罗斯等国家已成为分布较广、具毁灭性的真菌性病害。我国苜蓿炭疽病多分布于新疆、甘肃、宁夏、内蒙古、贵州和吉林等地，在江苏、浙江也有报道发生。在甘肃天祝高山草地，也是重要病害之一。

2. 病原

引起苜蓿炭疽病的炭疽病原菌主要为炭疽菌属（*Colletotrichum*），分别为三叶草炭疽菌（*C. trifolii*）、毁灭炭疽菌（*C. destructivum*）、平头炭疽菌（*C. truncatum*）、盘长孢炭疽菌（*C. gloeosporioides*）、禾生炭疽菌（*C. graminicola*）、束状炭疽菌（*C. dematium*）、球炭疽菌（*C. coccodes*）、北美炭疽菌（*C. americae-borealis*）、亚麻炭疽菌（*C. lini*）、白蜡树炭疽菌（*C. spaethianum* complex）（未鉴定至种属白蜡树复合种）和菠菜炭疽菌（*C. spinaciae*）。其中，三叶草炭疽菌、毁灭炭疽菌和平头炭疽菌为主要致病菌。

3. 发生规律

病原菌在病株残体和刈割留茬及刈割机具上的残留病草碎片上是翌年的主要侵染来源。病原菌孢子也可通过脱粒时被污染的种子传播。病原菌在寒冷季节，于苜蓿茎秆内可存活10个月，在22℃时，只能生存4个月就失去致病力。该病在高温多湿条件下发生严重，雨水和露水有助病害迅速蔓延。在整个生长季节，病原菌可进行重复侵染，但幼苗期易感性高于成株，多汁的叶柄和嫩茎也容易受侵染。在夏末秋初的两次刈割之间病害常达到最严重的程度。光照对病害严重程度影响不大。

4. 症状

病原菌能在植株的各部位形成病斑，尤其是茎秆基部病斑最多。在雨水和风的作用下，生长在茎秆基部的孢子会浸入根颈和主根，使得苜蓿根颈腐烂，导致苜蓿根损伤无法越冬或直接在生长季萎蔫和死亡，这是炭疽病最严重的症状。目前，只有病原三叶草炭疽菌和毁灭炭疽菌能造成苜蓿根颈腐烂，且呈淡蓝色，其余病原无报道有这一症状，而苜蓿炭疽病在叶片和叶柄上发生相对报道较少。苜蓿茎秆感染炭疽病后，其在茎秆上形成黑色不规则小点，当病斑遍布整株，或横向扩大绕茎秆围绕一周时，会导致茎秆顶端弯曲，渐渐茎秆上半部分萎蔫死亡。同一病株内常有一至几个枝条受害枯死，或全株死亡（图7-6 至图 7-8）。

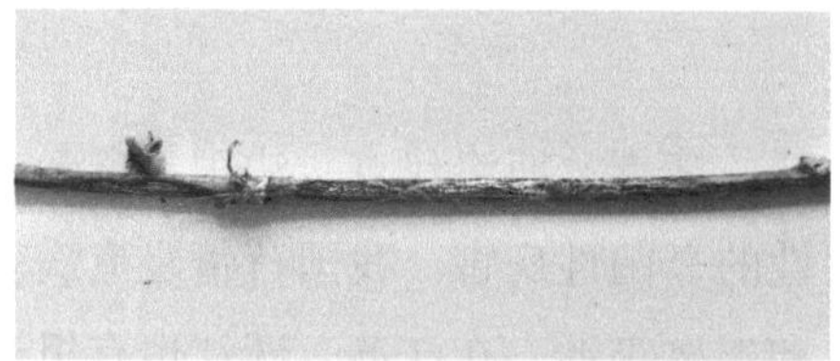

图 7-6　苜蓿炭疽病在茎基部环绕茎形成的大斑

图 7-7　苜蓿炭疽病在茎基部的典型症状

图 7-8　炭疽病引起整株枯死

5. 防治方法

（1）选育抗病品种　利用抗病品种是防治苜蓿炭疽病比较理想的途径。

（2）加强草地管理　防止田间积水和偏施氮肥，提高植株抗病能力。受害较严重的田块应提早刈割或采取过牧措施，造成不利病菌生长的环境，达到防病目的。刈割后考虑采取焚烧残茬等措施以减少田间菌源。

（3）药剂防治　种子处理时可用种子重量 0.1% 的多菌灵、福美双、苯来特、百菌清等药剂浸种，也可用 0.1% 的抗菌剂 401 药液浸种 24 h。田间可用 75% 的百菌清可湿性粉剂 80～160 g/ 亩（有效成分 60～120 g）兑水 50～75 L 喷雾。其他可根据剂型参照使用。

（4）生物防治　室内研究发现，枯草芽孢杆菌的粗提液能够有效防治苜蓿炭疽病，使用后苜蓿幼苗炭疽病的发生率从 56% 降低到 16%，病情严重度从 2 降低到 1.2。

三、苜蓿黑茎病与茎点霉叶斑病

1. 分布及为害

苜蓿黑茎病与茎点霉叶斑病是豆科牧草常见的茎部和叶部病害，广泛分布在亚洲、欧洲和美洲等，我国吉林、河北、内蒙古、甘肃、宁夏、新疆、贵州、云南等地均有发生，在榆中北山、静宁、会宁等甘肃中部夏季凉爽而多雨的山区地发生较严重。在夏季冷凉潮湿的地区，茎点霉叶斑病是一种毁灭性病害，严重发生时，叶片提早脱落，干草和种子减产，种子发芽率和千粒重降低，严重影响牧草生产。在美国犹他州，该病严重发生时干草减少 40%～50%，种子减产 32%，发芽率下降 28%，病株种子的千粒重仅为健株的 34%。

2. 病原

该病由苜蓿茎点霉（*Phoma medicaginis* Malbr. & Roum. var. *medicaginis* Boerema）引起。分生孢子器球形、扁球形，散生或聚生于越冬的茎斑或叶斑上，突破寄主表皮，孢子器壁淡褐色、褐色或黑色，膜质，直径 93～236 μm。分生孢子无色，卵形、椭圆形、柱形，直或弯，末端圆，多数为无隔单胞，少数双胞，分隔处缢缩或不缢缩，大小为（4～5）μm ×2 μm。据报道，其有性阶段为 *Pleospora rehiana*（Stariz.）Sacc.，但未被证实。感病的叶片和茎部进行离体培养也容易产生分生孢子器和孢子。在马铃薯葡萄糖琼脂培养基上，菌落呈橄榄绿色至近黑色，有絮状边缘。在温度 18～24℃时，菌落产生大量黑色颗粒状物，即分生孢子器，其上产生黏稠状物，即分生孢子。该菌适应 pH 值范围广，在 pH 值 3～12 均能生长、产孢和孢子萌发，最适 pH 值为 6。

3. 发生规律

此菌在苜蓿的主根、根颈、茎和枯叶上越冬，春季产生分生孢子，借助气流、雨水和昆虫传播，雨水或露水是孢子释放与再侵染的必要条件。病菌亦可通过种子携带传播。通常情况下第 1 茬牧草受害最重，冷凉潮湿的秋季，病害会再次严重发生，发病温度常为 16～24℃。

4. 症状

苜蓿茎、叶、荚果以及根颈和根上部均可受到侵染，田间最明显的侵染部位为茎和叶。茎基部自下而上出现褐色或黑色不均匀变色的无规则形状，后期茎皮层全部变黑（图 7-9）。发病后期病斑稍凹陷，扩展后可环绕茎一周，有时使茎开裂呈“溃疡状”，或使茎环剥乃至死亡并出现病原物的分生孢子器，但肉眼难以看清楚，需借助体视显微镜或放大镜观察，分生孢子半埋于皮层之中。

发病初期叶片上出现近圆形小黑点，随后逐渐扩大，常相互汇合，边缘褪绿变黄，轮廓不清，病斑中央颜色变浅，多不规则，直径 2～5 mm，较大者可达 9 mm；叶片背面出现与叶片正面病斑对应的斑点（图 7-10）。

图 7-9　茎秆症状

图 7-10　叶斑症状

5. 防治方法

（1）选育抗病品种　最有效防治春季苜蓿黑茎病的方法是使用抗病品种。

（2）加强草地管理　选用无病种子建立新草地或在干旱地区建立无病留种地生产无病种子；当病害有流行趋势时，应提早刈割减少损失；秋后，田间燃烧残茬可减少下一年度发病。

（3）化学防治　2 周使用 1 次百菌清能降低春季苜蓿黑茎病对易感品种造成的损害，增加牧草产量。杀菌剂丙环唑在田间有效剂量为 250 g/hm^2 时防治效果为 78.2%，复方配剂中丙环唑和代森锰锌为 1∶1 时有明显的增效作用。化学杀菌剂能降低苜蓿黑茎病严重度、减少后来收割时侵染源的侵染，但会影响使用者和动物的健康以及对环境会造成污染。

（4）生物防治　文献报道革兰氏阳性细菌菌株（*Streptomyces* spp.）配合田间管理能减轻由苜蓿茎点霉引起的苜蓿黑茎病。从土壤中分离出来的 L194 菌株（枯草杆菌）对苜蓿茎点霉有拮抗作用，可作为苜蓿春季黑茎病防治的生防菌。

四、苜蓿霜霉病

1. 分布及为害

苜蓿霜霉病广泛分布在我国从绿洲到草原的不同海拔地区的苜蓿种植区，

严重影响着我国苜蓿的产量和质量。在甘肃苜蓿主产区，苜蓿霜霉病病株的产量明显下降，单株重只有健康植株的51.7%，种子产量也同时受到显著影响，病株生殖枝数和生殖枝的花数分别为健康植株的42.2%和59.3%。新疆阿勒泰地区苜蓿霜霉病发病率高达79%～100%，在霜霉病高发、频发的影响下，苜蓿种群密度不断下降，建植数年内单位面积的株数减少84%，苜蓿的产量和品质以及种子产量大幅度下降，严重降低了苜蓿草地的利用价值。

2. 病原

该病由三叶草霜霉菌（*Peronospora trifoliorum* de Bary）和三叶草霜霉菌苜蓿专化型（*P. trifoliorum* de Bary f. sp. *medicaginis* de Bary）引起。孢子囊单生或丛生，淡褐色，自气孔伸出，大小为（128～424）μm ×（6～12）μm，平均238 μm×9 μm；主干直立，基部膨大，72～288 μm，平均149 μm；上部二叉状分枝4～8次，呈锐角或直角，末枝直，呈圆锥状，稍弯曲，渐尖，3～20 μm；孢子囊淡褐色至褐色，长椭圆形、长卵圆形或球形，大小为（16～30）μm×（16～22）μm，平均25 μm×19 μm。藏卵器壁厚，光滑，近球形，黄褐色，36～44 μm；卵孢子壁厚，多光滑，球形，黄褐色，24～34 μm，多发现于枯死后的叶片组织内。

3. 发生规律

夏季霜霉菌孢子囊萌发的适宜温度为15～21℃，最适温度为18℃；孢子囊在相对湿度100%时的萌发率为52%，相对湿度低于95%时不能萌发；孢子囊萌发的适宜pH值为6.15～7.69，最适pH值为6.91。苜蓿叶片汁液对孢子囊的萌发有较强的促进作用。病原菌以菌丝体在系统侵染的病株地下器官或以卵孢子在病株体内越冬，翌年春天产生孢子囊对萌发的新株进行侵染。卵孢子混入种子，可远距离传播。田间孢子囊随风、雨水传播，条件有利时，5 d即可形成一个侵染循环。一般有两个发病高峰期，分别在春、秋的冷凉季节，而在夏季炎热条件下，发病有减轻的趋势。该病多发生于温凉潮湿、雨、雾、结露的气象条件下。

4. 症状

该病的症状分为系统型症状和局部型症状两种类型，其中系统型症状指全株的茎叶均发病，茎节缩短，植株矮化，叶片褪绿、扭曲、畸形，发病重的植株发育不良，多不能开花，因病菌在茎基部越冬，故于返青后即可表现此类症状，在田间零星分布（图7-11）；局部型症状指植株上仅有部分叶片发病，常首先发生于幼嫩叶片上，初期在叶片背面和正面均出现不规则的褪绿斑，病斑

图 7-11 系统型发病症状

图 7-12 局部型发病症状

无明显边缘，占据大部分叶面甚至整个叶面，叶片变为黄绿色，叶缘向下方卷曲成团（图 7-12），有时病斑仅局限在叶片边缘，长半圆形，发病轻者落花、落荚，发病重者不开花，甚至枝条枯死，发病植株在田间分布普遍。在两种类型的症状中，叶片背面出现灰白色、灰色、淡紫色的霉层，而叶片正面无霉层，潮湿时易产生霉层（图 7-13），即病原菌的孢囊梗和孢子囊。

图 7-13 叶片背面的霉层症状

5. 防治方法

（1）选用抗病品种　选育和利用抗病品种是大面积防治苜蓿霜霉病最有效可行的措施。不同种质的苜蓿对霜霉病的反应有显著差异。国外已育成抗霜霉病的苜蓿品种有萨兰斯（Saranac）、派斯（Pacer）、托尔（Thor）、W-307、纳拉甘赛特（Narragansett）、乌姆塔（Umta）、明尼苏达综合（Minn. syn.）、M. 犹他（M. Utah）、综合 J-2（Syn. J-2）等。我国已育成抗霜霉病的苜蓿品种中兰 1 号，该品种高抗霜霉病，无病枝率达 95%，中抗褐斑病和锈病，轻感白粉病。品种抗病性因地区病原菌的生理状况不同而不同，使用抗病品种时需要经过田间试验确认。

（2）加强草地管理　使用无病源种子建植苜蓿人工草地；早春及时清理发病的苜蓿植株，减少初侵染源；在气象条件利于发病时，提早收割头茬苜蓿，以减少发病和降低损失，同时也可减轻下茬苜蓿发病；合理灌溉，及时排涝，防止田间积水，改善人工牧草饲料技术推广研究；改善通风透光条件，降低草层中空气相对湿度；适量增施磷钾肥，以提高植株抗病性；染病苜蓿草地不宜收种。

（3）化学防治　小面积的科研地和种子田可用 1∶1∶200 波尔多液溶液防

治，或65%代森锌400～600倍液，或70%代森锰600～800倍液，或65%福美铁300～500倍液，或50%灭菌丹500～600倍液，或25%瑞毒霉可湿性粉500～800倍液，或乙膦铝40%可湿性粉300～400倍液。发病期间应7～10 d喷施1次。

五、苜蓿白粉病

1. 分布及为害

苜蓿白粉病是国内外苜蓿产区普遍发生的真菌病害。中国、美国、俄罗斯、英国、法国、澳大利亚、新西兰、日本、波兰、意大利、芬兰、罗马尼亚、委内瑞拉、南非、葡萄牙、瑞典、德国等国均有报道，我国甘肃、宁夏、新疆、青海、吉林、河北、山东、辽宁、内蒙古、云南、贵州、陕西、江苏、山西、黑龙江等省（区）也有发生，各地白粉病对苜蓿为害程度不同，部分省区的为害逐年加重，在干旱并且温暖的地区发生尤为严重。由内丝白粉菌引致的苜蓿白粉病在新疆北疆大部分地区发病率5%～15%，重者甚至达到100%，南疆发病率较低，通常低于1%，而由豌豆白粉菌引起的白粉病发病率低，为害相对较小。感病后的苜蓿与健康植株相比，其消化率下降14%，粗蛋白含量减少16%，草产量降低30%～40%，种子产量降低40%～50%，牧草品质低劣，适口性下降，种子活力较差，家畜采食后，能引起不同程度的毒性危害。

2. 病原

导致苜蓿白粉病的病原菌主要有以下3种。

（1）豆科内丝白粉菌（*Leveillula leguminosarum* Golov.） 该菌的菌丝体初寄生于寄主组织内，生于叶的两面和茎上，叶背较多，存留，展生，形成絮状或毡状斑块，即将形成子实体时菌丝由气孔伸出，形成大量气生菌丝和分生孢子梗，产生分生孢子。分生孢子大多数单个着生于分生孢子梗上，极少串生。初生分生孢子单胞，无色，窄卵形至披针形，顶渐尖。次生分生孢子长椭圆形，（40～80）μm×（12～18）μm；闭囊壳埋生于菌丝体中，褐色至暗褐色，球形至扁球形，直径120～240 μm，壁细胞呈不规则的多角形，但不明显。附属丝较短，25～43根，生于闭囊壳赤道的下部，弯曲并分枝，粗细不均，常与气生菌丝交织在一起。子囊17～20个，椭圆形、宽椭圆形，两侧不对称，有长柄，直或弯曲，大小为（68～120）μm×（26～35）μm；子囊孢子2～3个，椭圆形、长椭圆形，大小为（21～50）μm×（12～25）μm。该菌除寄生苜蓿属植物外，还寄生黄芪属、岩黄芪属、红豆草属、野豌豆属、鹰嘴豆属、骆驼刺属以及槐属等。

（2）豌豆白粉菌（*Erysphe pist* DC.） 该菌的气生菌丝只以吸器伸入寄主表皮细胞吸收养分。菌丝体生于叶的两面，大多数情况下存留并形成无定形的白色斑片，常覆满全叶。分生孢子单胞，无色，桶形至圆柱形，大小为（26～43）μm×（12～18）μm。闭囊壳散生或聚生，球形或扁球形，暗褐色，直径 85～125 μm，个别达 150 μm，壁细胞不规则多角形，直径 6～24 μm；附属丝 7～49 根，大多不分枝，少数不规则地叉状分枝 1～2 次，曲折状至扭曲状，个别屈膝状，长度为闭囊直径的 1～3 倍，长 45～420 μm，局部粗细不匀或向上稍渐细，宽 5～10 μm，壁薄，平滑至稍粗糙，有 0～5 个隔膜，成熟时一般在下半部褐色，上半部淡褐色至近无色；子囊 5～9 个，卵形、近卵形、少数近球形或其他不规则形状，一般有短柄，少数近无柄至无柄，大小为（45～76）μm×（35～46）μm；子囊孢子 3～5 个，卵形、矩圆—卵形，带黄色，大小为（20～26）μm×（12～16）μm。该菌除寄生苜蓿外，还寄生于三叶草属、草木樨属、黄芪属、野豌豆属、胡枝子属、山黧豆属、篇蓿豆属等豆科植物。

（3）蓼白粉菌（*Erysphe polygoni* DC.） 菌丝体两面生，附着在叶片表面生长分枝，形成足细胞分化出分生孢子梗，以向基式的产孢方式产生单个分生孢子（或假链），成熟的分生孢子卵圆形或椭圆形，大小为（29～46）μm×（12.5～21）μm。闭囊壳黑褐色，球形或近球形，直径 71～135 μm，具有大量附属丝，少数为不规则分枝 1～2 次。闭囊壳内含有 4～6 个子囊，子囊倒棒形或卵圆形，具柄，大小为（58～90）μm×（29～60）μm。子囊内含有 4～6 个子囊孢子，单胞，卵圆形或椭圆形，大小为（21～34）μm×（10.5～20）μm。

3. 发生规律

白粉菌以闭囊壳在苜蓿的病株残体上越冬，土层 10 cm 以上的病残体是翌年病害发生的主要侵染源。也能够以休眠菌丝越冬，翌年春季苜蓿返青后，越冬后的闭囊壳产生子囊孢子，子囊孢子借气流传播，侵染返青后的植株，或越冬后的休眠菌丝产生分生孢子侵染返青后的植株。越冬后的病菌产生的子囊孢子或分生孢子造成的侵染称为初侵染，此后产生的孢子造成的侵染称为再侵染。一年中有多次再侵染，在适宜条件下，能很快造成病害流行，其侵染的孢子主要为分生孢子。不同年限气象条件有所不同，苜蓿白粉病的发生一般集中在7—10月，7月下旬和8月上旬开始发病，即苜蓿生育的中后期，8月中下旬至

9 月上中旬为发病高峰期。宁夏地区 8 月中旬开始发病，发展非常迅速，可在 1 周左右爆发成灾，病害高峰期在 9 月上中旬。适宜发生温度 20～28℃，高于 30℃或低于 20℃发病缓慢，高于 35℃，出现隐症，适宜发生湿度为 50%～75%，在温湿度适宜情况下，海拔高、昼夜温差大对病害发生有利。草层稠密、遮阴、刈割利用不及时、草地利用年限较长、田间管理较差都会使病害发生严重。过量施用氮肥和磷肥均会加重病情，而磷钾肥以合理比例施用则有助提高苜蓿抗病性。

图 7-14　叶面白色霉层及黑色闭囊壳形态图（史娟 提供）

4. 症状

主要发生在苜蓿叶片正反两面，也可侵染茎、叶柄及荚果。被侵染叶片出现褪绿症状，病斑较小，圆形。发病中期病斑上出现一层丝状、絮状的白色霉层（图 7-14），为其菌丝体、分生孢子和分生孢子梗，继而在白色霉层中出现黄色、褐色和黑色颗粒物，为其闭囊壳（图 7-15）。发病后期病斑逐渐扩大，相互汇合，最后覆盖全部叶片，叶片发黄、枯死，发病植株下部叶片症状一般重于上部叶片。

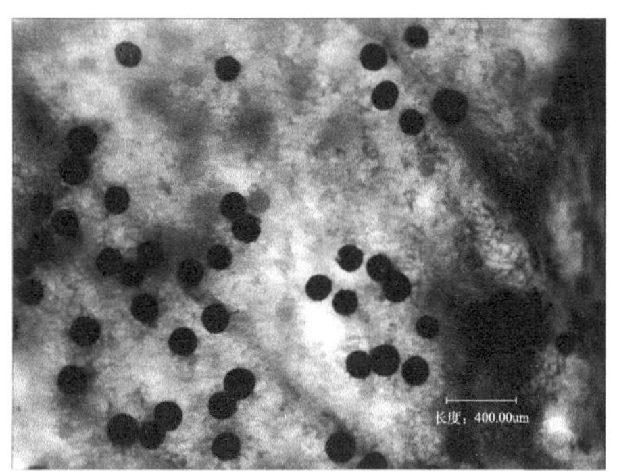

图 7-15　叶片组织中的黑色闭囊壳（史娟　提供）

5. 防治方法

较难防治。高度专性寄生，所以不能完全清除，应注意防治策略，在最大程度上减少该病害的发生。首先，因地制宜地选择抗病品种，通过植物体自身对病害的免疫，防止病害的发生；其次，苜蓿生产中化学药剂防治方法仍然是防控病虫害的主要措施之一，应用也比较广泛。有效的药剂有很多种，如粉锈宁、立克秀、速保利、灭菌丹、甲基硫菌灵等。目前，较为常见的化学药剂防治方法是使用 40% 灭菌丹 700～1 000 倍液喷雾，每 15 d 喷 1 次，使用 3 次后，白粉病的发病率将会大大降低；另外，及时清理发病的苜蓿植株，降低病原物的积累与传播；适量增施磷钾肥以提高植株抗病性；改善人工草地草层通风透光条件，降低草层中空气相对湿度；在病害没有蔓延时尽快刈割，以减少发病和降低损失，同时也可减轻下茬苜蓿发病；刈割后施用磷钾肥以提高苜蓿的抗病性。

六、苜蓿锈病

1. 分布及为害

苜蓿锈病是全球苜蓿种植区普遍发生的病害，以南非、苏丹、埃及、以色列和土库曼斯坦等国的苜蓿受害严重。在我国吉林、辽宁、内蒙古、河北、北京、山西、陕西、甘肃、宁夏、新疆、山东、江苏、河南、湖北、贵州、云南、四川和台湾等地均有发生。其中，内蒙古、山西、陕西、宁夏、甘肃和江苏等地的苜蓿锈病每年发生较为严重。病害发生以后，光合作用下降，呼吸强度上升，并且由于孢子堆破裂而破坏了植物表皮，使水分蒸腾强度显著上升，干热时容易萎蔫，叶片皱缩，提前干枯脱落，病害严重时干草减产 60% 以上，种子减产将近 50%，瘪籽率高达 50%～70%。

2. 病原

该病由条纹单胞锈菌（*Uromyces striatus* Schroet.）或称条纹单胞锈菌苜蓿变种［*Uromyces stratus* var. *medicaginis*（Pass.）Arth.］引起。病原菌在生长周期内主要产生夏孢子和冬孢子。夏孢子为单胞，球形至宽椭圆形，淡黄褐色，壁上有均匀的小刺，2～5 个芽孔，位于赤道附近，大小为（17～27）μm×（16～23）μm，壁厚 1～2 μm，主要寄生在叶片上。冬孢子为单胞，宽椭圆形、卵形或近球形，淡褐色至褐色，壁厚 1.5～2 μm，外表有长短不一纵向隆起的条纹，芽孔顶生，外有透明的乳突，柄短，无色，多脱落，大小为（17～29）μm×（13～24）μm，主要寄主在大戟属植株上，冬孢子具有“假休眠期”，即遇到寄主植物汁液（或是分泌物）以及水分和温度适宜的环境条件下才能萌发。大戟属植物上的性孢子属单胞，无色，椭圆形，大小为（2～3）μm×（1～2）μm。锈孢子球形至宽椭圆形，壁有明显的疣，内含物黄橙色，芽孔明显，大小为（14～28）μm×（11～21）μm。

3. 发生规律

借冬孢子在病残体上越冬，也可借潜伏侵染的乳浆大戟等地下器官体内的菌丝体越冬，翌年温度升高时产生锈子器和锈孢子，再传到附近苜蓿植株上，湿度和温度适合时产生夏孢子，此时锈病开始发生，在温暖的地区夏孢子可以直接越冬，在秋天温度降低时，则开始产生冬孢子，新的循环也即将开始。

4. 症状

发病位于叶片两面，主要在叶下面，叶柄、茎等部位都可被侵染，侵染后首先出现小的褪绿斑，随后隆起呈疱状，圆形，灰绿色，最后表皮破裂露出棕红色或铁锈色粉末（图 7-16）。这些疱状斑即是锈病的夏孢子堆和冬孢子堆，其粉状物是夏孢子和冬孢子。夏孢子堆呈肉桂色，冬孢子堆呈暗褐色。当苜蓿锈病的冬孢子萌发时，产生担孢子侵染大戟属的乳浆大戟或柏大戟等，使之产生系统性症状，如植株变黄、矮化，叶形变短宽，有时枝条畸形或偶见徒长，病株呈扫帚状。叶片上初生蜜黄色小点，随后叶片下面密布杯状突起锈子器，由此散出的黄色粉末即是将侵染苜蓿的锈孢子。

图 7-16　苜蓿锈病的发病症状

5. 防治方法

（1）选用抗病品种　苜蓿锈菌是严格寄生菌，对寄主有高度专化性，因此，选用抗病品种是防治锈病最有效的方法。抗病性鉴定可通过田间表型选择和室内接种鉴定，例如美国已经在大部分种植区域采用抗病的改良品种，在防治病害的过程中作用比较显著。使用抗病的品种，不但可以提高牧草的产量和品质，而且还可以减少化学防治的需求，进而减少对水、空气、土壤的污染以及农药在牧草产品中的残留，具有显著的经济效益、社会效益和生态效益。

（2）加强草地管理　加强草地管理对控制苜蓿锈病的发生有重要的作用。首先，要采用合理灌溉，田间不应产生过多的积水，避免草层湿度过大，以减轻病害和发病速度。清除病原物也是必要的，根据苜蓿锈菌的发病方式和传播途径，在冬春季及时清除田间和附近的感病转主寄主乳浆大戟，以消除冬孢子的寄主。其次，规范草地管理，适期刈割，对于发病较严重的区域，适当刈割以控制锈病的发病速度和扩展范围。根据苜蓿锈病的发病规律和发病条件，在苜蓿的生长阶段应避免大量氮肥的使用，增施磷、钾肥和钙肥或复合肥，以提高苜蓿对锈病的抗性。

（3）化学防治　嘧菌酯与代森锰锌以有效剂量 80 g/hm^2、400 g/hm^2 按 1 ∶ 5

复配，防效达 87.06%；吡唑醚菌酯与百菌清以有效剂量 100 g/hm^2、500 g/hm^2 按 1∶5 复配，防效达 90.85%。

七、苜蓿褐斑病

1. 分布及为害

苜蓿褐斑病是苜蓿生产中常见的、破坏性较大的叶部病害之一。自 1890 年 Wendy 在澳大利亚首次从苜蓿上发现之后，南非、波兰、保加利亚、叙利亚、德国、阿根廷、美国、加拿大、日本、新西兰、塞尔维亚、俄罗斯、英国等国均有该病害发生的报道，目前，该病遍布全世界所有苜蓿种植区。我国自 1956 年首次报道苜蓿褐斑病在南京发生之后，有 18 个省（区）相继报道发生。目前，甘肃中部山区、吉林公主岭、黑龙江齐齐哈尔、河北廊坊、内蒙古阿鲁科尔沁旗等地发生较为严重。褐斑病原菌对生态条件适应广泛，只要具备满足孢子萌发的条件即可侵染并造成流行。条件适宜时叶片发病率高达 72% 以上，甚至使茎下部叶片全部脱落。苜蓿褐斑病虽然不致使全株死亡，但对植株生活力有很大影响，不仅造成牧草种子和干草产量损失，并且严重影响牧草营养成分。苜蓿褐斑病发生严重时，种子减产达 50%，干草可减产 40%～60%，粗蛋白含量下降 16% 左右，消化率下降 14%。同时，也导致苜蓿香豆素等类黄酮物质含量急剧增加，常导致家畜采食后流产、不育等疾病，繁殖力下降显著，严重为害苜蓿产量和品质。

2. 病原

该病病原菌为子囊菌亚门假盘菌属的苜蓿假盘菌［*Pseudopeziza medicaginis*（Lib）Sacc.］，异名三叶草假盘菌［*P. trifolii*（Biv. Bern. Ex Fr.）Fuckel f. sp. *medicaginis-sativae* Schmiedeknecht］。苜蓿假盘菌的子座和子囊盘生于叶片上表面，三叶草假盘菌的子囊盘着生于叶两面，其他特征相似于苜蓿假盘菌，初期埋生于表皮下，散生或聚生，成熟后突破表皮裸露。子囊盘碟状，浅黄褐色，无柄，大小为 350～650 μm。子囊棒状或披针状，无色透明，大小为（90～130）μm×（10～20）μm。子囊内有 8 个子囊孢子，排成 1～2 列，子囊孢子单胞，无色透明，椭圆形，内含 1～2 个油球，大小为 10 μm×20 μm，子囊之间有多条无色侧丝，不分隔，稍长于子囊，顶端略膨大，大小为（80～106）μm×（2～4）μm。此菌在人工培养基上生长较慢，在燕麦粉琼脂培养基上 20℃和黑暗条件下，培养约 21 d 可产生子实体。

3. 发生规律

病菌以菌丝体在病残体上越冬，所以带病苜蓿病残体是最重要的初次侵染来源，种子也可以带菌。翌年春天条件适宜时，病残体上产生分生孢子器吸水膨胀后大量分生孢子就以白色黏液滴状态从分生孢子器内涌出，借风雨传播进行初侵染。在一个生长季节里，分生孢子可发生多次再侵染，秋季便以分生孢子器在病部组织内越冬。苜蓿褐斑病的发生与当时气象条件密切相关。其分生孢子 5～35℃均可萌发，18～21℃时病害的潜育期为 7～9 d，温度升高则潜育期缩短，再侵染频繁，故自然情况下该病常在苜蓿生长季节中后期发生。由于苜蓿在生育前期较后期抗病，嫩叶较老叶抗病，故在田间植株发病是自下而上的，严重时病叶脱落，其枯死和脱落的叶片吸水后，分生孢子器便很快释放出分生孢子进行再侵染，因此，降雨之后病情会加重。另外，干旱降低苜蓿的抗病性，病情也会加重，是新疆阿勒泰地区发病较重的原因之一。

4. 症状

该病害可发生在苜蓿的整个生长季节，主要发生在叶片上。苜蓿发病初期叶片表面会出现小点状浅色褪绿斑（图 7-17），边缘细齿状，直径 0.5～2.5 mm，互相间多不汇合；发病后期（图 7-18），病斑逐渐扩大，多呈圆形，直径一般为 0.5～4 mm，病斑上有褐色的盘状增厚物（子囊盘）。当病斑上出现一层白色蜡质时，说明子囊盘已成熟。在感病严重的植株上病斑常能密布整个叶片，导致叶片变黄，提前脱落。茎部病斑为长形，黑褐色，边缘完整。病斑生叶和茎上，病斑褐色至深褐色，近圆形，稍隆起，后期病斑扩大，突起的子囊盘张开。

图 7-17　早期发病症状

图 7-18　后期发病症状

5. 防治方法

（1）选用抗病品种　选种抗病品种，播种无菌种子。

（2）合理轮作　与禾本科作物进行轮作倒茬。

（3）加强草地管理　增施基肥，合理追肥灌水，使植株生长健壮，可提高抗病能力，减轻病害的发生。干旱时及时灌水能减轻病害的发生；推广配方施肥，适时喷施叶面肥；提高农田作业质量，规范田间管理，创造适合苜蓿生长发育的优良环境条件；培育壮苗，抵抗病菌入侵；收获后及时清除病残体，集中烧毁或深埋，减少翌年初次侵染来源。

（4）化学防治　发病初期可用 75% 百菌清可湿性粉剂 600 倍液，或 77% 可杀得可湿性粉剂 500～800 倍液，或 12% 绿乳铜乳油 500 倍液，或 50% 的多菌灵可湿性粉剂 800～1 000 倍液，或 65% 福美锌可湿性粉剂 600 倍液，隔 7～10 d 防治 1 次，连续防治 2～3 次，可有效防治苜蓿褐斑病的发生。

八、苜蓿叶斑病

1. 苜蓿尾孢叶斑病

（1）分布及为害　苜蓿尾孢叶斑病又称苜蓿夏季黑茎病，在亚洲中东部、欧洲南部、非洲、南美洲和北美洲热而潮湿的季节均有流行。我国吉林、辽宁、内蒙古、甘肃、新疆、贵州、江苏、广东等省（区）均有发生，常与其他茎叶病害混合发生。

（2）病原　该病由苜蓿尾孢（*Cercospora medicaginis* Ell.et Ev.）引起。分生孢子梗 3～12 个，束生，半透明至棕褐色，有隔膜 1～6 个。第一个分生孢子由分生孢子梗顶端产生，脱落后在梗上留下明显的痕迹，之后的分生孢子由痕迹下方长出，孢子梗同时继续生长，使孢子梗呈屈膝状，是该属的特征。分生孢子无色透明，直或微弯，圆柱形至针形，基部稍宽向上渐窄，有不明显的多个分隔，大小为（40～208）μm ×（2～4）μm。在湿度较低情况下形成的孢子较短，在高湿条件下形成的孢子较长。孢子形成的最适条件为 V8 琼脂培养基或胡萝卜煎液培养基时温度在 24℃左右。分生孢子可从任何细胞萌发，但基部细胞通常首先萌发，接种后 24～48 h 芽管即可通过气孔或表皮侵入。目前没有发现其有性阶段。

（3）发生规律　病原菌以菌丝在感病茎秆内越冬，当气温达到 24～28℃、相对湿度接近 100% 时，病茎内的菌丝产生大量的分生孢子，借风雨传播。偶尔种子带菌，但不是主要的传播方式。通常在植株 10 cm 以上、冠层稠密的下部草丛即可满足产生分生孢子的条件。持续高湿（空气相对湿度接近 100%）不仅是产孢的必要条件，也是孢子萌发和侵染的必要条件。通常第 2～3 茬发病比第 1 茬重。

（4）症状　叶片上首先出现小的褐色斑点，随后逐渐扩大呈较大的灰色斑点，边缘水渍状，淡黄色。发病后期病斑扩大为大斑，灰色，不规则形，产生孢子时病斑变成银灰褐色，病斑直径 2～6 mm，叶背的病斑与叶片正面的病斑对应出现，在一些苜蓿品种的叶片上病斑呈红褐色。病斑后期在体视显微镜下可见银白色丝状物，为成丛出现病菌的分生孢子梗和分生孢子。发病叶片在几天内由下部逐渐向上脱落，是本病最明显的症状（图 7-19）。

图 7-19　发病症状

茎部出现症状的时间晚于叶部，病斑红褐色至棕褐色，长形，病斑扩大并互相汇合直到大部分茎秆变色。侵染的菌丝不穿透厚壁组织的维管束鞘，病斑只被限制在皮层中。

2. 苜蓿匍柄霉叶斑病

（1）分布及为害　广泛发生在澳大利亚、新西兰和美国，非洲和欧洲也有报道。在我国吉林、内蒙古、甘肃、新疆、宁夏、贵州等地有发生。感染匍柄霉叶斑病后植株体内香豆醇含量显著增加，香豆素可抑制蛋白质和核酸的合成，荚果生长期缩短，结荚数及荚果内种子粒数均显著减少，花序严重感染后，荚果发育不全乃至不结实，最终导致产种量仅为健株的 30%～50%，且发芽率降低 30% 以上。苜蓿匍柄霉叶斑病主要造成落叶，影响牧草产量和品质，但因该病害常与其他叶病伴随发生，并没有具体估算。

（2）病原　该病的病原菌有匍柄霉（*Stemphyllium botryosum* Wallr.）、枯叶匍柄霉（*S. herbarum* E. Simmons）、苜蓿匍柄霉（*S. alfalfa* E. Simmons）、球孢匍柄霉［*S. globuliferum*（Vestergr.）E. Simmons］和囊状匍柄霉复合种［*S. vesicarium*（Wallr.）E.Simmons］。该类病原物主要寄生于苜蓿、南苜蓿、天蓝苜蓿、红三叶、小扁豆等植物上。

匍柄霉：无性阶段的分生孢子大小为（33～35）μm×（24～26）μm，充分发育的分生孢子具 3 个横隔，2～3 个纵隔，纵横隔交叉呈直角，中间横隔处明显缢缩，淡黄褐色，有较深的黄褐色分隔，表面密生小刺，内部的分隔不太明显，基部常有 1 个大的孢痕。培养基上产生的孢子轮廓和分隔通常不对称。该菌的有性阶段为迟熟格孢腔菌（*Pleospora tarda* E. Simmons），子囊壳坚硬，壁厚，直径接近 1 mm，成熟的子囊孢子大小约 17 μm × 40 μm，顶端宽圆，基部较平，7 个横隔，1～2 个纵隔，黄褐色。

枯叶匍柄霉：无性阶段的分生孢子最初长形、卵圆形至扁球形，无色，具小疣突，后期卵圆形至宽椭圆形，常有略不匀称、明显而大量的疣状突起，可达 6～7 个横隔，每个横隔间有 1～3 个纵隔，1～3 个横隔处明显缢缩，淡黄褐色至稍深的红褐色，大小为（35～45）μm ×（20～27）μm，形态上类似匍柄霉，两者的区别在于枯叶匍柄霉孢子有较多的分隔。该菌的有性阶段为枯叶格孢腔菌［*P. herbarum*（Fr.）Rabenh.］，子囊直径 250～300 μm，壁薄。人工培养时产生成熟的子囊，大小为（32～35）μm ×（13～15）μm，淡褐色，倒卵形，有 7 个横隔，1 个纵隔穿越大多数横隔。

苜蓿匍柄霉：无性阶段的分生孢子的形状有近圆柱形和宽卵圆形，最初半透明，壁上有小疣，成熟时变暗，隔和疣褐色。近圆柱形的分生孢子有 2～3 个初生的横隔，在最初的每个分生孢子横隔间又有次生横隔和纵隔，孢子大小为（30～40）μm ×（12～15）μm（最大近 45 μm × 18 μm）；宽卵圆形的分生孢子有 1 个中部横隔缢缩，加上各类型的横纵和歪斜的次生隔，大小为（32～35）μm ×（16～19）μm。该菌的有性阶段为苜蓿格孢腔菌（*P. alfalfa* E. Simmons），子囊座直径约 600 μm，壁薄，扁球形，发育成熟的子囊孢子椭圆形或水滴形，呈黄褐色，大小为 38 μm × 12 μm，最大可达 40 μm × 15 μm，有 5～8 个横隔，1～3 个纵隔。人工培养下 4～5 d 产生大量子囊座，3 周时产生成熟的子囊。

球孢匍柄霉：无性阶段的分生孢子宽卵圆形至近球形，在发病植株上其孢子大小为（28～30）μm ×（25～28）μm，发育完全的孢子有 1～3 个横隔，但在人工培养条件下孢子较小，为（27～30）μm ×（18～20）μm，纵隔数减小，颜色较深。其有性阶段为未定种格孢腔菌（*Pleospora* sp.），子囊壳壁薄，直径约 500 μm，成熟的子囊孢子椭圆形或水滴形，大小为 40 μm × 15 μm，横隔 7 个，连续纵隔 1 个。在人工培养的条件下产生成熟的子囊孢子需 3 个月。该种成熟的分生孢子在形态、分隔方面与匍柄霉和束状匍柄霉［*S. sarciniforme*（Cavara）Wiltshire］相似，易混淆，与匍柄霉的区别为该种的分生孢子较小、较暗，乳头状疣突较密，隔膜也较淡，隔膜轮廓清晰可见，而匍柄霉的分生孢子较大，较明亮，乳头状疣突较稀疏，隔膜颜色也较深；与束状匍柄霉的区别为该种的分生孢子密布疣突，而束状匍柄霉的分生孢子表面光滑无疣突。

囊状匍柄霉复合种：该菌充分发育的孢子大小为（39～43）μm×（19～20）μm，成熟的子囊孢子的大小为（32～39）μm×（14～16）μm。该菌种在不同寄主和不同地区的形态特征存在一些差异，如在其他科植物的寄主上，其分生孢子的长宽比为（2～3）：1，而在豆科的苜蓿上则更宽，在南非和澳大利亚苜蓿上的分生孢子也有差异。

（3）发生规律　苜蓿匍柄霉叶斑病以菌丝、子囊孢子、分生孢子及子座在病株、病残体及种子上越冬。当温度、湿度适宜时，翌年生长季节，分生孢子借风力、雨水、灌溉水及其他农事操作进行传播和蔓延，最终导致病害的发生和流行。病原菌可以直接由气孔侵入，同时匍柄霉属病原菌还能产生毒素，加重寄主的感病程度。病原菌也可由表皮穿入叶片，但在适宜条件下病原菌由气孔侵入的频率远大于由表皮侵入的频率，该病原菌从气孔侵入是否成功，受寄主和环境条件的影响，当寄主和环境条件有利于病原菌时，病原菌侵入的机会就加大。一旦病原菌进入植物体内，菌丝体就会从周围的细胞吸收水分和营养物质从而开始萌发、伸长，最后导致细胞的死亡，引起组织变为褐色并死亡，寄主表面出现病斑。

高温高湿有利苜蓿匍柄霉叶斑病的发生和流行，故夏末和秋初发病较严重，有低温病害与高温病害之分，所以温度对该病的发病程度有重要影响。有报道，美国加利福尼亚的低温型地带，此病 20℃或低于 20℃时才发生，而在东部的高温型地带，此病在 23～27℃才能发生并严重为害苜蓿，在温度低于 16℃的条件下不引起病害。因此，早春在 10～20℃的温度条件下有利于低温型病害的发生和流行，而在潮湿的沿海地带，病害全年都会发生。又如，在澳大利亚的昆士兰由囊状匍柄霉引起的叶斑病，只在较冷凉的月份发生，主要为害不休眠型的苜蓿，当日温 20℃、夜温 15℃时病害发生严重；当日温 25℃、夜温 20℃时病害停止发展。

（4）症状　匍柄霉叶斑病有两种不同类型的病斑，一种是高温型病斑，另一种是低温型病斑。由高温生物型引起的病斑卵圆形，略凹陷，淡褐色，向边缘呈扩散状暗褐色环带，病斑外围有一淡黄色晕圈，随病斑扩大，出现同心环纹并可占据一片小叶的大部分。病害严重时，最终可引起叶片变黄提早脱落也可使茎部变黑。而低温型病斑淡黄褐色，形状稍不规则，带有轮廓明显的暗褐色边缘，病斑大小很少超过 3～4 mm，一旦边缘出现即不再扩大（图 7-20），孢子形成被限于淡褐色病斑内部。由低温生物型病原引起的病害严重时，导致牧草品质下降，但很少引起提早落叶。两种类型的病斑上均产生黑色霉层，为其分生孢子梗和分生孢子，分生孢子有纵横交错的隔膜，黑褐色。

图 7-20　发病症状

3. 苜蓿小光壳叶斑病

（1）分布及为害

苜蓿小光壳叶斑病分布较广，美洲、欧洲、亚洲和非洲均有报道。在美国，1956 年以前该病害曾被认为是苜蓿的次要病害，1956—1960 年，在东部及中部各州流行。目前，在加拿大、美国的东北部和夏季气候较凉爽、潮湿的地区是重要的病害之一，其为害性常超过褐斑病。我国最早发现于吉林公主岭地区，之后在内蒙古、山西、甘肃、新疆、宁夏及云南等地也有发现，该病害在上述地区的发生情况与其他病害比较，目前为害程度较轻。

（2）病原　苜蓿小光壳叶斑病的病原为苜蓿小光壳［*Leptosphaerulina briosiana*（Poll.）J. H. Graham&Luttrell］，异名苜蓿格孢球壳（*Pleosphaerulina briosiana*）与苜蓿格孢假壳（*Pseudoplea briosiana*）。子囊壳（假囊壳）散生，球形或近球形，初埋生，后突破表皮，有宽开口，壳壁淡褐色，由薄壁细胞构成，膜质，直径 80～155 μm，子囊壳内有几个较大的袋状子囊，子囊无色，双层壁，大小为（50～98）μm×（30～48）μm，子囊内有 8 个子囊孢子，子囊孢子椭圆形、近菱形，无色至淡黄色，两端较钝圆，多个细胞组成，大多呈砖格状，有 3～5 个横隔，0～2 个纵隔。在人工培养基上形成的子囊壳、子囊和子囊孢子比在寄主组织上形成的稍大。在 V8 琼脂培养基上形成的菌落黑色。在 20～22℃光照条件下培养 5 d 即可产生子囊孢子，但黑暗条件很少产生子囊孢子。

（3）发生规律　病原菌以菌丝和子囊壳在苜蓿茎基部等病组织内越冬，翌年苜蓿返青后病菌扩展为害。但在冷凉潮湿的条件下，该病菌主要以子囊壳在脱落的病叶上越冬，翌年苜蓿返青后病菌的子囊壳弹射出子囊孢子侵染幼嫩叶片。在潮湿的条件下，该病在苜蓿整个生长季节内均可流行。我国北方该病一般流行于春季和初夏，秋季亦可再度流行。我国南方该病害秋冬季流行。通常 2～3 茬苜蓿受害最大。

图 7-21　发病初期症状

图 7-22　发病中后期症状

（4）症状　主要侵染幼嫩叶片，也侵染老叶、叶柄。叶部症状随环境和叶片的生理状况而变化（图 7-21 至图 7-22）。病斑初期较小，黑色，后扩大成直径 1～3 mm 的"眼斑"，病斑中央多为灰白色，故被称为"灰星病"，有时病斑中央淡褐色至黄褐色，有暗褐色边缘，常有褪色淡绿区环绕，有时多个病斑汇合在一起形成大斑。在病斑中心产生黑色颗粒，为该病菌的子囊壳，子囊壳表生，易脱落，显微观察可看到其子囊和子囊孢子。叶片受害后变黄，枯死，但在短期内仍附挂在枝条上，直至被风吹落或刈割时碰落。苜蓿早春发病造成植株矮化。

4. 苜蓿壳针孢叶斑病

（1）分布及为害　苜蓿壳针孢叶斑病在前苏联时期曾有报道，世界范围内报道不多。我国在新疆、甘肃、宁夏、内蒙古、吉林、黑龙江等地均有发生，但整体发病率较低，为害程度较轻。在气候较寒冷的内蒙古锡林浩特地区，常见此病害发生，其为害情况与褐斑病相近，是当地最主要的苜蓿叶斑病。在甘肃静宁、会宁、西峰等地区有时发病情况也较为严重。

（2）病原　该病由苜蓿壳针孢（*Septoria medicaginis* Rob. et Desm.）引起。分生孢子器叶两面生，散生，初埋生，后突破表皮，扁球形或近球形，壁褐色，膜质，直径为 60～330 μm。发生孢子针状至鞭形，无色，微弯，一般 2～15

个隔膜，大小为（50～130）μm×（2～3）μm，基部近截形，顶端略钝。

（3）发生规律　病原菌以菌丝或分生孢子在脱落病叶上的分生孢子器中越冬。翌年春季苜蓿返青后遇到适宜的温湿度条件即可先侵染植株下部叶片，以后通过田间多次再侵染，病害逐渐向植株上部蔓延。

（4）症状　病斑主要发生于叶片上，开始为近圆形的褐色小斑，以后随病斑扩大逐渐变为灰白色至近白色叶斑，具轮纹，形状呈不规则圆形，大小 2～4 mm。病斑上有不整齐的褐色环纹，散生许多黑褐色小点，即病原菌的分生孢子器。

5. 防治方法

（1）培育和选用抗病品种　不同苜蓿品种间抗病能力有显著差异。

（2）合理轮作　与禾本科作物进行轮作倒茬。

（3）加强草地管理　合理追肥灌水，使植株生长健壮，可提高抗病能力，减轻病害的发生；收获后及时清除病残体，减少翌年初次侵染来源。

（4）化学防治　丙环唑、代森锰锌、多菌灵、苯醚甲环唑和苯莱特等药剂进行喷雾可以有效控制病害，复配组合中以丙环唑与代森锰锌有效剂量 1 ∶ 1 时的增效作用最强。杀菌剂须轮换和交替使用，以免病菌产生抗药性。

九、苜蓿黄斑病

1. 分布及为害

苜蓿黄斑病是一种在世界温带地区分布及为害较广的病害。1914 年，美国北部首次对该病的发生进行了报道。它是苜蓿的主要叶部病害，叶柄和茎上也有发生，发病严重时可使干草减产 40%～80%。苜蓿黄斑病在我国东北、甘肃、内蒙古、贵州、河北、贵州等地均有发生。

2. 病原

该病由苜蓿黄斑病原菌［*Leptotrochila medicaginis*（Fckl.）H. Schiiepp］，异名苜蓿埋核盘菌（*Pyronopeziza medicaginis* Fckl.）或琼斯假盘菌（*Pseudopeziza jonesii* Nannf.）。此菌与苜蓿褐斑病菌相似，但黄斑病菌在自然条件下可产生无性子实体（分生孢子器），而褐斑病菌至今未发现无性阶段。分生孢子器腔埋生于叶组织内，多为单腔，无孔口，后突破寄主表皮裸生并裂开呈盘状，直径 80～260 μm，深 100 μm 左右，分生孢子梗无色，有隔，长 18～23 μm，分生孢子单胞，无色，长椭圆形至柱形，大小为（6～9）μm×（2～3）μm。子囊盘叶两面生，多生于叶下面，初为球形，后张开呈盘状，直径 0.1～2 mm，具短柄。

成熟或近成熟时，在潮湿条件下，子囊盘顶部打开暴露出淡灰或黄褐色的子实层。子囊棒状，大小为（55～75）μm×（7～10）μm，内含8个子囊孢子。子囊孢子无色，单胞，卵形，大小为（9～11）μm×（3～6）μm。子囊间夹生比子囊稍长的线状侧丝。

3. 发生规律

该病原菌于秋季在枯死的病叶上形成子囊盘，以子囊盘越冬，或以菌丝体在病叶中越冬，翌年春季再产生子囊盘。在有利的温湿度条件下，子囊盘可在2～3周内形成。子囊孢子形成的最适温度为18～25℃，最适相对湿度为70%。成熟的子囊盘在低于25℃和空气相对湿度高于97%的条件下弹射子囊孢子，弹射距离可达18 mm，90%的孢子以单个孢子降落。在病叶上越冬的子囊孢子可以存活至7月上旬。子囊孢子在3～31℃均可萌发，8～22℃条件下萌发最快。在20℃时，4 h芽管就可侵入寄主，12℃时为8 h，6℃时为24 h，32℃时不能发生侵染。从成熟子囊盘中射出的子囊孢子可以发生侵染，无性时期的分生孢子则不能侵染寄主，因而在病害传播和流行中不起作用。

4. 症状

感病的叶片最初有褪绿的小病斑，随后扩大为褪绿条斑，继而变为淡黄色或橙色大病斑，病斑扩展常受叶脉限制，呈扇形或沿叶脉呈条状，有时也稍呈圆形。病斑上可见许多小黑点，即病原菌无性时期的分生孢子器。多在夏末后的存活病叶或春季发病的枯叶背面上出现小杯状、橙黄色至黑褐色的子囊盘。病叶干枯并卷成筒状，导致大量叶片脱落，叶柄和茎上也有发生。

5. 防治方法

（1）清除病残体　田间因发病干枯的枝叶和死亡的植株均应清出草地，如果把病残体留在田里则可造成病原的积累与传播，造成更大为害。

（2）加强草地管理　合理刈割，每次刈割后要进行追肥，每亩需过磷酸钙10～20 kg。我国大部分地区在5月降水较多，土壤墒情普遍较好，各地要根据土壤含水量情况适当补水。如果0～20 cm土壤层内含水量低于10%，要适当浇灌，但水量不宜太大。

（3）化学防治　当田间发生叶部病害有可能在下次刈割前导致严重为害时可喷洒杀菌剂，在具备喷灌条件的草地可将杀菌剂加在喷灌用水中进行。10%苯醚菌酯（EC_{50}=7.112 mg/L）和10%苯醚甲环唑（EC_{50}=7.588 mg/L）抑菌效果俱佳。

十、苜蓿病毒病

1. 分布与为害

苜蓿病毒病分布极为普遍，几乎有苜蓿生长的地方就有苜蓿病毒病的发生。苜蓿病毒病在我国各地的发病率不同，发病严重时叶和叶柄扭曲变形，植株矮化，为害程度与病毒株系、苜蓿遗传型、温度、土壤、环境因素等有关，植株感病后生长逐渐衰弱，易受冻或受旱后损失增加。苜蓿花叶病毒由蚜虫从苜蓿传给豌豆、番茄等其他易感植物，造成的为害也很大。

2. 病原

苜蓿花叶病毒（Alfalfa Mosaic Virus，AMV）。该病毒的编码程式为R/1：1.3+1.1+0.9/18：U/U：S/AP。病毒由多成分粒体组成。长形或杆菌状的直径18 μm，长度分别为58 μm（下层组分）、49 μm（中层组分）、38 μm（上层b组分）、29 μm（上层a组分）；另一种为近球形体，直径为18～20 μm。单链RNA总含量为18%。该病毒的致死温度为60～65℃，稀释限点为10^{-5}～10^{-3}，体外存活期2～4 d。

3. 发生规律

苜蓿花叶病毒通过种子、蚜虫、汁液、花粉等传播，其中种子传播可实现远距离传播。病毒在苜蓿种子内至少存活10年，种子带毒率为0～10%（南斯拉夫有报道为17%），一般为2%～4%。近距离传播主要由蚜虫、花粉及一些机具（实质为机械上粘的植物汁液）传播，棉蚜（*Aphis gossylii*）、苜蓿蚜（*A. medicaginis*）、豆卫茅蚜（*A. fabae=A. rumicis*）、豆长管蚜（*Macrosiphum pisi*）、马铃薯长管蚜（*M. solanifolii=M. euphorbiae*）、桃蚜（*Myzus persicae*）等14种蚜虫可传播此病毒病；在北美洲，豌豆蚜（*Acyrthosiphon pisum*）和蓝苜蓿蚜（*Acyrthosiphon kondoi*）是常见的传毒蚜虫。温室研究表明，最初病毒感染率为11%，10个月9次刈割后，病株率急剧增加到91%。植株的带毒率的高低受病毒株系、苜蓿遗传型和种子生产期间的环境因素等影响。

4. 症状

根据田间观察结合文献报道，苜蓿感染病毒后主要有以下几种症状类型（图7-23至图7-24）。植株无矮化现象，病叶平展，呈明显黄绿相间的花叶；植株稍矮，叶片扭曲皱缩，凸凹不平，略呈花叶或沿叶脉呈浓绿、浅绿相间的斑驳；植株稍矮，整株叶色均匀黄化；染病植株严重矮化，呈现花叶、皱缩，叶尖变钝；病株严重矮化，分枝成簇增多，叶小而圆。

图 7-23 苜蓿病毒病与蚜虫

图 7-24 苜蓿病毒病在叶片上的花叶症状

5. 防治方法

（1）选用抗病品种　选用抗病品种是防治苜蓿及其他牧草病害的最有效和最主要的措施，有时甚至是唯一的有效措施。目前，新牧1号、新牧4号和田大叶苜蓿相对比较抗病，建议选择高产优质苜蓿品种苜蓿阿尔冈金，该品种较抗旱，茎秆较粗、抗倒伏；秋眠级数为2～3级，耐寒越冬能力强；综合抗病性强，耐土壤瘠薄，耐盐碱，适应性广，持久性好，利用年限长。

（2）加强草地管理　在明确病毒病的发生规律、传毒介体及与气候、耕作制度等关系的基础上，消除病毒病的传染源；可与非豆科作物轮作，与玉米、向日葵等高秆作物间作等；适当施肥、灌溉、合理密植均可改善植物生长状态，提高其对病毒的抵抗力。

（3）控制传播介体　在大田生产条件下，可以通过施用杀虫剂防治蚜虫、蓟马等害虫，以减少病毒的传播介体数量。利用农业技术防治蚜虫传播病毒，对植物组织及蚜虫传播途径进行了细致的分析研究，结果表明，通过对病毒传播介体的控制有助于植物病毒病的防治。

（4）化学防治　用于防治的化学药剂主要有蛋白质类、生物碱类、黄酮类、有机酸、碱基衍生物、多聚糖以及植物激素等，但此类药剂成本较高，可考虑用于科研用地和种子田。此外，有机磷（去甲基）、氨基甲酸酯（吡嘧啶）和新生合成拟除虫菊酯（α-氯氰菊酯）杀虫剂的应用，都显著降低了苜蓿病毒病的发生率，并且发现氯氰菊酯是最高效的，抑制发病率65%～87%。矮化是植物病毒病的症状之一，通过对矮化植株喷施植物生长激素（如赤霉素等）可以在一定程度上促进植株的生长，削弱病毒病症状。牛小义等（2013）试验表明，香菇多糖等10种真菌多糖对黄瓜花叶病毒（CMV）均有一定的抑制作用，抑制效果随多糖浓度的增加而提高；在不同处理中，真菌多糖对CMV的预防效果最好。

十一、苜蓿检疫性病害

1. 苜蓿黄萎病

（1）分布及为害　苜蓿黄萎病是一种由苜蓿轮枝菌（*Verticillium alfalfae*）引起的土传真菌性病害，是列为我国《进境植物检疫性有害生物名录》中的检验对象，是苜蓿上最危险的毁灭性病害。1918 年，苜蓿黄萎病首次在瑞典被发现，继而在德国、丹麦、荷兰、法国、英国、加拿大、美国和日本等国也有发生。在我国，该病害最早于 1996 年被报道在新疆阿克苏地区温宿县托乎拉乡发生，后相继发现于新疆巴州、伊犁州和阿勒泰地区的 39 个病害发生点，遍布 4 州 9 县 35 个乡镇。直到 2014 年，在甘肃省张掖地区再次发现苜蓿黄萎病的发生，调查该病害的平均发病率为 45.3%。苜蓿黄萎病的发生能够显著降低苜蓿中叶绿素、氮、磷和淀粉含量，导致苜蓿草产量和种子产量分别降低 15%～50% 和 50%。另外，该病害的发生还能够在一定程度上加速苜蓿栽培草地的早衰，缩短栽培草地的利用年限 2～3 年，给苜蓿牧草产业造成了不可挽回的经济损失。

（2）病原　2014 年之前该病的病原为黑白轮枝菌（*Verticillium albo-atrum* Reinke & Berthier），但该菌种有多个菌丝融合型，不同融合型的寄主范围不同。后将仅侵染苜蓿的一种类型（分子生物学特性与其他类型也不同）描述为苜蓿轮枝菌（*Verticillium alfalfae*），其余菌丝融合类型仍保留为黑白轮枝孢。苜蓿轮枝菌能够产生无色呈轮枝状排列的分生孢子梗，每轮 2～5 个分枝；分生孢子着生在每个分枝的顶端，无色，单胞，椭圆形或近椭圆形；后期可以形成少量黑色休眠菌丝体，未发现微菌核结构（图 7-25）。该菌对温度和酸碱度具有较强的适应范围，在温度 5～30℃和 pH 值 4～11 范围内均能生长。其中，最适于菌株菌落生长的温度为 20～25℃，pH 值 6.5～9.5。另外，该菌能够利用麦芽糖、乳糖、甘露醇、牛肉膏、赖氨酸、组氨酸和氨基乙酸等多种碳氮源。

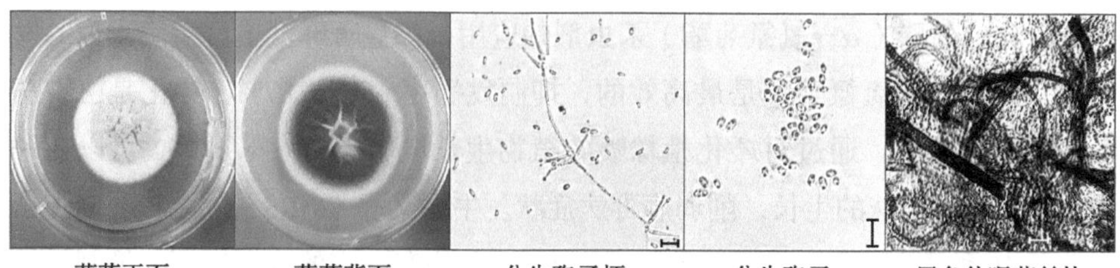

菌落正面　菌落背面　分生孢子梗　分生孢子　黑色休眠菌丝体

图 7-25　苜蓿轮枝菌菌落、分生孢子梗、分生孢子及休眠菌丝体形态

（3）发生规律　该病菌可在已感染苜蓿体内、土壤和种子中存活且以此越冬，但在土壤中存活不超过 1 年，而在干草中可存活 3 年以上，带菌种子是远距离传播的主要方式，刈割也可造成传播，蝗虫、蚜虫、食菌蝇、切叶蜂以及土壤中为害苜蓿根部的线虫等都可携带此病菌并进行传播，气流或风也可使病组织碎片和分生孢子传播到较远地区，绵羊取食干草后排泄的粪肥也可传播。病原菌直接或通过伤口侵入苜蓿的根。灌溉的苜蓿田常发生严重，而旱地苜蓿发生则较轻。

图 7-26　苜蓿黄萎病田间植株发病症状

（4）症状　发病植株的枝叶变黄、茎秆枯死、植株死亡（图 7-26 和图 7-27）。在同一植株上，开始发病时部分或全部枝条的顶梢叶片干枯，叶片自上而下发病，但枝条不会立即变干褪绿，而在较长时间内保持绿色，茎的木质部维管组织变浅褐色或深褐色。发病初期叶尖出现“V”形褪绿斑，后失水变干，变干的小叶常呈现粉红色，有些也保持灰绿色，脱落，常留下变硬、褪绿的叶柄附着在绿色的茎上，一些顶部小叶片变窄，向上纵卷。根维管束变黄色、浅褐色、深褐色。

图 7-27　苜蓿黄萎病发病植株枝条（左）和叶片症状（右）

2. 苜蓿细菌性萎蔫病

（1）分布及为害　该病首次于 1924 年发现于美国，后随种子传入加拿大、墨西哥、智利、俄罗斯、澳大利亚、新西兰、日本和中亚等国家（地区），在我国未发现此病，是我国检疫性苜蓿病害。该病可引起植株死亡，加速草地衰败。在轻度或中等发病尚不至死亡的情况下，也使牧草和种子产量显著下降。据加拿大资料，该病使草产量下降约 58%，前苏联曾报道该病使荚果减少 41%，种子减少 54%。

（2）病原　该病由密执安棒形杆菌诡谲亚种［*Clavibacter michiganensis* subsp. *insidiosus*（McCulloch）Carlson &Vidaver］引起，该菌属原核生物界厚壁菌门棒形杆菌属，为我国第192号进境植物检疫性有害生物。菌体短杆状，末端钝圆，单生或成对，大小为（0.4～0.5）μm×（0.8～1）μm，无鞭毛，不运动，革兰氏阳性细菌，好气性，不抗酸。该病原菌能在含葡萄糖的培养基上产生黑蓝色颗粒状色素，即靛青素。适宜生长温度为12～21℃，最高温度为30℃，最低温度为3℃。

（3）发生规律　病原菌通常在存活的根和根颈、土壤中病残体和储藏的种子上越冬。在20～25℃的实验室条件下，该菌在干燥病草或种子中可存活10年以上。病原菌主要从根部、根颈部的伤口侵入，伤口类型包括地下害虫、线虫造成的伤口、冻伤和机械损伤等。另外，病原菌还可以从茎秆刈割断面侵入，在薄壁组织细胞间繁殖，后进入维管束组织，系统扩展，缓慢发病。该菌菌体可阻塞导管并产生糖蛋白类毒素损害输导机能。病原菌在田间可通过土壤、风雨、灌溉水、昆虫、线虫、刈割刀片、农机具以及农事操作而传播扩散。另外，带菌种子和干草可远距离传播病害。该病害初发田的病株呈点片分布，症状不明显，但田间菌量逐年积累，病情也呈缓慢加重趋势，通常在第2～3年就能出现明显症状。苜蓿细菌性凋萎病主要发生在灌区，通常在低湿、积水田块或多雨年份发病增多。植株营养失衡，高氮、高磷、低钾时往往发病较重。

（4）症状　病株通常散布整个田块，最显著的症状是叶色浅淡，黄绿色相间呈斑驳状，叶片稍呈杯状或向上卷曲，植株略矮。严重感染的植株明显矮化，叶片黄绿色，植株上有许多小而细弱的枝条，小叶扭曲变形。挤压出发病植株茎和根的汁液，显微镜观察时会发现有大量的细菌。横向剖开病株主根，外围维管组织呈黄褐色，随病害发展，整个中柱变色。

3. 检疫性病害防治方法

我国检疫性的苜蓿病害有苜蓿黄萎病、苜蓿细菌性萎蔫病、苜蓿疫霉根腐病，此外，还有菟丝子、列当等寄生性种子植物（或杂草）。上述苜蓿病害一经发现首先应上报到当地林草或农业主管部门，由政府相关部门采取如下措施进行封杀：调查该病害的发生范围，划定疫区；彻底铲除发病苜蓿田，销毁全部茎叶；用灭生性农药喷洒草地，深翻草地，挖出草根并销毁；召回在此疫区生产的全部草料或种子，集中销毁。

第二节　主要虫害及其防治

据统计，为害我国苜蓿的害虫297种，分别为鳞翅目、鞘翅目、半翅目、直翅目、缨翅目、双翅目和膜翅目，主要有蓟马、蚜虫、盲蝽、草地螟、象甲类、苜蓿籽蜂、芫菁、蝗虫、金针虫、地老虎、蛴螬和蝼蛄等。它们的分布范围和对苜蓿的为害程度也不尽相同，但都会在不同的发育阶段对苜蓿的生长发育、牧草品质和产量产生很大影响，严重时会造成苜蓿死亡，给苜蓿鲜草及种子生产带来极大的损失。

一、蚜虫

1. 主要种类及形态特征

蚜虫是为害苜蓿的主要害虫。2000年以来，随着西部大开发还林（草）战略的实施，苜蓿种植面积逐年扩大，苜蓿蚜虫发生普遍，已成为影响当前牧草生产、产品质量的重大害虫之一。为害苜蓿的蚜虫主要苜蓿无网长管蚜、苜蓿斑蚜（三叶草彩斑蚜）、豌豆无网长管蚜、黑豆蚜等4种，均以为害豆科植物为主。

（1）苜蓿无网长管蚜（*Acyrthosiphon Rondoi*）　分有翅蚜和无翅孤雌蚜两种（图7-28）。有翅蚜体长2.6～3 mm，头、胸黑褐色，腹部淡黄，无斑纹，表皮有微瓦纹，前胸有1对淡色节间斑，触角第3节有次生感觉圈6～11个。无翅孤雌蚜体长3.7 mm，宽1.7 mm，体淡色，无斑纹，表皮粗糙有明显双环形网纹，触角长3.5 mm，第3节长0.92 mm，有短毛22～26根，次生感觉圈3～

图7-28　苜蓿无网长管蚜

12 个；腹管长管状，端部深色，长为尾片的 2.1 倍；尾片长锥形，有毛 6～9 根；尾板半圆形，有毛 13～21 根。

（2）苜蓿斑蚜（*Therioaphis Trifolii*） 又名三叶草彩斑蚜，分有翅蚜和无翅蚜，主要为害苜蓿、柠条等（图 7-29）。有翅蚜头胸黑色，腹部淡色，有黑色毛基斑，触角细长，与体长相等，第 3 节有长圆形次生感觉圈 6～12 个。无翅蚜体长 2.1 mm，宽 1.1 mm，头、胸、腹、体长、黑褐色毛基斑与翅蚜相同，胸部各节均有中、侧、缘斑，触角细长，与体长相等，第 3 节有长圆形次生感觉圈 6～12 个，翅脉正常，尾片瘤状，有长毛 9～11 根，尾板分裂 2 片，有长毛 14～16 根。1 年发生数代，11 月以卵寄生根部越冬，5—7 月严重为害苜蓿。

图 7-29　苜蓿斑蚜（三叶草彩斑蚜）

（3）豌豆蚜（*Acyrthosiphon pisum*） 豌豆芽分有翅蚜、无翅蚜和性蚜 3 种，主要为害豌豆、扁豆、蚕豆、苜蓿、苦豆子、黄芪等豆科植物（图 7-30）。有翅蚜体长 3 mm，黄绿色，体细长，属较大型的蚜类。额瘤颇大、外突，触角淡黄色，各节端和第 6 节深色，全长超过体长，第 3 节细长，达胸部后缘，上生感觉孔 8～19 个，排成 1 行；腹管淡黄色，端部深色，细长略弯，约与触角第 3 节等长或略超过；尾片淡黄色，瘦而尖长，约与触角第 3 节相等，上生刚毛 10 根左右。各足细长，淡黄色，胫节端及跗节黑褐色。前翅淡黄色，翅痣绿色。无翅蚜体长 4 mm，触角第 3 节部常有感觉孔 3 个，排成 1 行。其余同有翅蚜。性蚜雌雄蚜均无翅，体色较淡，雌蚜后胫节较粗，雄蚜有单眼 3 个。1 年

图 7-30　豌豆蚜

发生数代，以卵在多年生豆科植物根基处越冬，4 月中下旬苜蓿萌发后田间出现有翅蚜，5—7 月严重为害在茬苜蓿。引黄灌区苜蓿受害严重。据贺兰山东麓的贺兰山农牧场局部苜蓿地调查，10 复网扫蚜虫量可达 0.1～0.25 kg，虫口量之大，使苜蓿生长受到抑制，造成苜蓿减产，品质下降。

（4）黑豆蚜（*Aphis Craccivora* Koch）分有翅蚜和无翅蚜，主要为害苜蓿、苦豆子、黄芪等豆科植物（图 7-31）。有翅蚜体长 1.5～2 mm，全身紫黑色，触角基部 2 节及端节黑色，其余为黄色，第 3 节生感觉孔 6 个，排成 1 行；复眼紫褐色；前胸两侧有乳突，中胸背板黑色，后端有 2 个突起，小盾片及后胸背板黑色；腹部紫黑色；尾片乳突状，上有刚毛 6～7 根；翅痣黄色；翅腹淡灰色。无翅蚜形态特征同有翅蚜。1 年发生数代，是中部干旱带苜蓿的重要害虫。宁夏盐池县北部的柳扬堡、高沙窝一带局部水地、旱地发生严重，可毁坏大茬苜蓿而无法饲用。

图 7-31　黑豆蚜

2. 为害症状

在苜蓿叶背面和嫩梢吸食为害并排泄大量蜜露，使苜蓿梢部皱缩，植株矮化，叶片枯黄，严重影响牧草生长与产量。多聚集在苜蓿的嫩茎、叶、幼芽和花等部位，以刺吸式口器吸取植物汁液，被害植株叶子卷缩，蕾和花变黄脱落，影响苜蓿的生长发育、开花结实和牧草产量。发生严重时，田间植株成片枯死。据调查，在陕西豆无网长管蚜为优势种，始见于 4 月初，一年发生 10 多代，随着气温的升高，蚜虫数量大增，至 4 月底已经达到高峰期。环境条件对其发生影响大，温度高，干旱有利于其发生。

3. 发生规律

在我国，苜蓿蚜虫主要分布于新疆、甘肃、内蒙古、宁夏、山东、广东、广西、福建、湖南、湖北和四川等地。无翅蚜虫体黑色或紫黑色，1 年发生 10 余代，多在根茎处越冬，少数以卵在根茎、落叶、干裂荚壳及多年生豆科牧草和饲料作物的根基越冬。苜蓿蚜虫的发生、繁殖、虫口密度及为害程度与气温、湿度和降水有关。气温回升的早晚和高低是影响苜蓿蚜活动早晚和发生数量的主要因素。苜蓿蚜虫的越冬卵在旬均温 10℃以上时开始孵化繁殖，旬均温在

15～25℃时均可发生为害，最适温度为18～23℃，气温高于28℃时蚜虫数量下降，最高气温高于35℃并连续出现高温天气时苜蓿蚜不发生或很少发生。湿度决定苜蓿蚜种群数量的变动。在适宜温度18～23℃下，相对湿度为25%～65%时苜蓿蚜均能发生为害，只是发生程度不同。湿度大，发生数量少，产生为害轻；湿度小，发生数量多，为害严重。降水也是影响苜蓿蚜发生数量的主要因子，它不仅影响大气湿度，从而影响苜蓿蚜的种群动态，还可以起到冲刷蚜虫的作用。降水对苜蓿蚜数量变化的影响与降水强度和历时有关。降水历时长，强度大，可明显减少蚜虫数量；降水历时短，强度小，对蚜虫数量变化影响较小。

4. 防治措施

了解蚜虫生物学特性、对其发生周期和消长规律系统监测，是开展综合治理的基础。一般来说，常年发生数量较多的蚜虫，每年为害期严重程度也不尽一致，在宁夏不同的生态区由于气候条件的不同，发生程度也不同。因此，防治蚜虫必须减少化学农药的使用与环境污染，开展综合防治，包括田间调查、农业防治、生物防治、物理防治、药剂防治以及其他防治。

（1）培育天敌优势，抑制蚜虫为害　在苜蓿田间，蚜虫的天敌种类和数量均较多。据1986年在甘肃武威的调查，蚜虫的各类天敌在50种以上，其中，5—7月瓢虫、草蛉、食虫虻和蜘蛛等捕食性天敌的总量为12.2～34.53头/m^2。在田间蚜虫发生量最大时，天敌与蚜虫数量之比约为1：8.95。由于天敌对蚜虫的控制作用，虽然蚜虫密度很高，但并未出现明显为害。

调查发现，苜蓿蚜虫的天敌种类繁多，主要有20多种，包括寄生性天敌和捕食性天敌两类。苜蓿蚜的寄生性天敌主要是膜翅目的寄生蜂，如茶足柄瘤蚜茧蜂（*Lysiphlebus testaceipes*）。苜蓿蚜的捕食性天敌种类丰富，主要包括瓢虫、食蚜蝇、草蛉等（图7-32）。据有关资料及近年的调查，认为茶足柄瘤蚜茧蜂是苜蓿蚜若虫期重要的寄生性天敌，属膜翅目蚜茧蜂科，野外寄生率较高，对控制苜蓿蚜有重要作用，是苜蓿蚜最有潜力的天敌。但上述这些天敌在自然情况下，常是在蚜量的高峰之后才大量出现，故对当年蚜害常起不到较好的控制作用，而对后期和越夏蚜量则有一定控制作用。

蚜茧蜂作为害虫天敌在害虫生物防治发展中具有重要地位，同样也是温室蔬菜、观赏园艺植物上很好的生物防治资源。应用蚜茧蜂，首先要解决的问题是进行保种，室内繁殖，田间释放前则需要人工大量扩繁，以保证天敌种群的数量。因此，开展蚜茧蜂的人工规模化饲养是蚜茧蜂利用研究的前提。目前，最有效的方法是通过饲养蚜茧蜂的天然寄主来繁殖蚜茧蜂。由于饲养天然寄主易受到季节、成本等因素的影响，国内外学者进行了大量人工饲养的研究，试图用人工饲料替代天然寄主来繁殖蚜虫。用人工饲料饲养昆虫是昆虫学研究的基本技术之一，不受寄主、季节的限制，可以繁育一定种类的目标昆虫直接用于昆虫营养生理、昆虫生物学以及害虫防治的研究。

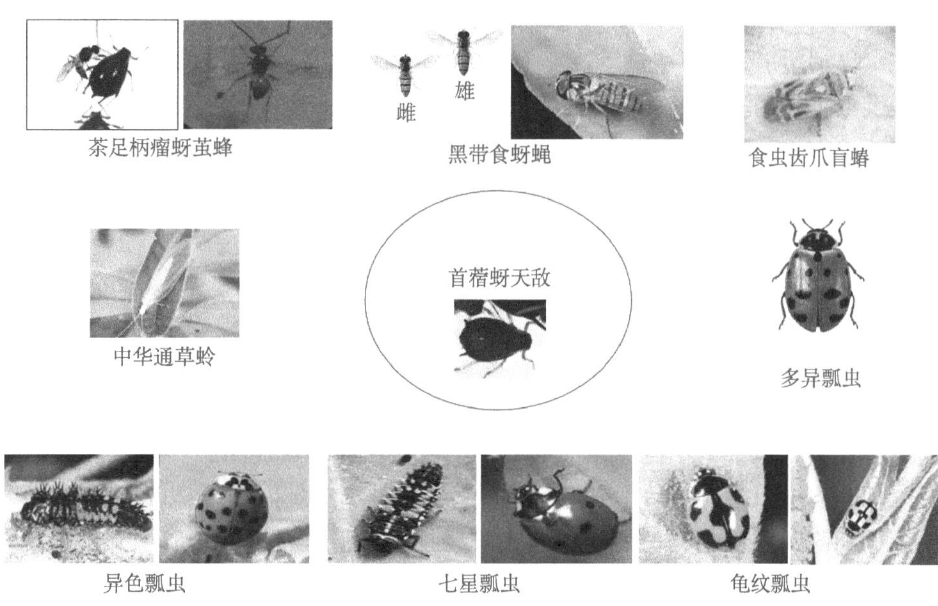

图 7-32　苜蓿蚜虫的优势天敌

（2）加强田间管理　使用一些常规的农田耕作基本措施，为害虫营造不利的生长和繁殖环境可有效防治各种害虫，例如早春耕地、冬灌均能杀死大量蚜虫。同时，将苜蓿与禾本科牧草、农作物轮作，提前或推后刈割，在冬季或早春苜蓿老茬地进行中耕，清除杂草等都能降低虫口密度。

（3）农业防治　选择适合当地生产的高产、抗虫品种，防止蚜虫发生蔓延，是苜蓿增产的经济有效方法。合理布局　改良土壤、合理施肥、合理灌溉、合理密植、加强田间管理等措施是增加苜蓿产量，增强苜蓿抗蚜、抗病、减少蚜虫发生和繁殖的有利条件。

（4）物理防治　物理诱杀，利用蚜虫的趋黄性，在田间插黄色涂粉着剂塑料膜等诱杀成蚜，减少为害。此方法尤其适用于繁种基地。

（5）化学防治　使用药剂防除蚜虫应慎重选择对天敌杀伤性小的药剂，用药前一定要了解害虫与天敌的种类、数量比，根据实际情况制定用药标准。严禁在苜蓿上使用高毒、高残留农药，如呋喃丹、久效磷、氧化乐果等。由于苜蓿生长期多次产草的特点，安全使用农药，防止人畜污染更应引起重视。选用高效低毒低残留农药，如高效氯氰菊酯、吡虫啉、蚜剑等，应严格执行农药的安全使用标准，控制用药次数、浓度和用药安全间隔期，要特别注意在安全收割期内收割。

目前，防治苜蓿蚜虫仍然以化学防治为主，但由于苜蓿蚜个体微小，繁殖力强，世代重叠严重，并已对有机磷和合成菊酯类农药产生抗药性，因此利用化学杀虫剂防治极其困难。此外，化学农药的使用也给环境和人畜造成很大的污染及毒害作用。鉴于苜蓿蚜为害日趋严重，探索如何进行有效的治理和控制已引起了广泛的重视，研究探寻减少化学农药的使用、保护生态环境、长效防治苜蓿蚜虫的方法和措施有重要的现实意义。

二、蓟马

1. 主要种类及形态特征

蓟马是苜蓿上最主要的害虫之一。根据调查，为害苜蓿的蓟马类害虫有 10 余种，主要有牛角花齿蓟马、苜蓿蓟马、花蓟马、普通蓟马、烟蓟马等，其中优势种群为牛角花齿蓟马，成为目前苜蓿上最具危险性的害虫。苜蓿生长的物候期、刈割时间与蓟马的发生关系极其密切。苜蓿返青期蓟马成虫开始出现，5 月中下旬初花期时蓟马达到为害高峰期，为害期可持续到每 1 茬苜蓿上。

（1）牛角花齿蓟马（*Odontothrips loti*）（图 7-33） 体长 1.3～1.6 mm，暗黑色，胫节前端内侧具小齿，跗节第 2 节有 2 个小齿，狭小，基部有淡色带纹。若虫柠檬黄色。前翅有黄色和淡黑色斑纹，前翅基部近 1/4 部分为黄色，形成 2 个黄色斑，中部为淡黑色，之后为淡黄色，到翅端为淡黑色。卵肾形，半透明，微黄色，长 0.2 mm，宽 0.1 mm。若虫共有 4 龄，淡黄色，4 龄若虫又称伪蛹。

图 7-33 牛角花齿蓟马

（2）西花蓟马（*Frankliniella occidentalis*）（图 7-34） 又称苜蓿蓟马西方花蓟马，食性杂，已知寄主植物多达 500 余种，雄成虫体长 0.9～1.1 mm，雌成虫略大，长 1.3～1.4 mm。触角 8 节，第 3 节突起或外形轻微扭曲。体色红

图 7-34　西花蓟马

黄至棕褐色，腹节黄色，通常有灰色边缘。腹部第 8 节有梳状毛。头、胸两侧常有灰斑。眼前刚毛和眼后刚毛等长。前缘和后角刚毛发育完全，几乎等长。翅发育完全，边缘有灰色至黑色缨毛，在翅折叠时，可在腹中部下端形成 1 条黑线。翅上有 2 列刚毛。冬天的种群体色较深。卵长 0.2 mm，白色，肾形。若虫黄色，眼浅红。与近似种威廉斯花蓟马［*Frankliniella williamsi*（Hood）］的区别是威廉斯花蓟马的雌虫身体上的刚毛黄颜色比西花蓟马淡。

图 7-35　普通大蓟马

（3）普通大蓟马（*Megalurothrips usitatus*）（图 7-35）主要以雌虫来鉴别。雌虫 1.6 mm，体色棕至暗棕色，触角除第 3～4 节及第 5 节最基部黄色外，其余棕色。前翅基部和近端部有两个淡色区，端部淡色区较大。前足胫节自基部向端部逐渐变淡，各跗节黄色。体鬃较暗。头宽大于长，头前缘两触角间略向前延伸，两颊近乎直，复眼后有横纹，复眼大，约占头长和宽的 2/3。单眼位于复眼中后部；单眼间鬃位于前单眼后外侧，在前后单眼中心连线和外缘连线之间；眼后鬃小，紧绕复眼排列。触角 8 节，第 3～4 节基部有梗，端部细缩为颈状，其上叉状感觉锥伸至前节中部，第 5 节内侧感觉锥伸至节Ⅶ基半部。口锥伸至前胸腹片中部，下颚须 3 节。前胸背片有稀疏模糊横纹，背片鬃细且短，前角鬃较粗且长，后角 2 对长鬃，内对大于外对，后缘鬃 4 对，最内对最长。中胸布满横纹，中后鬃几乎在一水平线上，靠近后缘。后胸盾片中部前边是横纹，后面为不规则较模糊的纹，两侧为纵纹，伸至后胸小盾片上。前缘鬃和前中鬃均在前缘上，1 对亮孔在中部。前翅前缘鬃 25 根，前脉基部和中部鬃共 15 根，端鬃 2 根，后脉鬃 14 根。腹部腹节背片两侧有横纹，第 8 节后缘梳仅两侧存在，中部仅留痕迹，背片两侧有微毛。第 2 节腹片后缘鬃 2 对，第 3～7 节后缘鬃 3 对，第 7 节后缘鬃在后缘之前。腹片无附属鬃。雄虫体色相似于雌虫，但较细小。触角较雌虫细，第 3 节淡黄色，第 6 节基部灰黄色，前胸淡黄色，前股节较粗而长于雌虫，且暗棕色。第 4 节背片后缘无刚毛延伸物；背鬃内第 2 节和第 5 节在最前，第 1 节居中，第3～4节在最后。腹节第4节阳茎基部之前有2对粗黑刺。阳茎短，基部亚球形。

（4）花蓟马（*Frankliniella intonsa*） 体长1.4mm，体棕色，头胸稍淡，前翅微黄色（图7-36）。触角第1～2节和第6～8节褐色，第3～5节黄色，但第5节端半部褐色。前翅微黄色。腹部第1～7背板前缘线暗褐色。头背复眼后有横纹。单眼间鬃较粗长，位于后单眼前方。触角8节，较粗；第3～4节具叉状感觉锥。前胸前缘鬃4对，亚中对和前角鬃长；后缘鬃5对，后角外鬃较长。前翅前缘鬃27根，前脉鬃均匀排列，21根；后脉鬃18根。腹部第1背板布满横纹，第2～8背板仅两侧有横线纹。第5～8背板两侧具微弯梳；第8背板后缘梳完整，梳毛稀疏而小。雄虫较雌虫小，黄色。腹板第3～7节有近似哑铃形的腺域。

图7-36 花蓟马

（5）烟蓟马（*Trips tabaci*） 又称棉蓟马、葱蓟马、葡萄蓟马。雌虫成虫体长1.2～1.4 mm，体色黄褐色和暗褐色。触角第1节淡；第2节和第6～7节灰褐色；第3～5节淡黄褐色，但第4～5节末端色较深。前翅淡黄色。腹部第2～8背板较暗，前缘线暗褐色。头宽大于长，单眼间鬃较短，位于前单眼之后、单眼三角连线外缘。触角7节，第3～4节上具叉状感觉锥。前胸稍长于头，后角有2对长鬃。中胸腹板内叉骨有刺，后胸腹板内叉骨无刺。前翅基鬃7或8根，端鬃4～6根；后脉鬃15或16根。腹部第2～8背板中对鬃两侧有横纹，背板两侧和背侧板线纹上有许多微纤毛。第2背板两侧缘纵列3根鬃。第8背板后缘梳完整。各背侧板和腹板无附属鬃。卵0.29 mm，初期肾形，乳白色，后期卵圆形，黄白色，可见红色眼点。若虫共4龄，各龄体长分别为0.3～0.6 mm、0.6～0.8 mm、1.2～1.4 mm及1.2～1.6 mm。体淡黄，触角6节，第4节具3排微毛，胸、腹部各节有微细褐点，点上生粗毛。4龄翅芽明

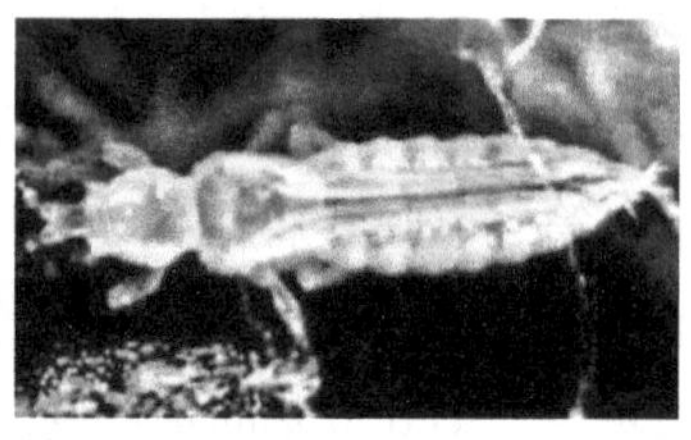

图7-37 烟蓟马

显，不取食；但可活动，称伪蛹。

2. 为害症状

蓟马常取食苜蓿的不同器官，对苜蓿植株造成严重的为害。蓟马为害方式是以其锉吸式口器将新叶表皮锉破，造成各种形状的皱缩卷曲，在叶片上有愈合伤口的痕迹。苜蓿生长期受到损害，发黄萎缩，顶芽无法生长。在苜蓿的开花期，蓟马大量聚集，为害花器，雌虫在苜蓿花苞内产卵，若虫孵出后仍在花蕾或花中觅食，蓟马在花内取食，破坏柱头，造成落花。荚果被害后形成瘪荚后落荚，此时叶上有蓟马成虫，若虫数量少，果实受害后凋零或掉落，严重影响种子的产量和品质。

蓟马繁殖能力很强，个体细小，极具隐匿性，一般田间防治难以有效控制。在温室内的稳定温度下，1 年可连续发生 12～15 代，雌虫两性生殖和孤雌生殖。在 15～35℃均能发育，从卵到成虫只需 14 d；27.2℃产卵最多，1 只雌虫可产卵 229 个，在一般的寄主植物上发育迅速且繁殖能力极强。苜蓿蓟马对农作物具有极大的为害性。该虫以锉吸式口器取食植物的茎、叶、花、果，导致花瓣褪色、叶片皱缩，茎和果实则形成伤疤，最终可能使植株枯萎，同时还传播包括番茄斑萎病毒在内的多种病毒。据了解，该虫曾导致美国夏威夷的番茄减产 50%～90%。

3. 发生规律

蓟马分布在西北、华北，以若虫在土中越冬，春季出土活动。蓟马的发生与为害同环境有密切关系，特别是与气候和食物有关，清明前后，低矮有花植物多、食物多，利于其发生；在中温、高湿条件下发生数量多，夏季高温干燥不易发生。蓟马在苜蓿地发生数量随苜蓿不同生育期变化，苜蓿分枝期密度最低，返青以后数量增加，开花期达到高峰；结荚期由于花逐渐败落，蓟马数量急剧下降，苜蓿成熟期数量更少。各种蓟马主要发生在第 1 茬留种苜蓿上，第 2 茬苜蓿田中的蓟马数量极少。蓟马一年发生多代，世代重叠现象严重。成虫在清晨和傍晚取食，行动活泼，怕光，产卵于花中。在我国，除西藏外，各省（区、市）均有烟蓟马分布，1 年发生数代，以成虫和伪蛹越冬，春季苜蓿分枝期开始出土活动，为害期在 6—7 月；成虫飞翔能力强，怕光，白天潜伏叶背面。牛角花齿蓟马以伪蛹在土壤中越冬，翌年春季羽化。成虫产卵于叶片、花、茎秆组织中，卵乳白色，微小，肾形，约 0.2 mm，快孵化时，顶破植物组织，卵上显示两个红色眼点。成虫喜暗，常在叶背，叶腋处取食活动。发生盛期在 7—8 月，主要对第 2～3 茬苜蓿为害严重。

4. 防治措施

蓟马的防治研究较少，很少能够有针对性地提出具体的防治办法和措施，在防治方法上一般使用化学防治，而化学杀虫剂的大量使用必然会造成苜蓿质量的下降，形成污染进而破坏生态环境，因而必须采取综合治理措施，遵循“预防为主、综合防治”的植保方针，坚持以“农业防治、物理防治为主，化学防治为辅”的防治原则，最后，为提高苜蓿的质量和产量，提出一套低成本、低污染的有效预防措施。

（1）农业防治　利用一些生长快速的非寄主谷类作物与蓟马寄主植物间作的方法阻碍害虫以及病毒的传播，以此限制害虫移动、减少为害。此外，也可以在换茬期间，将田间、田埂上的植物一并清除。另外，不同品种对害虫的敏感性相差较大，排趋性、抗生性和耐虫性是寄主植物抗性的 3 种抗性机制，可以影响昆虫种群建立。利用寄主植物自身的抗性进行害虫综合治理，不仅可缓解作物的受害程度，也可有效减少化学农药的使用。及时刈割作为控制害虫的一种有效手段，对蓟马的种群数量和动态有明显影响，还具有对天敌的影响较小的特点，可以有效推迟害虫高发期到来的时间，使蓟马的种群数量长时间保持在较低水平。还有研究表明，施肥时适当增施磷元素也可有效提高苜蓿对蓟马的抗性，从而达到防治效果。

（2）物理防治　利用昆虫对不同颜色的趋性制作诱虫板来控制害虫。李楠等研究发现当诱虫板悬挂在植株顶端时对苜蓿蓟马和牛角花齿蓟马的诱集效果最佳。诱虫板还可用于蓟马的群系组成监测和预防，明确其发生动态，为适当时期的及时预防提供科学依据。

（3）生物防治　蓟马的天敌种类很多，大草蛉、花蝽、捕食螨、瓢虫、步甲及蜘蛛作为天敌均可用于蓟马防治，其中以捕食性的横纹蓟马和各种蜘蛛数量为最多，1 头蛞平腹蜘蛛日食蓟马 16.4 头。横纹蓟马主要捕食蓟马的卵和若虫，当与蓟马的数量比为 1∶8 时，植食性蓟马的卵和若虫几乎都被吃掉。线虫也是蓟马天敌，主要用于土居期蓟马的防治，能够阻止或降低蓟马产卵，捕食螨具有世代历期短、人工饲养和田间生活力强等特点，使得其成为利用最多的天敌，因此一直以来，捕食螨作为天敌的课题一直是研究的热点。此外，真菌类联合农业措施使用时能迅速降低蓟马成虫和若虫的种群数量。捕食性蓟马的个体较大，每只个体体表携带的花粉可达 340 粒，对苜蓿的传粉也起到很大作用。

（4）化学防治　陶志杰等（2005）研究发现以 10%吡虫啉、4.5%高效氯氰菊酯或 0.1%的中农一号防治蓟马效果显著。也有研究发现可用 40%乐果、

50%马拉硫磷或90%敌百虫喷雾防治蓟马。袁庆华等（2004）试验结果表明，1.8%阿维菌素1 000倍液和25%噻虫嗪5 000倍液、10 000倍液、15 000倍液防效最好。在增产方面，张桂娟等（2003）研究结果表明，不同供试药剂处理的苜蓿均比对照株高1.9～5.7 cm，增产效果最高的处理为10%吡虫啉300 g/hm^2，增产效果为29.4%；0.3%啶虫脒249 ml/hm^{2}的增产效果仅为5.9%。用20%速可杀乳油2 000倍液、25%桃小净乳油2 000倍液等喷药效果很好。

三、苜蓿籽蜂

1. 形态特征

苜蓿籽蜂（*Bruchophagus gibbus* Boheman）雌蜂平均体长（1.94 ± 0.03）mm，体宽（0.58 ± 0.02）mm。全体黑色，头大，有粗刻点。复眼酱褐色，单眼3个，着生于头顶呈倒三角形排列。触角平均长为（0.63 ± 0.02）mm，共10节，柄节最长，索节5节，棒节3节。胸部特别隆起，具粗大刻点和灰色绒毛。前胸背板宽为长的2倍以上，其长与中胸盾片的长度约相等，并胸腹节几乎垂直。足的基节黑色，腿节黑色下端棕黄色，胫节中间黑色两端棕黄色。胫节末端均有短距1根。翅无色，前翅缘脉和痣脉几乎等长。平均翅长为（3.45 ± 0.06）mm。腹部近卵圆形，有黑色反光，末端有绒毛。产卵器稍突出。主要鉴定特征为外生殖器第2负瓣片端部和基部的连线与第2基支端部和基部的连线之间的夹角20°～40°，第2负瓣片弓度较小。

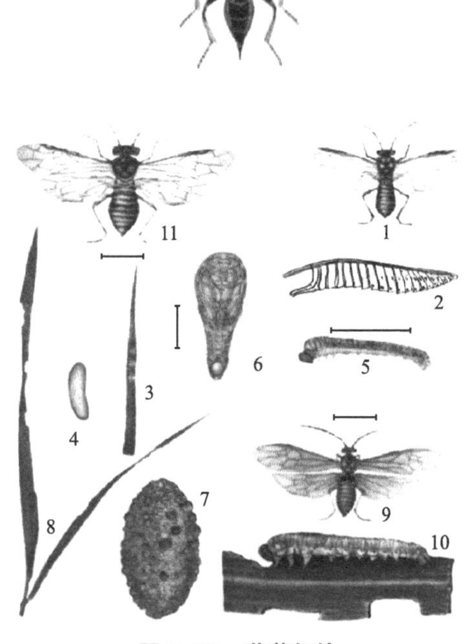

图7-38　苜蓿籽蜂

雄蜂体黑色，体型略小。形态特征与雌蜂相似。平均体长（1.63 ± 0.03）mm，体宽（0.48 ± 0.01）mm。平均触角长（0.85 ± 0.02）mm，共9节，第3节上有3～4圈较长的细毛，第4～8节各为2圈，第9节则不成圈。平均翅展（2.99 ± 0.06）mm。腹部末端圆形。卵长椭圆形，长0.17～

0.24 mm，平均长为（0.21 ± 0.003 ）mm，平均宽为（0.10 ± 0.002 ）mm，一端具细长的丝状柄，卵柄长为 0.3～0.52 mm，平均长为（0.4 ± 0.01）mm，为卵长的 1.5～3 倍，为卵宽的 2.5～6.5 倍。卵透明，有光泽。幼虫无足，头部有棕黄色上颚 1 对，其内缘有 1 个三角形小齿。共 4 龄。初孵幼虫未取食体色透明，取食后体色开始变绿，发育至 3～4 龄时体色逐渐转为白色。裸蛹，初化蛹为白色，1～2 d 后体变为乳黄色，复眼变为红色，羽化时变黑色。平均体长为（1.83 ± 0.02）mm，体宽为（0.73 ± 0.01）mm。

2. 为害症状

幼虫共有 4 个龄期，主要取食苜蓿种子胚芽、子叶，使苜蓿种子失去发芽能力。成虫在种子表皮咬一个羽化孔爬出来，飞到田间寻找适宜产卵的种子产卵。成虫早晚天凉时不喜活动，中午温度高时特别活跃。成虫喜在已变褐的种荚上爬行，雌蜂选择嫩绿和乳熟的种荚产卵，将卵柄留在种子外，幼虫的全部发育在 1 粒种子内完成。籽蜂在不同地区、不同年份、气候条件不同，发生时间差异很大。在陕北地区，1 个寄主受害荚上有 1～3 个羽化孔，而每粒种子仅有 1 头虫，成虫雌、雄比例大约为 1∶1。无论越冬代或第 1 代成虫羽化时雄蜂要比雌蜂提前数天。成虫羽化后不久即可交配，喜欢在中午温度高、湿度小的时候活动、交配。在交配前或交配中，雌、雄蜂经常追逐，雄蜂以触角频繁活动。交配时间数十秒到 16 min，有时交配有中断。室内饲养观察成虫寿命，雌蜂可存活 3～3.75 d，雄蜂 2～2.25 d。

3. 发生规律

苜蓿籽蜂在我国主要分布在新疆、甘肃、内蒙古、陕西、山西、河北、河南、山东、辽宁等地。只为害苜蓿种子，对草的产量无影响，被害种皮为黄褐色，多皱褶。幼虫羽化后种子或荚皮上留有小孔，这是田间诊断有无苜蓿籽蜂的标志。苜蓿籽蜂 1 年发生 1～3 代，主要以幼虫在苜蓿种子内越冬，在苜蓿地周围的自生植株、残株碎屑或从植株上碰落在地上的种荚都可找到被为害的种子。被害种子的大小和重量与正常种子相差不大，因此很容易把两者混在一起。在不同地区和不同年份苜蓿籽蜂的年生活史有很大差异。雄蜂与雌蜂皆极为活跃，雄蜂爬至雌蜂的背部，并梳理其触角。该过程将持续几秒钟到 0.5 min，受到刺激后，雄蜂迅速与雌蜂交配。1 头雌蜂一生仅与 1 头雄蜂交尾 1 次，高湿度似乎可延长交尾期。雌蜂将卵产于刚结实的种子内，新产下的卵无色、球形并具有光滑的卵壳，直径为（12.59 ± 0.82）μm。随着时间的推移，虫卵变为白色。在不同的温度条件下，卵 3～12 d 孵化。幼虫在种子内取食，直至化蛹。1头幼虫在1粒种子内完成全部发育，在温湿度适宜的条件下，5～40 d出现成虫。在过于干燥的条件下幼虫进入休眠阶段并持续1～2年。籽蜂在低海拔地区比在高海拔地区发生早，且北部地区发生比南部地区发生重。直至6月初，雄蜂出现早于雌蜂，且数量较雌蜂多。此后，雌蜂出现数量增多，60%以上均为雌蜂，一小部分的籽蜂幼虫越冬可滞育1年后才出蜂。苜蓿籽蜂成虫羽化后可立即进行交配，在发育适宜的场合，如果能够找到种子，雌虫在交配后几小时就可产卵。如果找不到适宜产卵的种子，雌虫便飞到几千米外去寻找可产卵的种子，种子内的物质呈半流体或胶质状最适于产卵。随种子调运而传播，结荚期和成熟期发生数量最多。

4. 防治措施

在一块草地上不宜连续两年收种子，收种和收草应交替进行。用开水烫种子0.5 min，可杀死全部幼虫；或以50℃热水浸种0.5 h，效果也不错。将入库的种子用二硫化碳熏蒸，每100 kg种子用药100～300 g；也可用溴甲烷，有效浓度6～7 g/m^3，可取得良好防治效果。鲁挺、曹致中利用干热处理鹰嘴紫云英的种子防治苜蓿籽蜂，结果发现防治苜蓿籽蜂的最适宜温度为50℃，在该温度下，干热处理1 d杀虫效果最佳，而且对种子的生活力没有不良影响。在40℃下干热处理种子或在平均气温为28.9℃的阳光下晒种，对籽蜂均没有杀伤作用。沈宝成、吕佩惠用农用塑料布作为熏蒸帐幕，采用熏蒸剂硫酰氟、磷化铝进行密闭熏杀处理，单用时施药量分别为50 g/m^{3}和30 g/m^3，熏杀率达100%。

四、盲蝽

1. 主要种类及形态特征

盲蝽属半翅目盲蝽科，广泛分布于欧亚地区。在我国主要分布在新疆、内蒙古、东北、甘肃、河北、山东、浙江和湖南的北部，每年可发生2～4代，以卵在苜蓿等植物的枯枝落叶内越冬。苜蓿盲蝽寄主范围十分广泛，在苜蓿田发生数量大、为害严重。盲蝽类害虫主要有绿盲蝽、苜蓿盲蝽、三点盲蝽和牧草盲蝽等。

（1）绿盲蝽（*Apolygus Lucorum* Deyer-Diir）　成虫体长5～5.5 mm，宽2.2 mm，雌虫稍大，体绿色，较扁平。头部三角形，黄绿色，复眼黑色突出，触角4节丝状，约为体长2/3，第2节最长，为第3～4节长度之和，触角淡褐色向外端逐渐加深。前胸背板深绿色，前缘宽，小盾片三角形微突出，黄绿色，中央具1浅纵纹。前翅绿色，膜质部淡褐色半透明。足黄绿色，末端色较深，后足腿节末端具褐色环斑，长度不超过腹部末端，雌虫后足腿节较雄虫短，后足跗节3节，末端黑色。卵长1 mm，宽0.3 mm，黄绿色，长口袋形，端部钝圆。卵中央稍凹陷，两端突起，卵盖黄白色，边缘无附属物。若虫洋梨形，黄绿色，背密生黑色细毛，复眼灰色，位于头侧。触角4节，比体短。若虫3龄出现翅芽，4龄时超过第1腹节。

图7-39　绿盲蝽

（2）苜蓿盲蝽［*Adelphocoras Lineolatus*（Goeze）］　成虫体长7.5～9 mm，宽2.3～2.6 mm，黄褐色，被细毛。头顶三角形，褐色，光滑，复眼扁圆，黑色，喙4节，端部黑，后延伸至中足基节。触角细长，端部半色深，1节较头宽短，顶端具褐色斜纹，中叶具褐色横纹，被黑色细毛。前胸背板顶端隆突，黑褐色，其后有黑色圆斑2个或不清楚。小盾片突出，有黑色纵带2条。前翅黄褐色，前缘具黑边，膜片黑褐色。足细长，股节有黑点，胫基部有小黑点。腹部基部两侧有褐色纵纹。卵长1.3 mm，浅黄色，香蕉形，卵盖有1指状突起。若虫黄绿色具黑毛，眼紫色，翅芽超过腹部第3节，腺囊口“八”字形。

图7-40　苜蓿盲蝽

（3）三点盲蝽（*Adelphocoris fasciaticollis* Reuter）　成虫为小型虫，虫体

弯呈茄形，体长 7 mm 左右，体褐色至浅褐色，头较小，呈钝三角形，触角黄褐色；前胸背板紫色，有 2 个长形黑斑，小盾片黄绿色与前翅楔部黄绿色形成 3 个黄绿色斑点，故称三点盲蝽。卵椭圆形、暗绿色。若虫黄绿色，体被黑色细毛。

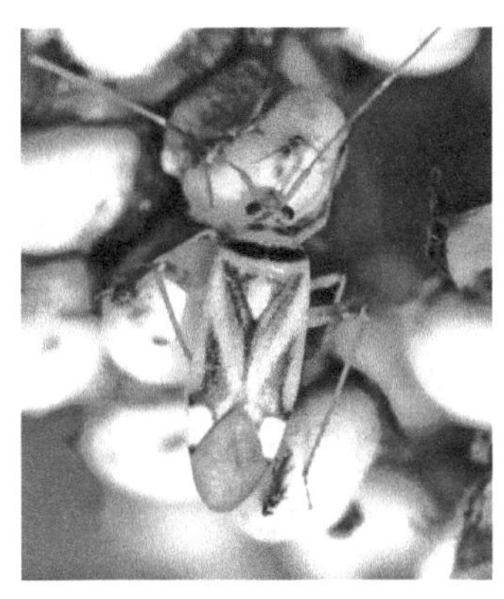

图 7-41　三点盲蝽

（4）牧草盲蝽（*Lygus pratensas* L.）　体长 6.5 mm，宽 3.2 mm。全体黄绿色至枯黄色，春夏青绿色，秋冬棕褐色，头部略呈三角形，头顶后缘隆起，复眼黑色突出，触角 4 节丝状，第 2 节长等于第 3～4 节之和，喙 4 节。前胸背板前缘具横沟划出明显的“领片”，前胸背板上具橘皮状点刻，两侧边缘黑色，后缘生 2 条黑横纹，背面中前部具黑色纵纹 2～4 条，小盾片三角形，基部中央、革片顶端、楔片基部及顶端黑色，基部中央具 2 条黑色并列纵纹。前翅膜片透明，脉纹在基部形成 2 翅室。足具 3 个跗节，爪 2 个，后足跗节 2 节较第 1 节长。

图 7-42　牧草盲蝽

2. 为害症状

苜蓿盲蝽的成虫和若虫均以刺吸口器吸食苜蓿嫩茎、叶、花蕾和子房，造成种子瘪小，受害植株逐渐凋萎变黄，在刺吸过程中分泌毒汁，同时又吸取营养和水分。随后花枯干脱落，严重影响苜蓿种子和鲜草的产量。苜蓿盲蝽卵在苜蓿茬的茎内越冬。牧草盲蝽以成虫在苜蓿等作物的根部、枯枝落叶、田间杂草中越冬。绿盲蝽以刺吸取食植物细胞的原生质体，使用口针破损细胞，同时还会分泌出大量唾液，使将要进食的细胞结构变成泥浆状。植物的幼嫩部位被刺吸后，会出现呈黑点状的伤口，影响其后的正常生长。以后随着芽的生长成熟，被为害处也会随之扩展成不规则破洞，俗称“破头疯”。

3. 发生规律

1 年发生 3～4 代，以卵在苜蓿地和其他冬季绿肥地枯茎中越冬，5 月上中旬为孵化盛期，6 月为为害盛期；有转移迁飞性，成虫昼夜均可活动；有趋光性，喜欢在阴湿的环境中取食。繁殖最合适的温度 25～30℃，湿度 80%。绿盲蝽 1 年发生代数随地区变化较大，北方 1 年 3～5 代，南方 6～7 代。以卵在枯枝铃壳内或果树皮或断枝内越冬。翌年春天 3—4 月均温高于 10℃、相对湿度高于 70% 时卵开始孵化。第 1～2 代多生活在绿肥田中，6 月上中旬开始为害植物，在 7 月时对植物入侵程度达到最高，8 月中下旬开始迁换到其他寄主上为害。

4. 防治措施

（1）品种选择　可以选择苜蓿对盲蝽有抗性的品种。

（2）农业防治　早刈低刈，设置诱虫带。发生超过防治指标时，幼虫期为有利的防治时机。苜蓿开花达 10% 时采割，可减少为害和降低若虫的羽化数量。及时清理田地里枯铃壳，在耕地前通过焚烧残茬等杀灭虫卵等。齐地收割可大量割去在茎中的卵，减少田间虫量或越冬虫口数量。

（3）化学防治　幼虫期是最有利的防治时期，传统的有机磷、有机氯等农药本身具有高毒性，并且随着大面积的施用，盲蝽的抗药性在不断增加。因此，需要寻找低毒且高效的新型药剂进行替代。根据董松等的研究，新烟碱类杀虫剂对刺吸式昆虫有着很好的防治效果，其中氟啶虫胺腈的灭杀盲蝽的效果较好。氟啶虫胺腈通过作用于昆虫神经系统的乙酰胆碱而发挥杀虫功能，可经叶、茎、根吸收而进入植物体内，对刺吸式昆虫杀灭效果较好，是防治绿盲蝽的优选药剂。此外，常用 20% 速可杀乳油 2 000 倍液，或 4% 蚜虱速克乳油 2 000 倍液，或 21% 铃蚜速灭乳油 2 000 倍液，或 30% 灭虫多乳油 3 000 倍液，或 40% 乐果乳油 4 000 倍液，或 90% 敌百虫 1 500 倍液等喷雾防治。绿色环保农药，如用赛丹 100 g/667 m^2，或功夫 40 g/667 m^2 防治效果可达 95% 左右。在防治方法上一般采用点片防治，禁止大面积普防。

（4）生物防治　盲蝽的天敌有草蛉、寄生蜂、蜘蛛、猎蝽等，但草蛉在食物不足时会残杀同类，过度释放会导致经济效益偏低；猎蝽与蜘蛛具有一定的毒性，对人类会造成伤害；通过比较各天敌对盲蝽类的杀灭能力，发现捕食性昆虫能力有限，寄生蜂能力最强。利用盲蝽的趋性，通过悬挂黄色粘虫版进行捕捉。

五、叶蝉

1. 主要种类及形态特征

（1）大青叶蝉（*Cicadella viridis*）（图 7–43） 雌虫体长 9.4～10.1 mm，头宽 2.4～2.7 mm；雄虫体长 7.2～8.3 mm，头宽 2.3～2.5 mm。头部正面淡褐色，两颊微青，在颊区近唇基缝处左右各有 1 小黑斑；触角窝上方、两单眼之间有 1 对黑斑。复眼绿色。前胸背板淡黄绿色，后半部深青绿色。小盾片淡黄绿色，中间横刻痕较短，不伸至边缘。前翅绿色带有青蓝色泽，前缘淡白，端部透明，翅脉为青黄色，具有狭窄的淡黑色边缘。后翅烟黑色，半透明。腹部背面蓝黑色，两侧及末节淡为橙黄带有烟黑色，胸、腹部腹面及足为橙黄色，跗爪及后足腔节内侧细条纹、刺裂的每一刻基部为黑色。卵为白色微黄，长卵圆形，长 1.6 mm，宽 0.4 mm，中间微弯曲，一端稍细，表面光滑。若虫初孵化时为白色，微带黄绿。头大腹小。复眼红色。2～6 h 后，体色渐变淡黄、浅灰或灰黑色。3 龄后出现翅芽。老熟若虫体长 6～7 mm，头冠部有 2 个黑斑，胸背及两侧有 4 条褐色纵纹直达腹端。

图 7–43　大青叶蝉

（2）小绿叶蝉（*Empoasca flavescens*）（图 7–44） 又名小浮尘子，属同翅目叶蝉科。成虫体长 3.3～3.7 mm，淡黄绿至绿色，复眼灰褐至深褐色，无单眼，触角刚毛状，末端黑色。前胸背板、小盾片浅鲜绿色，常具白色斑点。前翅半透明，略呈革质，淡黄白色，周缘具淡绿色细边。后翅透明膜质，各足胫节端部以下淡青绿色，爪褐色；跗节3节；后足跳跃足。腹部背板色较腹板深，末端淡青绿色。头背面略短，向前突，喙微褐，基部绿色。卵长椭圆形，略弯曲，长胫0.6 mm，短胫0.15 mm，乳白色。若虫体长2.5～3.5 mm，与成虫相似。

图 7-44　小绿叶蝉

（3）片角叶蝉（*Idiocerus urakawensis* Matsumura）（图 7-45）　头冠前缘较突出，中长大于两侧近复眼处长，表面有粗横纹；颜面中长略大于横宽，两侧缘夹角小于90°，近前缘有横纹；两单眼间距约等于颜面中线至复眼间距；触角丝状，触角檐明显；后唇基中长大于横宽；前唇基上有1条中纵脊。前胸背板上有横纹；小盾片中长约等于前胸背板中长；前翅前缘区深色，4端室，2端前室；后足腿节有2根端刺，1根端前刺。

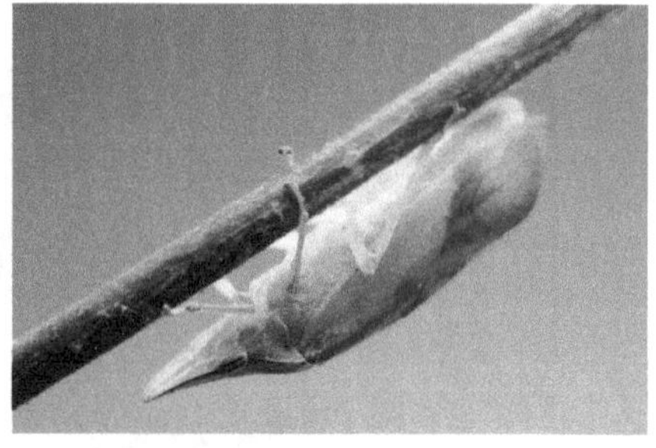

图 7-45　片角叶蝉

（4）条沙叶蝉（*Psammotettix striatus*）（图 7-46）　体长4～4.3 mm，全体灰黄色，头部呈钝角突出，头冠近端处具浅褐色斑纹1对，后与黑褐色中线接连，两侧中部各具1不规则的大型斑块，近后缘处又各生逗点形纹2个，颜面两侧有黑褐色横纹，是条沙叶蝉主要特征。复眼黑褐色，1对单眼，前胸背板具5条浅黄色至灰白色条纹纵贯前胸背板上与4条灰黄色至褐色较宽纵带相间排列。小盾板两侧角有暗褐色斑，中间具明显的褐色点 2 个，横刻纹褐黑色，前翅浅灰色，半透明，翅脉黄白色。胸、腹部黑色。足浅黄色。

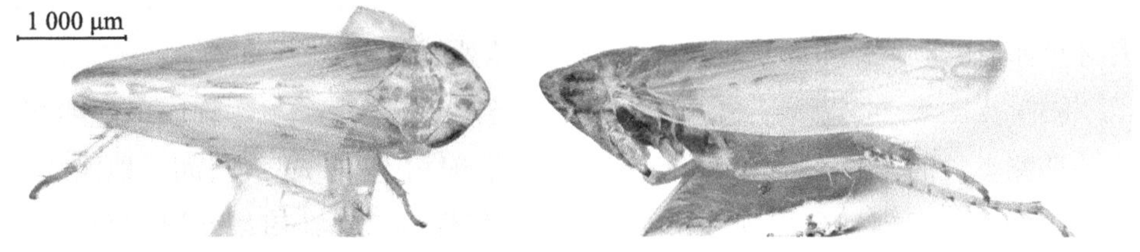

图 7–46　条沙叶蝉

2. 为害症状

叶蝉的成虫和若虫的主要为害方式是刺吸寄主植物枝梢、茎叶的汁液，主要是以成虫产卵的方式进行为害。产卵时用尾部产卵器将植物枝条表皮刺破，形成 1 个月牙形的伤口，当虫口密度大时，枝条遍体鳞伤，经过冬季的寒冷，春季的刮风，容易导致寄主植物抽条，甚至幼树死亡，当虫口密度小时，枝条强壮的即使勉强越冬，翌年长势也很差。叶蝉的为害特点是成虫和若虫为害叶片，刺吸汁液，造成褪色、畸形、卷缩，使植株发育不良，甚至全叶枯死。此外，还可传播病毒病。

3. 发生规律

叶蝉各地的世代有差异，从吉林的 1 年生 2 代至江西的 1 年生 5 代。 在甘肃、新疆、内蒙古 1 年发生 2 代。各代发生期为 4 月上旬至 7 月上旬、6 月上旬至 8 月中旬、7 月中旬至 11 月中旬。叶蝉以卵在林木嫩梢和干部皮层内越冬。若虫近孵化时，卵的顶端常露在产卵痕外。孵化时间均在早晨，以 7:30—8 时为孵化高峰。越冬卵的孵化与温度关系密切。孵化较早的卵块多在树干的东南向。若虫孵出后大约经 1 h 开始取食。1 d 以后，跳跃能力渐渐强大。初孵若虫常喜群聚取食。在寄主叶面或嫩茎上常见 10 多个或 20 多个若虫群聚为害，偶然受惊便斜行或横行，由叶面向叶背逃避，如惊动太大，便跳跃而逃。一般早晨气温较冷或潮湿不是很活跃，午前到黄昏较为活跃。若虫爬行一般均由下往上，多沿树木枝干上行，极少下行。若虫孵出 3 d 后大多由原来产卵寄主植物上，移到矮小的寄主如禾本科农作物上为害。

4. 防治措施

（1）人工防治　在冬季修枝时，发现产卵枝，立即剪去，使越冬卵基数减少；在夏季，成虫羽化期的盛期，进行人工捕捉；消灭寄主在秋季，杂草是叶蝉的中间寄主，因此在产卵前，把杂草清除干净，达到消灭大青叶蝉的目的。

（2）物理防治　大青叶蝉成虫有很强的趋光性的特点，在成虫期可用黑光灯对成虫进行诱杀。在早晨温度低，湿度大，大青叶蝉不活跃，在露水未干前，用网进行网捕。成虫产卵后，可在树上留下月牙形卵痕，发现比较容易，在有月牙形卵痕的地方，对卵块进行人工挤压，杀死越冬卵。

（3）生物防治　在5月上旬、9月下旬至10月上旬大青叶蝉成虫产卵前，喷施菊酯类乳油4 000～5 000倍液。喷药时，对树上、树下、行间、地面的杂草均要喷药，做到细致周到。秋季对土地进行深翻后，在田耕及周围杂草上，成虫多集中于此，此时施以化学防治，既省工又经济，防治效果明显。

（4）化学防治　在9月底至10月初收获庄稼时或10月中旬雌成虫转移至树木产卵以及4月中旬越冬卵孵化，幼龄若虫转移到矮小植物上时，虫口集中，可以用90%敌百虫晶体、80%敌敌畏乳油、50%辛硫磷乳油、50%甲胺磷乳油1 000倍液喷杀。药剂防治应掌握在若虫盛发期喷药。常用喷雾药剂有30%灭虫多乳油2 500倍液，或7.5%农欣乳油1 500倍液，或4%蚜虱绝乳油1 800倍液。

总之，苜蓿的虫害防治，应采用耕作防治与生物防治相结合，而培育和利用抗病虫苜蓿新品种是有效、经济、无污染的途径。化学防治是一种非常被动的、不得已而为之的办法，使用时必须选用防治效果好、污染小、残留时间短的化学药剂，尽量选用对家畜无毒的药剂。尊重科学，选择最佳的时期用药，并且一定要保护害虫的天敌。

六、潜叶蝇

为害苜蓿的潜叶蝇主要是豌豆潜叶蝇［*Chromatomyia horticola*（Goureau）］，豌豆潜叶蝇也称豌豆荚叶蝇、豌豆叶蝇，属双翅目潜蝇科。该虫分布很广，在我国除新疆和西藏未有记载外，全国各地都发生过，只是发生和为害程度不同，浙江省金华永康和宁波宁海、奉化、象山等地发生比较普遍。

1. 形态特征

成虫体长2～3 mm，翅展5～7 mm，暗灰色，疏生黑无色刚毛。腹眼红褐色，触角3节，黑色。触角芒生于第3节背面基部。胸部有4对粗大背鬃。前翅透明，有紫色闪光，前缘脉有1处断裂，平衡棒淡黄色。卵椭圆形，淡绿色，半透明。幼虫老熟时体长3.2～3.5 mm，蛆状，乳白色，渐变淡黄色或鲜黄色。前气门1对，位于前胸近背处，互相接近；后气门1对，位于腹末节上方。蛹长椭圆形，体长2.1～2.6 mm，初期乳黄色，后变黄褐色或褐色。

2. 为害症状

豌豆潜叶蝇寄生于杂交苜蓿的叶内，由于幼虫吃食叶片的叶肉，只剩下叶面表皮和叶背面表皮缺乏叶绿素，所以形成明显白线。植株因缺乏叶绿素，不能进行光合作用而枯萎，生长停止产草量下降（图 7-47）。

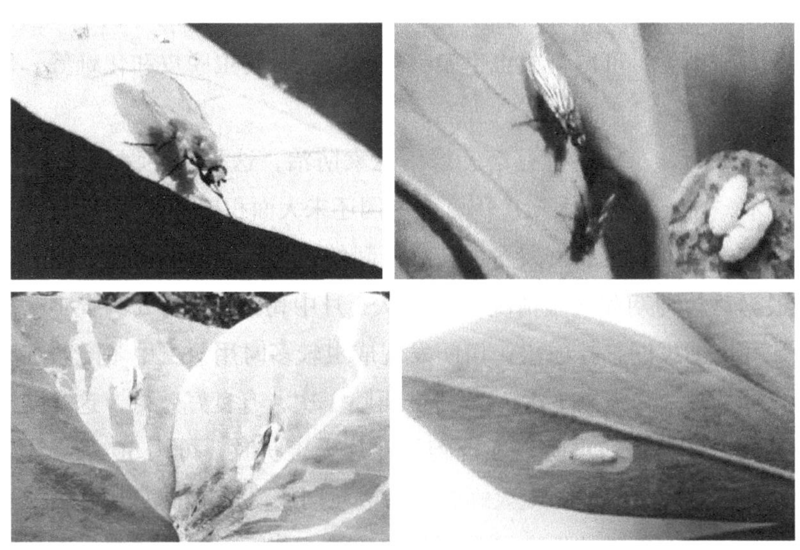

图 7-47　豌豆潜叶蝇

3. 发生规律

豌豆潜叶蝇的成虫、卵、幼虫和蛹体型都小，1 年可发生多代，据记载在东北 1 年可发生 4～5 代，以蛹在被害的叶内越冬为主。在南方没有固定越冬虫态，成虫早期出现经过 36～48 h 即交尾。交尾 1 d 后就开始产卵，先以产卵器刺破叶子表皮，然后插入组织内，将卵产于表皮下，产后常用口器吐一些物质封闭产卵处，每次只产 1 粒卵，以产在叶背边缘处为主，1 只雌蝇一生可产卵 50～100 粒。潜叶蝇 7 月初发生，7 月中下旬进入为害盛期。这一阶段因进入雨季多雨、潮湿适宜潜叶蝇繁殖。华北 1 年生 4～5 代，以蛹在被害的叶片内越冬。该虫喜低温，发生很早，北京 3 月上旬即见发生，大多数于 4 月中下旬成虫羽化，第 1 代幼虫为害阳畦菜苗、留种十字花科蔬菜、油菜及豌豆，5—6 月为害最重；夏季气温高时很少见到为害，到秋天又有活动，而且发生期相当长，但数量不大。成虫白天活动，吸食花蜜，交尾产卵。产卵多选择幼嫩绿叶，产于叶背边缘的叶肉里，尤以近叶尖处为多，卵散产，每次 1 粒，每雌可产 50～100 粒。幼虫孵化后即蛀食叶肉，隧道随虫龄增大而加宽。幼虫 3 龄老熟，即在隧道末端化蛹。各虫态发育历期：13～15℃时，卵期 3.9 d，幼虫期 11 d，蛹期 15 d，共计 30 d 左右；23～28℃时，各虫态历期分别为 2.5 d、5.2 d、6.8 d，计 14 d 左右，成虫寿命一般 7～20 d，气温高时 4～10 d。

4. 防治措施

（1）生物防治　释放姬小蜂（*Diglyphus* spp.）、反颚茧蜂（*Dacnusin* spp.）、潜蝇茧蜂（*Opius* spp.）等寄生蜂，这 3 种寄生蜂对斑潜蝇的寄生率较高。施用昆虫生长调节剂类，可影响成虫生殖、卵的孵化、幼虫脱皮和化蛹等。也可用黄板诱集。

（2）物理防治　使用豌豆潜叶蝇信息素防治，这是最环保、安全、有效、适用的技术，在欧洲得到大量应用，在中国还未大面积展开使用。

（3）化学防治　在成虫大发生前将田间的残枝枯叶全部处理干净，以减少虫源；根据苜蓿种期和气温情况，一般从 3 月中旬开始每 5 d 调查 1 次成虫出现情况，并用捕虫网扫扑成虫；田间发现成虫较多时用氯虫甲苯酰胺加吡蚜酮或者毒死蜱加水稀释喷杀 1 次，6～7 d 再喷 1 次，有良好效果，这是防治豌豆潜叶蝇的关键环节。幼虫防治发现豌豆叶片受害状时，可用 30% 或 50% 灭蝇胺可湿性粉剂进行防治。90% 灭蝇胺水分散粒剂或溴氰虫酰胺 10% 可分散油悬浮剂喷雾杀灭。有条件的地方可采用生物防治。茧蜂、黑卵蜂都是豌豆潜叶蝇的天敌，放蜂或调查寄生蜂的发生情况予以保护，在寄生蜂旺发期尽量不用或少用除虫药。

七、螟蛾

螟蛾类害虫主要有苜蓿夜蛾、草地螟、甜菜夜蛾等，常常给生产造成毁灭性损失。

1. 主要种类及其形态特征

（1）苜蓿夜蛾（*Heliothis dipsacea*）（图 7-48）　成虫体长 13～16 mm，翅展 30～38 mm。前翅灰褐色带青色。缘毛灰白色，沿外缘有 7 个新月形黑点，近外缘有浓淡不均的棕褐色横带；翅中央有 1 块深色斑，有的可分出较暗的肾状纹，上有不规则小点。后翅色淡，有黄白色缘毛，外缘有黑色宽带，带中央有白斑，前部中央有弯曲黑斑；卵半球形，直径约 0.6 mm，卵面有菱状纹，初产白色，后变黄绿色；幼虫老熟时体长约 40 mm，头部绿色、黄色或粉红色，有褐色点，每 5～7 个 1 组，中央的斑点形成倒“八”字形。体色变化大，有淡绿色、灰绿色、棕绿色等，前胸背板和臀板黄色。胸足和腹足黄绿色。前胸气门前 2 根侧毛的连线与气门下缘不在一直线上。背线暗色，亚背线白色有暗边，气门线黄绿色。气门中央黄色，边缘色深，第 8 腹节气门比第 7 节的约大 1 倍；蛹长约 20 mm，黄褐色、褐色，头顶有黑色乳状突，末端有 2 根刺状刚毛。

图 7-48　苜蓿夜蛾

（2）草地螟（*Loxostege sticticalis* Linnaeus）（图 7-49）　成虫体长 8～12 mm，静止时体呈三角形，前翅灰褐或暗褐色，翅中央稍近前方有 1 个方形淡黄色或浅褐色斑，翅外缘黄白色，并有连续浅黄色小点连成条纹，后翅灰色，靠近基部较浅，沿外缘有 2 条平行的波状纹；卵椭圆形，长 0.8～1.2 mm，为 3～5 粒或 7～8 粒串状粘成复瓦状的卵块；幼虫共 5 龄，老熟幼虫 16～25 mm，1 龄淡绿色，体背有许多暗褐色纹，3 龄幼虫灰绿色，体侧有淡色纵带，周身有毛瘤。5 龄多为灰黑色，两侧有鲜黄色线条。

图 7-49　草地螟

（3）甜菜夜蛾（*Spodoptera exigua*）（图7-50） 成虫体长10～14 mm，翅展25～30 mm，虫体和前翅灰褐色，前翅外缘线由1列黑色三角形小斑组成，肾形纹与环纹均黄褐色。卵圆馒头形，卵粒重叠，形成1～3层卵块，有白绒毛覆盖。幼虫体色多变，一般为绿色或暗绿色，气门下线黄白色，两侧有黄白色纵带纹，有时带粉红色，各气门后上方有1个显著白色斑纹。腹足4对。蛹体长1 cm左右，黄褐色。

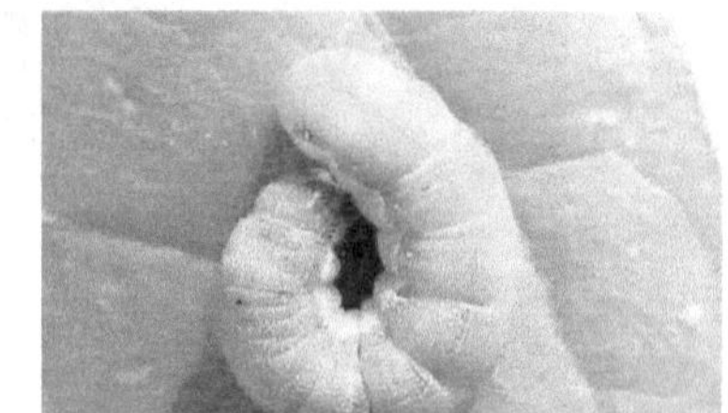

图7-50 甜菜夜蛾

2. 为害症状

（1）苜蓿夜蛾 苜蓿夜蛾其食性很杂，据统计寄主植物有70多种，为害较重的是豆科中的苜蓿、草木樨和豆类。一般1～2龄幼虫常在叶面啃食叶肉，2龄以后常在叶片边缘向内残食，形成不规则的缺刻和孔洞，幼虫另一习性是喜欢蛀食寄主植物的花蕾、果实和种子。

（2）草地螟 又称黄绿条螟、甜菜网螟，俗称罗网虫、吊吊虫等，是一种世界性农牧业害虫，在我国主要分布在华北和东北地区，可取食为害30多科200余种植物，喜食藜科、菊科、蓼科和豆科等双子叶作物和杂草。以幼虫为害，突发性强，具有迁移能力较强、集中为害、暴发性强、迅速扩散等特点。为害症状与虫龄相关，初孵幼虫一般会取食叶肉，并残留在叶片表皮；2～3龄幼虫一般会集群在心叶内造成为害；3龄幼虫的取食量逐渐增大，并从3龄开始结网，3龄幼虫能够吃光叶片；4～5的龄虫为暴食期，能够将成片作物的叶片吃光，具有成群转移的特点，在很短的时间内就会造成严重减产。

（3）甜菜夜蛾 以幼虫为害叶片。初孵幼虫群集于叶背蚕食或剥食叶片；低龄幼虫常群集在辣椒心叶处结网为害，取食叶肉，留下表皮，叶片出现透明小孔；3龄以上幼虫可将叶片咬成缺刻，严重时叶片仅剩叶脉和叶柄，致使植株死亡，造成缺苗断垄，甚至毁种。

3. 发生规律

（1）苜蓿夜蛾 苜蓿夜蛾在华北地区1年发生2代。以蛹在土中越冬。翌年6月中旬前后出现越冬代成虫。第1代低龄幼虫取食作物嫩头，而后为害叶片，将叶片咬成缺刻或吃光、8月中旬前后出现第1代成虫、第2代幼虫继续为害叶片，8月下旬至9月中旬为害最重，9月下旬幼虫入土化蛹越冬。成虫昼伏夜出，白天隐身于植株中下层叶片上，栖息比较隐蔽，受惊扰后在植株间做短距离飞翔；夜间吸食作物花蜜并交尾，将卵产在作物叶片背面。幼虫昼夜取食为害，以夜间取食为盛。低龄幼虫喜为害上层叶片，高龄幼虫喜为害中下层叶片。幼虫爬行时，胴体前部常悬空左右摇摆探索前进。低龄幼虫受惊后迅速后退，老熟幼虫受惊后则卷成环形，落地假死。6 月上旬至 8 月中旬雨量适中而均匀有利苜蓿夜蛾化蛹和羽化，为害较重，反之较轻；多年生苜蓿受害重，1 年生轻；栽植过密、管理粗放、田边杂草丛生的田块受害重；密度适宜、精心管理、田边整洁无杂草的田块受害轻。

（2）草地螟　我国草地螟 1 年发生 1～4 代，在内蒙古一般每年发生 2 代，其中，第 1 代为害较严重，草地螟一般以老熟幼虫在土壤中结茧越冬，翌年春季化蛹羽化。成虫一般在夜间或傍晚活动，在白天一般潜伏在益母蒿（第 1 代成虫）、夏至草（越冬代成虫）、灰菜等蜜源及藜科植物的杂草丛中，受到惊扰时会做短距离迁飞。取食花蜜是确保成虫性器官成熟的必要条件，性器官成熟后才能进行交配、产卵。成虫具有远距离迁飞的习性，一般在傍晚、微风天气或地面的气温出现逆增的情况下，成虫会集群起飞，飞到离地 50～100 m 的高空进行远距离迁飞。迁飞过程中如果遇到气流旋回的情况，草地螟会被迫降落，从而形成新的繁殖地点，也就会在当地发生突增的现象，成虫喜欢将卵产在离地 8 cm 左右的蓟、藜、猪毛菜等植物的叶子背面，卵可聚产（3～5 粒或 10 多粒）或单产，聚产呈现覆瓦状。草地螟幼虫具有结网的习性。一般 3 龄以后的幼虫就开始结网，据观察，一般 3～4 头幼虫结 1 个网，偶尔也会出现 7～8 头结 1 个网的现象。当 4 龄末以后的幼虫一般会单虫结网。如果结网后遇到触动，幼虫会成波浪状跳动或作螺旋状后退。在草地螟幼虫为害盛期，幼虫会进行迁移，因此，会对附近的农田造成为害，如果大量迁移，就会最终造成大面积灾害。成虫高峰期处于对适宜草地螟繁殖的外界环境，会使成虫产卵比较集中并且整齐，同时，成虫孵化后的温度较高，幼虫就会很快成长起来，进入到暴食期，进而造成大面积为害。在草地螟发生较少的年份，幼虫一般不会为害农田，只会在猪毛菜、灰菜等杂草上取食。幼虫老熟后，会钻入土壤中 4～9 cm 深处结茧，并在茧内化蛹。4～5 龄为暴食期，也是田间为害盛期，其取食量占总量的 60%～90%，因此防治应早在 2～3 龄的低龄幼虫期进行为宜。

（3）甜菜夜蛾　甜菜夜蛾 1 年发生 6～8 代，以蛹在土壤中越冬，世代重叠，7—8 月发生多，高温干旱年份发生重，常和斜纹夜蛾混发。当土温升至 10℃以上时，甜菜夜蛾的蛹开始孵化，产卵于叶片、叶柄或杂草上，以卵块产下，卵块单层或双层，上覆白色毛层。甜菜夜蛾卵期3～6 d，幼虫5龄（少数6龄），1～2龄时群聚为害，3～4龄后白天潜于植株下部或土缝，傍晚取食为害。成虫有假死习性，受震后即落地。甜菜夜蛾群体数量较大时，有成群迁移的习性。

4. 防治措施

（1）*农业措施* 在农田、人工栽培草地上采取措施清除田间、地埂的杂草，以减少虫源。结合秋季翻耕土地，破坏草地螟的越冬及栖息场所。种植诱集带灭（避）卵控制技术，草地螟在藜科、菊科、蓼科、豆科、伞形科杂草和禾本科中的狗尾草、稗等寄主着卵比率和着卵量高，这些杂草也是农田杂草优势种。掌握适当中耕除草时期可有效降低田间草地螟落卵量，进而压低下一代虫量。

（2）*生物防治* 利用天敌昆虫防治（图7-51），螟蛾类天敌主要有寄生性天敌、病原微生物和捕食性天敌3大类。寄生性天敌有寄生蝇20余种，寄生蜂10余种，其中以寄生蝇的寄生率高，对寄主种群的控制作用较大，优势种主有黑袍卷须寄蝇、双斑截尾寄蝇、伞裙追寄蝇等。注重对天敌的保护利用，采取各种措施，例如创造利于天敌种群增长的环境条件，在螟蛾类幼虫低密度时不使用化学农药，不推荐春耕或秋耕，以减少或避免杀伤天敌。另外，在农田边种植一些保护林、绿肥或牧草等，创造适于寄生性天敌生存的小生态环境，提供其所需的补充营养或庇护场所，有助提高天敌对螟蛾类的寄生率。

采用性诱剂防治技术（图7-52），性诱剂因具有选择性强、灵敏度高、准确性好、使用简便、高效、无毒、经济等特点，已经作为害虫综合防治的重要组成部分，得到越来越多的应用。诱捕系统的测报对象。性诱剂主要用于防治鳞翅目、鞘翅目等害虫，由于性诱剂具有极强的专一性，1种性诱剂只能诱捕1种或其近缘种类。诱捕装置包括三棱柱状的诱捕架、粘虫板等；三棱柱状的诱捕架由PV板折叠而成，经济实用；粘虫板为1个涂有粘虫胶的塑料板，粘虫胶是用来粘住诱集到的害虫；诱芯悬挂于距粘虫板2～3 cm处。诱捕系统的使用方法是将诱芯和粘虫板安装在诱捕架上，将其固定在田间埋好竹竿或枝条上，悬挂高度为作物顶端15～20 cm处较为理想；每隔15 m挂1个诱捕器，4月中下旬挂出，当诱捕架悬挂在田间，害虫受到性诱剂的吸引从诱扑架两个三角形的侧面进入诱扑架中，被粘虫板粘住，及时清理诱集液中的残虫或更换粘虫板。

利用杀虫真菌（白僵菌）防治，调查发现，白僵菌是草地螟最主要的病原微生物天敌，在田间采集的草地螟越冬虫茧20%被白僵菌寄生。我国利用白僵菌防治玉米螟和松毛虫，已作为常规手段连年使用。

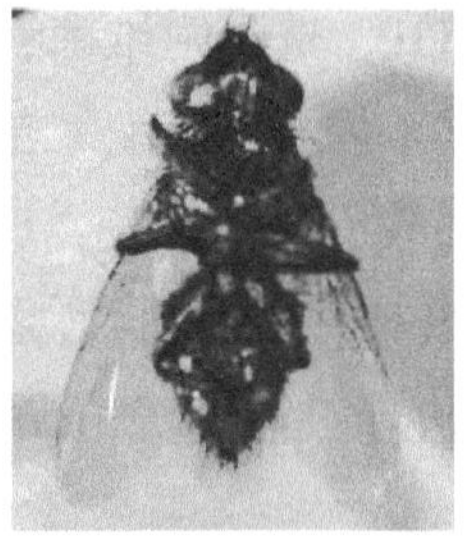

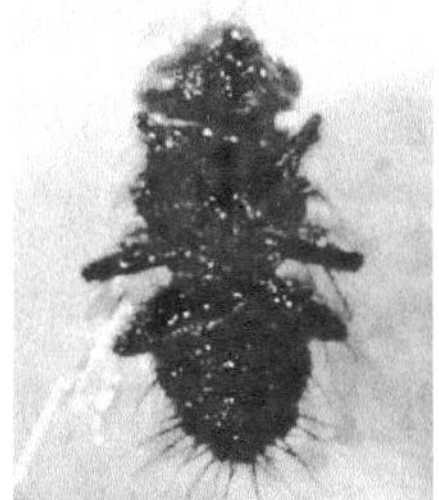

黑袍卷须寄蝇（雄、雌）　　双斑截尾寄蝇（雄、雌）

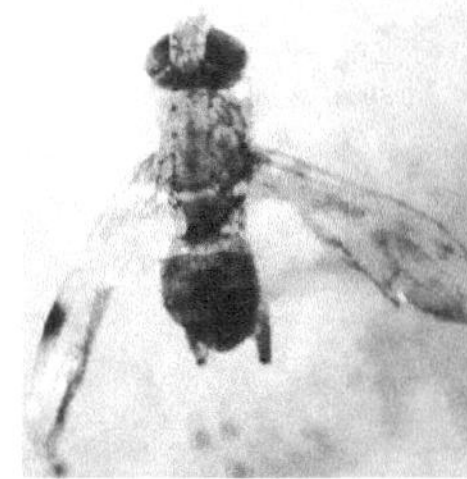

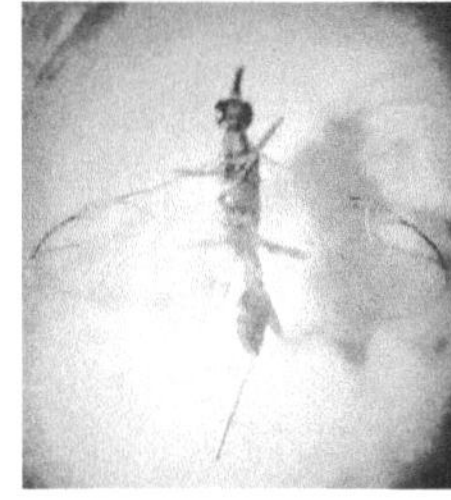
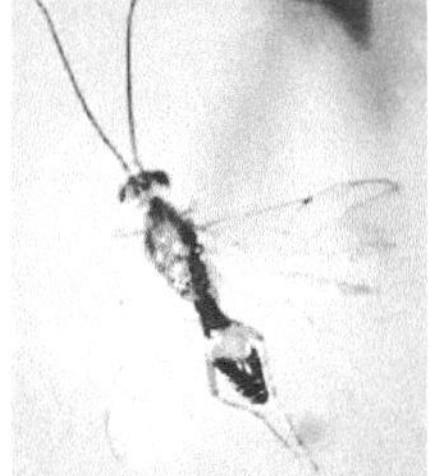

伞裙追寄蝇（雌、雌）

盘背菱室姬蜂（雄、雌）

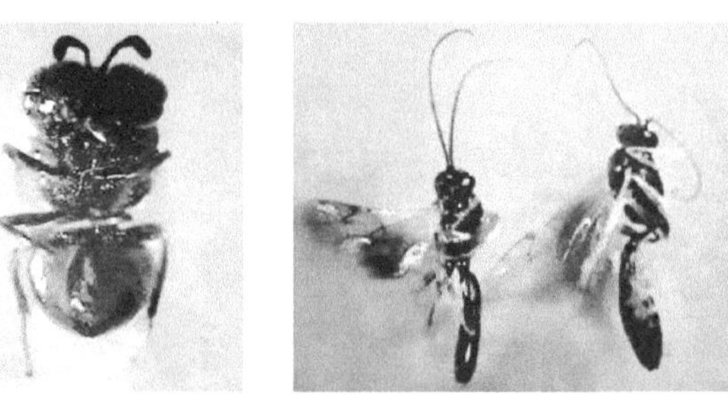

草地螟巨胸小蜂（雄、雌）　　分室茧蜂（雄、雌）

图 7–51　寄生性天敌昆虫

图 7–52　田间草地螟性诱剂防治

微生物源或植物源农药防治（图 7-53），选择阿维菌素、苦参碱、除虫菊素、苦内酯（0.6%AS）、印楝素、清源宝（苦参素复配）和苏云金杆菌等生物农药防治草地螟。阿维菌素和苦内酯药效快、持效期长，可在卵盛期至 3 龄前幼虫高峰期使用；1.5% 除虫菊素 AS 药效快，7 d 后防效降低，应在 3 龄前幼虫高峰期使用；苏云金杆菌药效慢，但残效长，印楝素和苦参碱药效慢，但 7 d 后防效一般，应在卵盛期使用。

图 7-53　白僵菌防治过程

利用杀虫灯防治，杀虫灯既可用来直接诱杀害虫，也可作为害虫预测预报用。利用草地螟的趋光性，在农田和人工草地中装黑光灯或频振式杀虫灯，可诱杀成虫，减轻田间蛾量，进而减少下一代的发生。新型的佳多频振杀虫灯对植食性害虫的诱杀力强、诱杀量大、诱杀种类多，对天敌相对安全，适宜大面积农田及人工草地应用。每年 4 月中旬在田间设置杀虫灯。采用普通型杀虫灯即可，有条件地区可选择自动虫情测报灯，甚至是太阳能型频振式杀虫灯。距灯 80 m 较为合适，1 盏灯可控制的范围为 30～40 亩。架灯高度苜蓿田设置高度为 0.7 m 左右。

（3）化学防治　首先应注意把握防治时期，将幼虫消灭在 3 龄以前；其次宜选用高效低毒击倒力强，且较经济的农药进行防治。在应急防治时施用防效高、速效性和持久性强的菊酯类农药，例如高效氯氟氰菊酯（2.5%EC）、氯氟氰菊酯（2.5%EC）、高效氯氰菊酯（4.5%EC、4.5%ME）和溴氰菊酯

（2.5%EC）等，有机磷及其复配剂类农药三唑磷 EC、毒死蜱，复配剂类农药高氯·毒死蜱、阿维菌素·毒死蜱、阿维菌素·三唑磷、阿维菌素·杀螟硫磷等。

八、苜蓿叶象甲

1. 形态特征

苜蓿叶象甲（*Hypera postica* Gyllenahl）（图 7-54）成甲是褐色的，长约 4.75 mm，背部有深色条纹，其长度超过体长的 1/2。随着年龄老化，许多成虫变为均一的深褐色。雌成虫产卵呈堆状，内有 1～30 粒柠檬黄色的卵，卵长约 0.52 mm，卵产于苜蓿茎部被它们咬成的空洞内，在孵化前卵变为深褐色。气候温暖时 1～2 周即可孵化，但气候较冷时孵化期较长。幼虫初长约 1.27 mm，淡黄色，头部黑色并有光泽，3～4 周老熟的幼虫长约 9.53 mm，淡绿色，头部黑色而在背部有白色条纹。化蛹于网状蚕内，蚕固着于植株上或是地面的残体上，1～2 周成虫羽化。大多数地区苜蓿叶象甲每年只产生 1 代，以成虫越冬，早春成虫变更年产卵。初夏，大部分幼虫成熟，化蛹后变为成虫。

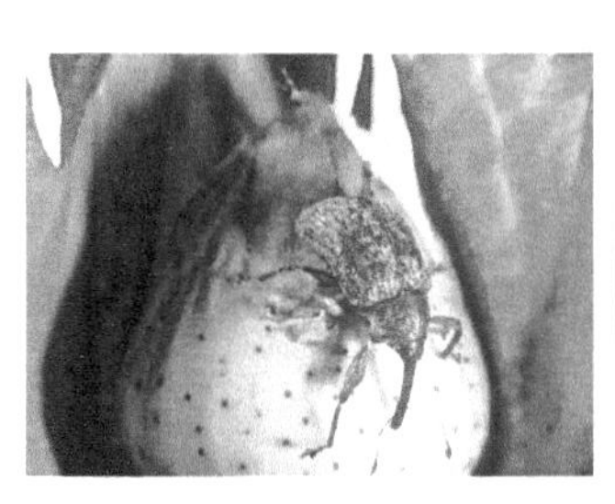

图 7-54　苜蓿叶象甲

2. 为害症状

苜蓿叶象甲以幼虫取食苜蓿叶片而得名，其成虫、幼虫均可为害，但主要以 3～4 龄幼虫为害最为严重，成虫和幼虫均能为害苜蓿的顶端、叶和新生嫩芽。成虫能取食叶片及茎秆，产卵时雌虫将苜蓿茎秆咬成圆孔或缺刻，并将卵产在茎秆内，并用分泌物或排泄物将洞口封闭。卵在茎秆内孵化后，初孵幼虫在茎秆内蛀蚀，形成黑色的隧道；至 2 龄时，幼虫自茎秆中钻出并潜入苜蓿叶芽和花芽中为害，为害花芽能使花蕾脱落、子房干枯，破坏苜蓿上部的生长点，影响苜蓿的生长。3～4 龄幼虫大量取食苜蓿枝叶，取食苜蓿叶肉，严重时只残留叶片主要叶脉，严重影响苜蓿光合作用，致使苜蓿的长势密度和产量大大降低，甚至绝收。

3. 发生规律

苜蓿叶象甲 1 年发生 3 代，其以成虫形式在苜蓿地残株落叶下或裂缝中越冬。翌年 4 月上旬，苜蓿开始萌发时，越冬代成虫开始出蛰活动，取食。若虫取食 3～4 周（取决于苜蓿的质量和温度），幼虫蜕皮 3 次。老熟幼虫结茧后落入地上。蛹需要 1～2 周完成，多数从茧中出来，夏季躲到安全地方，不动，开始越夏。少部分成虫仍产卵，再发生 1 代。冬季成虫躲入渠沟、草丛、栅栏等地越冬。4 月下旬为越冬代成虫出蛰为害盛期，产卵盛期在 5 月上中旬。由于越冬代苜蓿叶象甲经过严酷的冬季，其存活下来的均为体能较好的个体，致使越冬代苜蓿叶象甲雌虫产卵历期、产卵总量及产卵高峰持续期均明显较长。第 1 代幼虫盛期在 5 月下旬至 6 月上旬，幼虫对第 1 茬苜蓿为害严重，早期的成熟幼虫于 5 月底做茧化蛹，化蛹盛期为 6 月上中旬。第 1 代成虫羽化盛期在 6 月中下旬，由于受到高温天气的影响，羽化的第 1 代成虫有 10% 进入滞育。第 2 代的幼虫于 7 月中旬出现，7 月下旬幼虫化蛹，8 月上旬出现第 2 代成虫，第 2 代成虫同样受到高温的影响而有 65% 左右的个体进入滞育。第 3 代幼虫盛期在 8 月中下旬，化蛹盛期为 9 月中旬，9 月下旬至 10 月上旬为羽化盛期，同时由于温度下降，羽化的成虫进行短暂的取食活动后迅速进入越冬阶段。

4. 防治措施

（1）农业防治　适当提前对第 1 茬苜蓿的刈割，将卵、幼虫随收割的苜蓿一起带走，有利于减少当年的虫口数量基数；适时与小麦、玉米等单子叶作物轮作，一方面有利于提高苜蓿产草量，另一方面有利于降低田间虫口基数。

（2）生物防治　生物防治应主要以保护苜蓿叶象甲自然天敌为主。苜蓿田间苜蓿叶象甲的天敌种类较多，其中捕食性天敌有七星瓢虫、蜘蛛类等；寄生性天敌有苜蓿叶象啮小蜂、短窄象甲姬蜂、苜蓿叶象姬蜂等，其中苜蓿啮小蜂对 3 个世代的苜蓿叶象甲幼虫均可寄生，是苜蓿田间的主要寄生性天敌。因此，结合天敌发生发展规律适时进行防治保护，有利于保证整个苜蓿田间的生物防控效果。

（3）化学防治　苜蓿叶象甲第 1 代幼虫发生高峰期可喷洒 2.5% 功夫乳油 1 500 倍液，可有效控制其虫口密度；50% 马拉松乳油稀释 1 000 倍液喷雾，或 25% 西维因可湿性粉剂 200～300 倍液喷雾，或 10% 涕灭威颗粒剂每亩施量为 0.5～0.6 kg，可与化肥混合后，沟施，或 50% 对硫磷乳油每亩用量为 30～50 ml 加水 50 L 喷雾可达到较好的治理效果。

九、蝗虫

蝗虫种类繁多，以卵或成虫越冬，春季常迁徙到营养丰富的农作物上进行繁殖，以苜蓿为食的蝗虫主要分布在美国西部和中西部干旱区域，在我国北方地区多种草原蝗虫也取食苜蓿，包括短星翅蝗、短额负蝗、小翅雏蝗等。

1. 主要种类及其形态特征

（1）短星翅蝗（*Calliptamus abbreviatus* Ikonn）（图 7-55）　雄虫体长 12.9～21.1 mm，雌虫体长 23.5～32.5 mm，体褐色或黑褐色。前翅具有许多黑色小斑点，后翅本色（个别个体红色），后足股节内侧红色具两个不完整的黑纹带，基部有不明显的黑斑点，后足胫节红色。头短于前胸背板的长度，头顶向前突出，低凹，两侧缘明显。头侧窝不明显。颜面侧观微后倾，颜面隆起宽平，缺纵沟。复眼长卵形，其垂直直径为水平直径的 1.3 倍，为眼下沟长度的 2 倍。触角丝状，细长，超过前胸背板的后缘。前胸背板中隆线低，侧隆线明显，几乎平行；后横沟近位于中部，沟前区和沟后区几乎等长。前胸腹板突圆柱状，顶端钝圆。中胸腹板侧叶间之中隔的最狭处约为其长度的 1.3 倍。后足股节粗短，股节的长为宽的 2.9～3.3 倍，上侧中隆线具细齿。后足胫节缺外端刺，内缘具刺 9 个，外缘具刺 8～9 个。前翅较短，通常不到达后足股节的端部。尾须狭长，上、下两齿几乎等长，下齿顶端的下小齿较尖或略圆。下生殖板短锥形，顶端略尖。阳具复合体近似意大利蝗，但阳具瓣较短，它超出阳具瓣侧附突的长度等于或小于侧附突本身的长度。雌虫产卵瓣短粗，上、下产卵瓣的外缘平滑。

图 7-55　短星翅蝗

（2）短额负蝗（*Atractomorpha sinensis*）　雄虫体长 21～25 mm，雌虫体长 35～45 mm，绿色或褐色。头部削尖，向前突出，侧缘具黄色瘤状小突起。前翅绿色，超过腹部；后翅基部红色，端部淡绿色；卵长椭圆形，长约 3.5 mm，淡黄色至黄褐色；若虫共 5 龄，特征与成虫相似，体被白绿色斑点（图 7-56）。

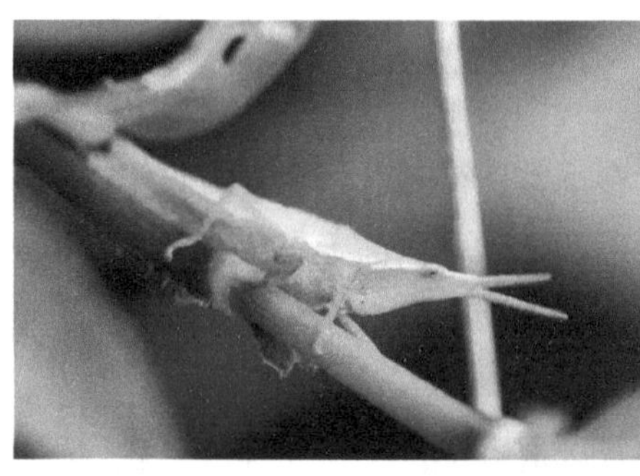

图 7-56　短额负蝗

（3）小翅雏蝗（*Altichorthippus fallax*）（图 7-57）　成虫体色黄褐色或绿褐色。头部较短，短于前胸背板，头侧窝明显，呈狭长四方形，颜面向后倾斜，颜面隆起宽平。前胸背板中隆线较低，侧隆线在沟前区略向内弯曲，后横沟位于其中部。雄性前翅短，顶端宽阔，不到达足股节的顶端，其前缘脉域近基部明显扩大，顶端不超过前翅的中部；中脉域的宽度为肘脉域宽的 3～5 倍，后翅很短，呈鳞片状。前足跗节第 1 节短于第 3 节。后足股节黑色，胫节黄褐色，爪间中垫较长，顶端超过爪的中部。尾须长圆锥形，通常到达腹部第 3 节，且在背部明显分开。背面有较宽的间隔。后翅退化为片状物。雄性体长 9.8～15.1 mm，雌性体长 14.7～21.7 mm。雄性翅长 5.7～13.1 mm，雌性翅长 3.4～6.6 mm。

图 7-57　小翅雏蝗

2. 为害症状及发生规律

（1）短星翅蝗　在北方地区 1 年发生 1 代。以卵在田埂、向阳坡、坝等处土壤中越冬。越冬卵 5 月下旬至 6 月中旬孵化为蝗蝻，7 月上旬开始羽化为成虫，8 月中旬成虫开始产卵，9 月下旬死亡。越冬卵历期 245 d 左右。蝗蝻历期 56 d 左右，雌虫 6 龄，雄虫 5 龄，成虫历期 35～58 d，羽化至交尾 13 d 左右，交配到产卵 15 d 左右。晴天、蜕皮及羽化倾向在闷热天进行。成虫有多次交尾现象。3 龄后食量增加，羽化至产卵为暴食阶段，取食高峰在 9—10 时和 15—16 时。成虫不善飞翔，不远迁，跳跃力较强，平时以爬行为主。短星翅蝗食性较杂。主要为害豆科植物，特别是苜蓿，其次为禾本科植物，也为害甘薯及菊科植物。

（2）短额负蝗 1 年发生 2 代。以卵在土中越冬。越冬卵于 5 月下旬孵化为蝗蝻并出土为害，7 月上旬羽化为成虫，8 月上旬成虫产卵。第 2 代卵 8 月中下旬孵化为蝗蝻，蝗蝻 6 龄，9 月中旬羽化为成虫，9 月下旬末产卵，10 月下旬至 11 月上旬死亡。越冬代卵历期较长，约 270 d。第 1 代卵孵化期较短，为 10～20 d，蝗蝻历期 46 d 左右，成虫寿命较长，为 90～150 d，羽化后 30 d 左右产卵。第 2 代蝗蝻历期为 27 d 左右，成虫寿命 55～70 d，羽化后 24 d 左右产卵。初孵化的蝗蝻有避光习性，多栖息在苜蓿的根部和杂草丛中。8—10 时和 16—20 时为蝗蝻取食高峰时段。4 龄后食量大增，蜕皮和羽化后的食量大于蜕皮、羽化前的食量。成虫期的食量远远高于整个蝗蝻期，雌虫的食量高于雄虫，成虫羽化后 2～3 h 取食并进入暴食阶段。成虫有多次交尾现象。交尾结束后，雄虫仍负在雌虫背上，形成假交现象。短额负蝗活动范围较小，不能远距离飞翔，多善跳跃或近距离迁飞。在无风、晴天，多爬在苜蓿植株上栖息，在天气炎热的中午或低温时，多栖息在苜蓿根部或杂草丛中，喜食苜蓿、大豆、棉花、芝麻等双子叶植物。

（3）小翅雏蝗 1 年发生 1 代，卵在土中越冬。属晚发生类，一般 6 月中下旬开始孵化，羽化期在 8 月上中旬。产卵期最早 9 月上旬，产卵盛期在 9 月中下旬；华北一带产卵期从 8 月下旬延长至 10 月下旬。在高山草原地区，9 月中旬还大量活动，但雄虫数量明显减少。小翅雏蝗喜栖息于较潮湿环境中，主要生长在牧草较茂密的草场上，在河岸的马蔺、禾草滩及农田地带路边水草丛中常有大量发生。小翅雏蝗除食禾本科牧草外，对苜蓿、草木樨、灰绿藜、马蔺也常喜食。

3. 防治措施

（1）加强预测预报 预测预报是做好草原蝗虫防治工作的基础和前提，要组织草原业务部门进行草原蝗虫预测预报工作。蝗虫防治工作具有很强的时效性，只有做到预报准确及时，才能实现防治工作的主动、高效、有力、科学。否则，一旦发生灾害，难以组织及时有效的救治，待成虫产卵以后的防治只是打“死老虎”的无效劳动，仍为下一周期蝗害再次爆发埋下了隐患（图 7-58）。

图 7-58　防前调查

（2）适期防治　把握合适的防治适期，从技术角度考虑，其原则应防治在虫体 3 龄之前。农牧交错区应在其扩散迁入农田之前，控制或消灭在发源地。草原蝗虫成灾种类复杂、盛发期各异，最佳防治时间应选择在当地优势种群集中为害期。对于以毛足棒角蝗、白边痂蝗、宽翅曲背蝗等“早发种”为优势种的地区，防治适期应为 5 月中旬至 6 月中旬；对于以亚洲小车蝗等“中发种”为优势种的地区，应为 6 月上旬至 7 月中旬。这样做一是可以避开雨季，以降低雨水冲刷对药效的影响，减轻雨季降雨对治蝗作业进度的影响；二是这两个时间段分别是这一种优势种蝗虫大量出土、羽化为成虫之前的若虫阶段。蝗蝻抗药、抗病能力弱，迁移扩散能力差，易防治，效果明显。因此，应将防治结束期限由“开始产卵”，提前到蝗虫“开始羽化”，防治蝗虫于“成虫”之前，而不是“产卵”之前，这样防效会更明显。

（3）生物防治　利用植物源农药防治，植物源农药就是直接利用或提取植物的根、茎、叶、花、果、种子等或利用其次生代谢产物制成具有杀虫或杀菌作用的活性物质。植物性农药的活性成分是自然界存在的物质，有其自然的降解途径，不污染环境，因而被称为绿色农药。目前，用于防治蝗虫的植物源农药有印楝素、森得保和苦参碱等（图 7-59、图 7-60）。

绿僵菌防蝗技术，绿僵菌是最早用于防治农业害虫的真菌，是一种广谱的昆虫病原菌，绿僵菌依靠分生孢子接触虫体，在适宜环境下萌发，长出菌丝，穿过蝗虫的皮肤（体壁），在虫体内大量繁殖，产生毒素，或是菌丝长满蝗虫体内使蝗虫死亡。直喷型绿僵菌制剂可以用力摇匀后倒入机动喷雾器药箱，直接采用带超低容量喷头的机动喷雾器进行超低容量喷雾。绿僵菌油悬浮剂与植物源农药复配后可以适用于蝗虫中度发生区使用，能明显提高复配制剂的速效性。

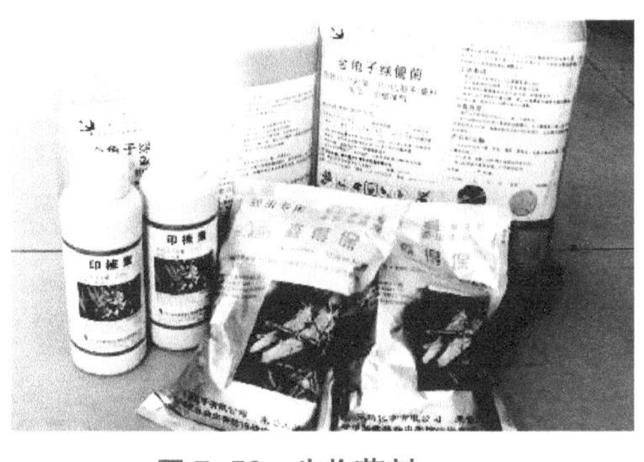

图 7-59　生物药剂

图 7-60　喷洒植物源农药

保护和利用蝗虫的天敌。蝗虫天敌资源极为丰富，其种类和数量都比较多，对抑制蝗虫种群数量、维护草原生态平衡具有不可低估的作用。蝗虫的自然天敌有粉红椋鸟、喜鹊、蜥蜴、蟾蜍、食虫虻、芫菁、步甲、蚂蚁、飞蝗黑卵蜂、螳螂、蜘蛛等。蝗虫天敌是自然界宝贵的生物资源。当前蝗虫爆发与自然生态的破坏密切相关，天敌的保护利用工作不应仅着眼于天敌本身，必须加强对整个生态系统的保护（图 7-61）。

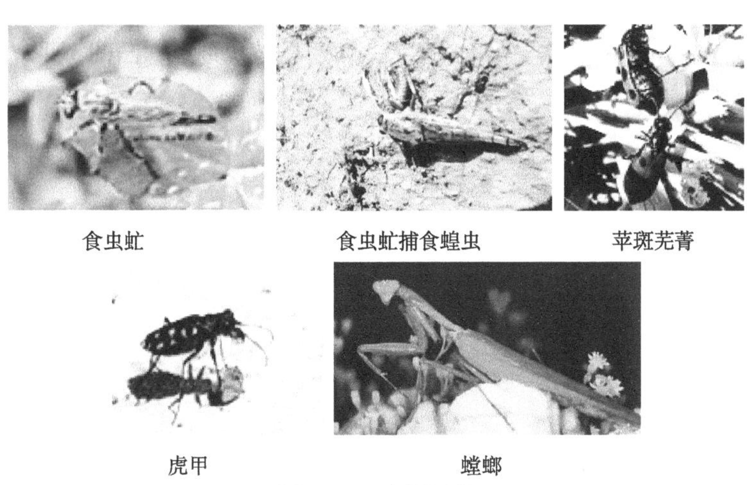

图 7-61　主要天敌

（4）物理防治　利用自然或人为措施，直接作用于各种虫体的方法。目前主要采用的有人工捕杀和机械防治等方法。这种方法是以预测预报为手段，利用蝗虫的一些特性，通过机械等杀灭大量蝗虫。例如内蒙古草原站与内蒙古农牧学院研制成功的吸蝗机，对草地蝗虫收集率可达 85%，效率为 2.2 hm^2/h，它可结合蝗虫产品禽类饲料添加剂一起开发，具有广阔的应用前景。

（5）化学防治　采用选择性、高效、低毒、低残留的化学农药，如菊酯类等（图 7-62）。

飞机防治

拖拉机喷药

图 7-62　化学防治方式

十、芫菁

1. 主要种类及形态特征

芫菁类属鞘翅目芫菁科。为害豆科牧草和饲料作物的芫菁种类很多，苜蓿田主要芫菁有中华豆芫菁、绿芫菁、苹斑芫菁、腋斑芫菁、豆芫菁、暗头芫菁。

（1）绿芫菁（*Lytta caraganae*）（图 7-63）　成虫体长 11～21 mm，宽 3～6 mm。绿芫菁全身绿色，有紫色金属光泽，有些个体鞘翅有金绿色光泽；额前部中央有 1 橘红色小斑纹，触角念珠状，鞘翅具皱状刻点，凸凹不平。

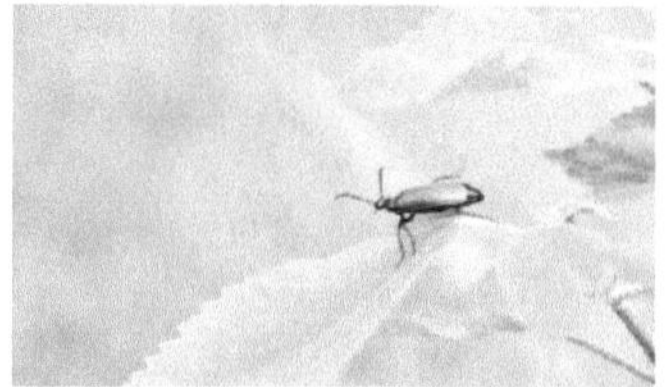

图 7-63　绿芫菁

（2）苹斑芫菁（*Mylabris calida*）（图 7-64）　成虫体长 11～13 mm，宽 3.6～6.8 mm。体足全黑，被黑色毛。鞘翅淡黄至棕黄色，具墨斑。头部方形、密布刻点，中央有 2 个红色小圆斑，触角末端与节膨大成棒状。前胸背板两侧平行，前端 1/3 处向前变窄；后端中央有 2 个小凹洼前后排列。鞘翅表面皱状，每翅有 1 黑色横斑纹。距翅的基部和端部各 1/5～1/4，各有 1 对黑圆斑，有时后端 2 个黑圆斑汇合成 1 条横斑。

（3）豆芫菁（*Epicauta* sp.）　成虫体长 10.5～18.5 mm，宽 2.6～4.6 mm。体和足黑色；头红色，具 1 对光亮的黑瘤，有时近复眼的内侧亦为黑色。前胸背板中央和每个鞘翅中央各有 1 条由灰色白毛组成的宽纵纹。小盾片，鞘翅侧缘，端缘和中缝，胸部腹面两侧和各足腿节和胫节均被白毛，以前足的毛最密，各腹节后缘有 1 条由白色毛组成的宽横纹。头部刻点浓密，具黑色细短毛。触角黑色，基部 4 节部分红色。雄虫触角 3～7 节扁平，向外侧强烈展宽，锯齿状，每节外侧各有 1 条纵凹槽，第 7 节的凹槽有时浅而不明显，雌虫触角丝状。前胸长稍大于宽，两侧平行，自前端的 1/3 处向前束缩，盘区中央有 1 条纵凹纹，在后缘之前有 1 个三角形凹洼。

图 7-64　苹斑芫菁　　　　图 7-65　豆芫菁

2. 为害症状

芫菁对苜蓿的为害表现在两个方面。一是直接取食引起产量损失，二是虫体遗留在干草捆内引起以苜蓿为食的家畜中毒造成的间接为害。当直接为害苜蓿时，芫菁喜欢取食花器，将花器吃光或残留部分花瓣，使种子产量降低。如果没有花时也食害叶片，将叶片吃光或形成缺刻。除苜蓿外，还以小冠花等其他植物为寄主。当芫菁种群数量较大时，对花或叶造成的为害较大，特别是种子田，必须防治。芫菁的间接为害是由于其体内含有一种叫“斑蝥素 cantharidin”的化学物质引起的。斑蝥素是一种起泡剂，化学物质高度稳定，即使在干死的芫菁体内仍保持活性。机械收割及打捆过程中将田间的芫菁碾死，若其尸体被打在草捆中，以含有此虫尸的草捆或其草捆的加工品饲喂家畜，会引起家畜中毒或死亡。

3. 发生规律

在内蒙古 1 年发生 1 代，以 5 龄幼虫在土中越冬，翌年春蜕皮成 6 龄虫，然后化蛹。在武川地区 6 月上旬化蛹，6 月中旬出现成虫。成虫于 6 月下旬交尾产卵，7 月中旬幼虫开始孵化，至 8 月中旬发育成 5 龄幼虫（亦称假蛹），准备越冬。成虫羽化后在清晨出土。上午开始活动，近中午活动最盛。成虫爬行能力强，但飞翔不高，不远。食量颇大，每日可食叶片 4～6 片，先吃心叶、花芽等幼嫩部分，然后再食老叶、嫩茎等。受到惊忧或遇敌时，能从腿节末端分泌出黄色毒液。成虫羽化后 4～5 d 开始交尾，雌虫一生交尾 1 次，雄虫可达 3～4 次。雌虫交尾后经一段时间取食，到地面用口器和前足挖掘一斜形土穴产卵，卵块呈菊花状排列，下部有黏液粘连，一生仅产卵 1 次，需 2 h 以上方能产完。卵多于中午孵化，孵化后的幼虫顺卵穴口爬出土面，行动敏捷，四散寻食蝗卵及土蜂巢内幼虫，无食物可取时 10 d 内死亡。

4. 防治措施

由于田间为害虫态是芫菁成虫，虫体大，可直接用眼观察检测。一般在苜蓿蕾花期，平均有成虫 1 头 /m^2 时或发现田间成群出现时，建议进行药剂防治，以减少为害造成的损失，特别是苜蓿种子田。若收割前检查发现成虫大量发生，应选用残效期短的农药进行防治后再收割，这样死虫尸一般不易被打入草捆中。以减少可能造成的间接为害。

（1）农业防治　为了防治芫菁对苜蓿的取食为害，也可秋冬耕翻土地，可消灭越冬幼虫。同时消灭蝗虫，减少卵量，使芫菁无法完成生活史，从而减少芫菁数量。在收割用于喂马或其他家畜的干草时不要用干草压扁机，尤其是在芫菁出现最频繁季节（一般在 6—7 月）。干草压扁机易将虫压碎并卷入草捆中。当用少量的小捆或圆捆干草饲喂动物时，应仔细检查干草中是否含有芫菁或部分芫菁残体。特别是购买者应事先向种植者询问有关芫菁发生情况及所采取的防治措施。

（2）化学防治　用西维因有效成分 40～80 g/hm^2 喷雾，该药在收割前有 7 d 的安全间隔期。此外马拉硫磷、对硫磷、敌百虫、辛硫磷也被用于苜蓿芫菁的控制。如 90% 敌百虫 1 000 倍液，用药液 1 100 kg/hm^2；2.5% 敌百虫粉剂，清晨喷粉，22.5～37.5 kg/hm^2，可杀死成虫；50% 辛硫磷乳油 1 000 倍液或 50% 马拉硫磷 1 000 倍液进行防治。

十一、地下害虫

地下害虫是指生命的全部或大部分时间生活于土壤，以植物的根或近地面部分为食的一类害虫，主要包括蛴螬、金针虫、地老虎和蝼蛄等 4 类，其他有根蛆、拟地甲、根象甲等。苜蓿是多年生植物，以根越冬，根部是苜蓿生命的源泉，根部受害可导致植株死亡，苜蓿根部的有害生物是造成苜蓿草地植株密度逐年下降、草地衰退的主要因素，也是影响草产量和品质的重要因素。

我国报道在苜蓿草地上共调查鉴定了 43 种地下害虫，其中，金龟甲科 25 种、丽金龟甲科 6 种、叩头甲科 5 种、花金龟甲科 2 种、拟步甲科 4 种、蝼蛄科 1 种。

（一）金龟子类

金龟子是分布较广的地下害虫，主要有黑绒金龟、黄褐丽金龟、华北大黑鳃金龟、铜绿丽金龟等。金龟类的幼虫蛴螬是分布较广的地下害虫。

1. 主要种类及形态特征

（1）黑绒金龟（*Serica orientalis*）（图 7-66）　别名东方金龟子、天鹅绒金龟子、姬天鹅绒金龟子。卵椭圆形，长径约 1 mm，乳白色，有光泽，孵化前色泽变暗。老熟幼虫体长约 16 mm，头部黄褐色，胴部乳白色，多皱褶，被有黄褐色细毛，肛腹片上约有 28 根刺，横向排列成单行弧状。蛹的体长 6～9 mm，黄色，裸蛹，头部黑褐色。成虫体长 7～10 mm，体黑褐色，被灰黑色短绒毛。

图 7-66　黑绒金龟子

（2）黄褐丽金龟（*Anomala exoleta*）（图 7-67）　成虫体长 15～18 mm，宽

7～9 mm，体黄褐色，有光泽，前胸背板色深于鞘翅。前胸背板隆起，两侧呈弧形，后缘在小盾片前密生黄色细毛。鞘翅长卵形，密布刻点，各有3条暗色纵隆纹。前、中足大爪分叉，3对足的基、转、腿节淡黄褐色，腔、跗节为黄褐色。幼虫体长25～35 mm，头部前顶刚毛每侧5～6根，一排纵列。虹腹片后部刺毛列纵排2行，前段每列由11～17根短锥状刺毛组成，占全刺列长的3/4，后段每列由11～13根长针刺毛组成，呈“八”字形向后叉开，占全刺毛列的1/4。背片后部有骨化环（细缝）围成的圆形臀板。

图7-67　黄褐丽金龟子

（3）华北大黑鳃金龟（*Holotrichia oblita*）（图7-68）　成虫为长椭圆形，体长21～23 mm，宽11～12 mm，黑色或黑褐色有光泽。胸、腹部生有黄色长毛，臀板端明显向后突起，顶端尖画，前胸背板宽为长的两倍，前缘钝角、后缘角几乎成直角。每鞘翅3条隆线。前足胫节外侧3齿，中后足胫节末端2距。雄虫末节腹面中央凹陷、雌虫隆起。雌性腹部末节中部肛门附近呈新月形，凹处较浅，后足胫节内侧端距大而宽。

图7-68　华北大黑鳃金龟

（4）铜绿丽金龟（*Anomala corpulenta*）（图 7-69）　前者成虫体长 17～22 mm，长椭圆形，黑褐色，有光泽。后者成虫体长 15～19 mm，背面铜绿色，有金属光泽。成虫体长 19～21 mm，触角黄褐色，鳃叶状。前胸背板及鞘翅铜绿色具闪光，上面有细密刻点。鞘翅每侧具 4 条纵脉，肩部具疣突。前足胫节具 2 外齿，前、中足大爪分叉。卵在初产时呈椭圆形，长 182 mm，卵壳光滑，乳白色。孵化前呈圆形。3 龄幼虫体长 30～33 mm，头部黄褐色，前顶刚毛每侧 6～8 根，排一纵列。腹片后部腹毛区正中有 2 列黄褐色长的刺毛，每列 15～18 根，2 列刺毛尖端大部分相遇和交叉。在刺毛列外边有深黄色钩状刚毛。蛹呈长椭圆形，土黄色，体长 22～25 mm。体稍弯曲，雄蛹臀节腹面有 4 裂的统状突起。

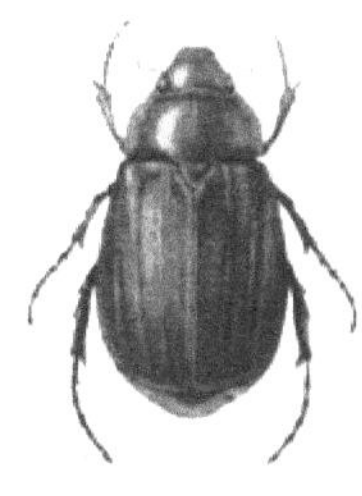

图 7-69　铜绿丽金龟

2. 为害症状

金龟子类的幼虫称为蛴螬，蛴螬类地下害虫的寄主范围广泛，可为害几乎所有植物，在播种后至出苗期取食种子和未出土的幼苗，导致播多苗少、缺苗断垄；苗期和成株期主要取食根部和根茎，导致植株生长不良甚至死亡，部分地下害虫的某些阶段还可爬出土壤，取食植物近地面的枝叶，降低苜蓿产量，减少苜蓿利用年限。

3. 发生规律

蛴螬栖息在土壤中，1 年或 2 年完成 1 个世代，主要为害植物的根、茎，使植物发育不良或幼苗枯死，也取食萌发的种子，造成缺苗断垄。成虫取食植物的茎和叶。金龟子以成虫或幼虫在土中越冬。

4. 防治措施

（1）农业防治　为防治金龟子，在蛴螬发生严重地区，苜蓿的利用年限应以 2～3 年为宜，换茬的苜蓿地要及时翻耕，可减少虫量。

（2）生物防治　利用金龟甲的趋光性和趋化性，可设置黑光灯和糖醋液诱杀。

（3）*化学防治* 进行土壤处理，用 30% 灭多虫乳油 200 倍液拌种或 3 500 倍液喷雾处理土壤均能起到较好效果。防治播种期地下害虫：用 40% 辛硫磷乳油 100 ml 加水 4～5 L 拌种；40% 甲基异硫磷乳油 50 ml 加水 5 L 拌种；5% 地虫硫磷颗粒剂每亩用 1.5～2 kg，撒施于播种沟内，播种后覆土。防治苜蓿生长期地下害虫：每亩用 40% 辛硫磷乳油 250 ml 与细土 25 kg 混合撒施后翻入地下，或用 40% 甲基异柳磷乳油 150～200 ml 拌细土 30 kg 条施后覆土。防治成虫：用 90% 敌百虫 800 倍液喷雾或 80% 敌敌畏乳油 1 000～2 000 倍液喷雾。

（二）叩头甲类

叩头甲（幼虫通称金针虫），属于昆虫纲鞘翅目叩甲总科叩甲科，主要种类有细胸金针虫、沟金针虫、褐纹金针虫。

1. 主要种类及形态特征

（1）*细胸金针虫*（*Agriotes subrittatus*）（图 7-70） 又名细胸叩头虫。成虫体长 8～9 mm，宽约 2.5 mm。体形细长扁平，被黄色细卧毛。头、胸部黑褐色，鞘翅、触角和足红褐色，光亮。触角细短，第 1 节最粗长，第 2 节稍长于第 3 节，基端略等粗，自第 4 节起略呈锯齿状，各节基细端宽，彼此约等长，末节呈圆锥形。前胸背板长稍大于宽，后角尖锐，顶端多少上翘；鞘翅狭长，末端趋尖，每翅具 9 行深的封点沟。卵呈乳白色，近圆形。幼虫淡黄色，光亮。老熟幼虫体长约 32 mm，宽约 1.5 mm。头扁平，口器深褐色。第 1 胸节较第 2、第 3 节稍短。1～8 腹节略等长，尾部圆锥形，近基部两侧各有 1 个褐色圆斑和 4 条褐色纵纹，顶端具 1 个圆形突起。蛹体长 8～9 mm，浅黄色。

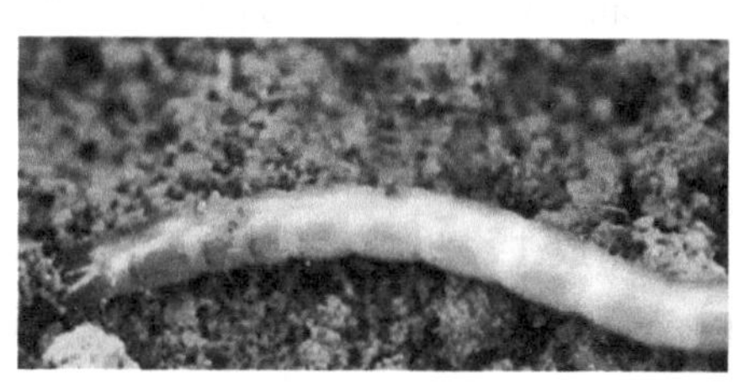

图 7-70 细胸金针虫

（2）*沟金针虫*（*Pleonomus canaliculatus*） 雌虫体长 14～17 mm，宽 4～5 mm，体形扁平。触角锯齿状，11 节，约为前胸的 2 倍。前胸背板宽大于长，正中部有较小的纵沟。足茶褐色。雄虫体长 14～18 mm，宽约 3.5 mm，体形细长。触角丝状，12 节，约为前胸的 5 倍，可达前翅末端。体浓栗色，全身密生黄色细毛。卵：近椭圆形，乳白色，长 0.7 mm，宽约 0.6 mm。幼虫：老熟幼虫体长 20～30 mm，最宽处约 4 mm，体黄色，较宽扁平，每节宽大于长。从头部到第 9 腹节渐宽，胸背到第 10 节背面正中有一条细纵沟。尾节深褐色，末端有 2 分叉，各叉内侧各有 1 个小齿。蛹：身体细长，纺锤形，雄蛹长 15～19 mm，宽约 3.5 mm；雌蛹长 16～22 mm，宽 4.5 mm。初化蛹时淡褐色，后变为黄褐色（图 7-71）。

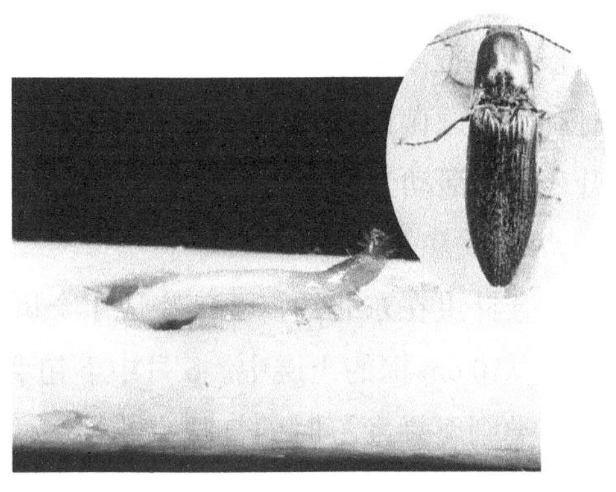

图 7-71　沟金针虫

（3）褐纹金针虫（*melanotus caudex*）　成虫体长 9 mm，宽 2.7 mm，体细长被灰色短毛，黑褐色，头部黑色向前凸密生刻点，触角暗褐色，第 2～3 节近球形，第 4 节较 2～3 节长。前胸背板黑色，刻点较头上的小后缘角后突。鞘翅长为胸部 2.5 倍，黑褐色，具纵列刻点 9 条，腹部暗红色，足暗褐色。长 0.5 mm，椭圆形至长卵形，白色至黄白色。末龄幼虫体长 25 mm，宽 1.7 mm，体圆筒形，棕褐色具光泽。第 1 胸节、第 9 腹节红褐色。头梯形扁平，上生纵沟并具小刻点，体具微细点和细沟，第 1 胸节长，第 2 胸节至第 8 腹节各节的前缘两侧，均具深褐色新月斑纹。尾节扁平且尖，尾节前缘具半月形斑 2 个，前部具纵纹 4 条，后半部具皱纹且密生大刻点。幼虫共 7 龄（图 7-72）。

图 7-72　褐纹金针虫

2. 为害症状

主要以幼虫为害苜蓿，咬食种子苜蓿，食害胚乳使之不能发芽，咬食幼苗须根主根或茎的下部，被害部不整齐而呈丝状；此外，还能蛀入块茎、块根，有利于病原菌的侵入而腐烂。越冬成虫3月初开始出土活动，秋播开始时又上升表土层活动为害。

3. 发生规律

金针虫在东北约需3年完成1个世代。在内蒙古河套平原6月见踊，蛹多在7～10 cm深的土层中。6月中下旬羽化为成虫，成虫活动能力较强，对禾本科草类刚腐烂发酵时的气味有趋性。6月下旬至7月上旬为产卵盛期，卵产于表土内。黑龙江克山地区卵历期为8～21 d。幼虫要求偏高的土壤湿度；耐低温能力强。在河北4月平均气温0℃时，即开始上升到表土层为害。一般10 cm深土温7～13℃时为害严重。黑龙江5月下旬10 cm深土温达7.8～12.9℃时为害，7月上中旬土温升至17℃时即逐渐停止为害。老熟幼虫在土中15～20 cm深处做土室化蛹。土壤湿度大，对化蛹和羽化非常有利。成虫羽化后，白天潜伏在杂草或土块下，夜晚出来交尾产卵，雌成虫无飞行能力，一般多在原地交尾产卵。卵多产于3～5 cm土中，卵散产，每头雌虫产卵200粒左右，卵期30 d。雄成虫有趋光性，飞行力较强，夜晚多停留在杂草上，有假死习性。

4. 防治措施

（1）农业防治　平整土地，深耕改土，清除沟坎荒坡杂草，消灭地下害虫的滋生地。合理轮作倒茬，合理轮作换茬有利于减轻地下害虫的为害。深耕翻犁，通过机械杀伤、暴晒、鸟嘴食可消灭金针虫。合理施肥，有机肥、猪粪厩肥等农家肥要充分腐熟后再施，否则易招引金针虫产卵；化肥要深施，既能提高肥效，又具备腐蚀、熏蒸作用，对地下害虫有一定的杀伤作用。合理灌溉。过干过湿易使其卵不能孵化、幼虫死亡、成虫的繁殖和生育能力严重受阻。因此，在发生区，在保证作物生长发育的基础上，要适时适量灌水，春季和夏季作物生长期间适时灌水迫使上升的地下害虫下潜或死亡，可减轻为害。

（2）化学防治　地下害虫发生严重的地区，药剂拌种的同时还要结合整地，用农药进行土壤处理，这样才能达到好的防效。用50%辛硫磷3 000～3 750 g/hm^2，40%甲基异柳磷有效成分3 L/hm^2，48%乐斯本有效成分3 L/hm^2，兑水稀释10倍，喷于细土375～450 kg/hm^{2}上拌匀成毒土，将毒土顺垄撒施或全田均匀撒施，也可用药液喷施于地面，然后浅旋耕或犁入土中。撒施颗粒剂或用有效成分辛硫磷颗粒剂1 800 g/hm^{2}或毒死蜱颗粒剂1 350 g/hm^2，撒施土表。将药剂与肥料混合施入田中。将配好的防治颗粒药剂掺混在化肥里，于耕地前撒施，然后耕翻。配制成毒土沟施或穴施。常用药剂有 50% 辛硫磷有效成分 1 500 mL/hm^2，40% 甲基异柳磷有效成分 1 200 mL/hm^2，48% 乐斯本有效成分 1 350 mL/hm^2 等。

（3）利用 RNAi 保护益虫　许多真核寄生虫对 RNAi 敏感，可以利用这一特点增强益虫的健康。当然，这个策略不适用于细菌性病原体或某些真核生物（如锥和疟原虫物种），因为其缺乏 RNAi 的能力。最经典的例子就是蜜蜂的寄生虫疾病，此疾病会导致蜜蜂高发病率和高死亡率。蜜蜂的寄生虫具备应用 RNAi 的 2 个要点：首先，其具有 RNAi 的分子机制；其次，中肠作为摄取，dsRNA 的场所，寄生虫能够在蜜蜂中肠上繁殖。寄生虫的 ADP/ATP 转运子对于能量代谢是至关重要的，当感染疾病的蜜蜂取食了含有寄生虫的 ADP/ATP 转运子的 dsRNA 后，寄生虫的靶标基因表达量下降，蜜蜂的死亡率会随之下降。可以利用 RNAi 抗病毒保护昆虫，同时也可以利用 RNAi 进行抗病毒治疗。利用 RNAi 介导来抑制昆虫感染病毒，同时还可以预防一些人类、牲畜和农作物严重病毒性疾病。外源提供和摄取的 dsRNA 可以提高宿主本身 RNAi 运转效率，保护宿主包括预防和直接治疗。

第三节　主要杂草及其防治

菟丝子

1. 种类及形态特征

菟丝子是一年生寄生性杂草，旋花科菟丝子属，目前全世界有 200 多种。常见菟丝子主要包括田野菟丝子（*Cuscuta campestris* Yuncker）、苜蓿菟丝子（*C. europaea* Babingt）、南方菟丝子（*C. australis* R. Br.）、中国菟丝子（*C. chinensis* Lam.）、杯花菟丝子（*C. cupulata* Engelm.）、欧洲菟丝子（*C. europaea* L.）、百里香菟丝子（*C. epithymum* Murr）、亚麻菟丝子（*C. epithymum* Weiche）、田菟丝子（*C. arvensis* Beyruch）、三叶草菟丝子（*C. trifolii* Bab）等。一年生寄生草本。生长茂盛，茎缠绕，黄色，纤细，直径约 1.5 mm，多分枝，随处可生出寄生根，伸入寄主体内。叶稀少，鳞片状，三角状卵形。花冠白色，钟形，长为花萼的 2 倍，裂片向外反曲；雄蕊花丝扁短，基部生有鳞片，矩圆形，边缘流苏状；子房 2 室，花柱 2 个。蒴果扁球形。被花冠全部包住、盖裂，种子 2～

4粒，花期在7—9月，果期在8—10月。花两性，多数簇生成小伞形或小团伞花序（图7-73）；苞片小，鳞片状；花梗稍粗壮，长约1 mm；中部以下连合，裂片5，三角状，先端钝；花冠白色，壶形，长约3 mm，浅裂5，裂片三角状卵形，先端锐尖或钝，向外反折，花冠筒基部具鳞片5，长圆形，先端及边缘流苏状；雄蕊5，着生于花冠裂片弯曲微下处，花丝短，花药露于花冠裂片之外；雌蕊2，心皮合生，子房近球形，2室，花柱2，柱头头状。蒴果近球形，稍扁，直径约3 mm，几乎被宿存的花冠所包围，成熟时整齐地周裂。种子2～4颗，黄或黄褐色卵形，长1.3～1.6 mm，表面粗糙。种子类球形或卵形，略扁，直径1～1.5 mm，表面灰棕色或红棕色，具细密突起的小点，一端有微凹的线形种脐。质坚硬，除去种皮可见卷旋状的胚。

图7-73　开花中的菟丝子

2. 分布及为害

分布于世界各地，我国有10多种，在新疆、山东、河北、山西、陕西、甘肃、江苏、黑龙江、吉林等地均有发生，尤以新疆地区受害最重。菟丝子可寄生于多种农作物和杂草上，菟丝子的茎上产生大量吸器刺入苜蓿的茎皮层，吸收苜蓿的营养，致使苜蓿长势衰弱，植株矮小，甚至不能结实，提前死亡。菟丝子可以侵害任何生长阶段的苜蓿植株，从单一植株上向四周蔓延，为害直径超过9 m的范围（图7-74）。例如在苜蓿田发生造成较大为害，草产量减少，草种子混杂，草料商品性下降，家畜中毒等。南斯拉夫斯蒂格地区

图7-74　寄生在苜蓿茎秆上的菟丝子

50%～70% 的苜蓿被菟丝子侵扰，在美国西部的苜蓿受害严重，吉尔吉斯斯坦每年要使用化学药剂处理超过 3 万 hm^2 的苜蓿地和非耕地。菟丝子属植物均是我国第 409 号进境植物检疫性有害生物。

3. 发生规律

菟丝子种子可在土壤中或者污染的苜蓿种子中越冬，成为翌年的侵染源，在土壤中存活时间最长可达 20 年。菟丝子种子发芽后长出一个纤细的黄色或红色的茎（又称探索丝），顶部可以慢慢旋转以寻找寄主。接触到苜蓿植株时便缠绕其上，产生吸器侵入寄主维管系统，从寄主体内获取养分。菟丝子茎基部逐渐萎缩枯死，失去与土壤的接触，完全营寄生生活。如果菟丝子发芽幼苗在 3 周内不能接触到寄主植物就会死亡。菟丝子生长迅速，能够产生很多缠绕茎来侵害附近植株并结出大量种子。种子成熟后落入土壤中或者收获时混入苜蓿种子和干草里，成为翌年的初侵染源。除种子传播以外，菟丝子可随田间作业工具、灌木、地表排水、动物取食污染干草后排出的粪便等方式传播。菟丝子种子萌发的适宜条件为土温 25℃左右、土壤含水量 15% 以上。

第八章

苜蓿干草调制与青贮技术

第一节　干草调制

调制干草是苜蓿主要加工方式，即经自然或人工干燥调制成能长期保存的饲草，其加工成本低，工艺简单。调制优质的苜蓿干草叶多，饲用价值高，适口性好，蛋白质含量较高，胡萝卜素，维生素 D、维生素 E 及矿物质丰富，能常年为家畜提供均衡饲料。

一、调制原理

通过自然或人工干燥的方法，使苜蓿水分含量迅速下降至生理干燥状态，从而抑制细胞呼吸和酶的作用，当水分含量达 14%～17% 时，所有细菌、霉菌均不能在其中生长繁殖，以达到长期保存的目的（图 8-1）。干草调制过程中苜蓿会发生如下生物化学变化。

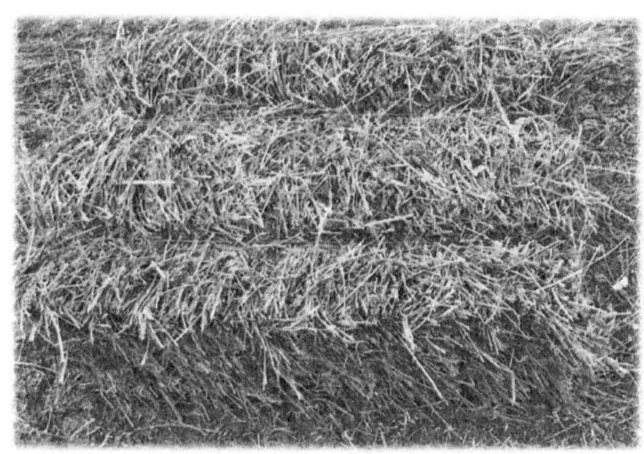

图 8-1　苜蓿干草

1. 水分

自然条件下苜蓿的脱水过程包括两个阶段，即自由水散失阶段和结合水散失阶段（图 8-2）。苜蓿含水量降低越快，营养损失越少。气象条件、自身保蓄水能力和不同器官散水强度均会影响牧草干燥时的水分变化速度（表 8-1）。

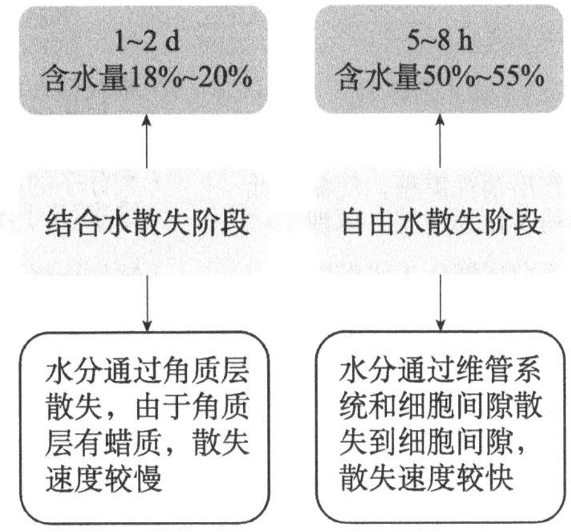

图 8-2　干草调制过程中苜蓿水分变化

表 8-1　影响牧草水分变化速度因素

因素	具体因素
气象条件	风速、土壤温度、空气温度、空气湿度、水汽压、大气压、太阳辐射强度和大气水势
保蓄水能力	豆科牧草＞禾本科牧草 幼嫩植物＞枯黄期植物
散水强度	叶片＞茎秆

2. 营养成分

在苜蓿干燥前期，由于植物细胞尚未凋亡，还能够进行呼吸作用，当苜蓿含水量降低至 40% 以下，呼吸作用停止。因此，随苜蓿体内水分含量的变化，苜蓿干草调制过程营养成分经过饥饿代谢阶段和自体溶解阶段（图 8-3）。苜蓿在干燥过程中的生理 - 生化过程、光化学作用、微生物作用、机械收获和雨淋等都会引起营养成分损失（表 8-2）。

表 8-2　造成牧草干燥过程中营养成分损失的因素

因素	作用	损失比例（%）
生理 - 生化过程	自身细胞的呼吸作用和氧化分解作用	5～10
光化学	胡萝卜素、叶绿素和维生素 C 等破坏损失	2～5
微生物	发霉变质，降低饲喂价值	5～10
机械收获	机械收获引起苜蓿叶片、嫩枝和花序的折损	15～35
雨淋	延长干燥时间造成养分消耗；植物体内可溶性养分通过死亡的原生质膜流失	20～40

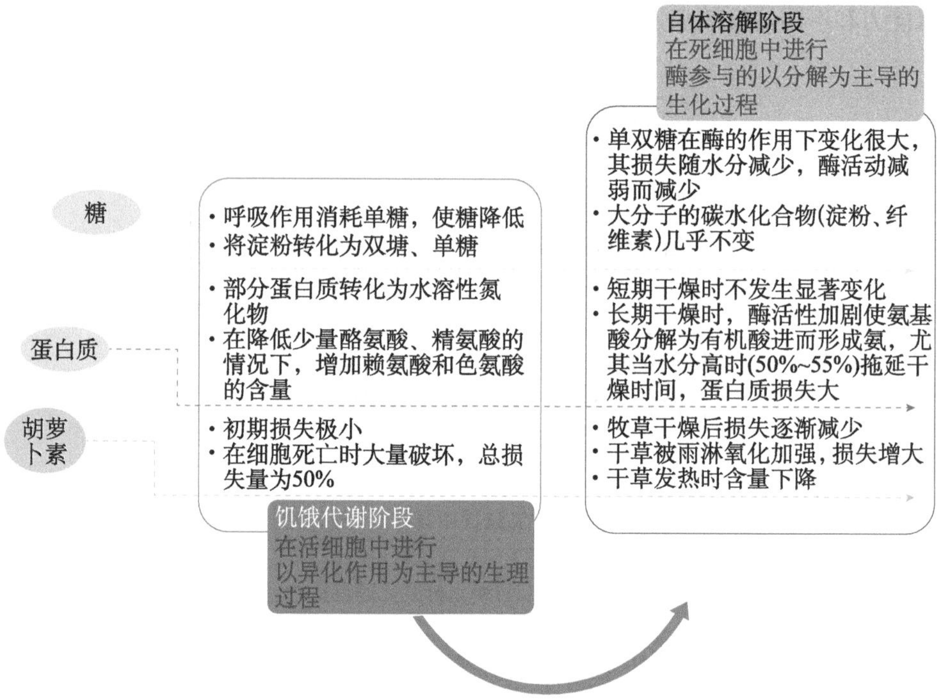

	饥饿代谢阶段 在活细胞中进行 以异化作用为主导的生理过程	自体溶解阶段 在死细胞中进行 酶参与的以分解为主导的生化过程
糖	·呼吸作用消耗单糖，使糖降低 ·将淀粉转化为双塘、单糖	·单双糖在酶的作用下变化很大，其损失随水分减少，酶活动减弱而减少 ·大分子的碳水化合物(淀粉、纤维素)几乎不变
蛋白质	·部分蛋白质转化为水溶性氮化物 ·在降低少量酪氨酸、精氨酸的情况下，增加赖氨酸和色氨酸的含量	·短期干燥时不发生显著变化 ·长期干燥时，酶活性加剧使氨基酸分解为有机酸进而形成氨，尤其当水分高时(50%~55%)拖延干燥时间，蛋白质损失大
胡萝卜素	·初期损失极小 ·在细胞死亡时大量破坏，总损失量为50%	·牧草干燥后损失逐渐减少 ·干草被雨淋氧化加强，损失增大 ·干草发热时含量下降

图 8-3　牧草干燥过程中的营养成分变化过程

二、苜蓿干草调制技术

在生产中苜蓿干草调制通常包括刈割压扁、晾晒、翻晒、集垄、打捆和贮藏等流程（图 8-4）。

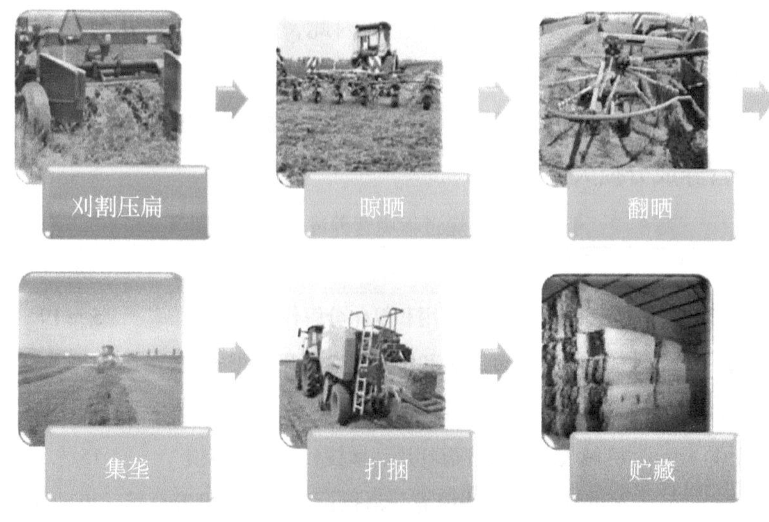

图 8-4　苜蓿干草调制流程

1. 刈割压扁

调制干草的苜蓿一般在“现蕾期－初花期”刈割较为适宜，每茬苜蓿刈割的持续时间不宜超过 7 d，最后一茬苜蓿应在初霜前 30～40 d 完成刈割，以免影响苜蓿安全越冬。

在生产过程中，苜蓿叶片的干燥速度明显高于茎秆，当茎秆干燥度达到生产要求时，往往会造成叶片过度干燥，在集垄和打捆过程中脱落，而导致营养物质损失。因此，在刈割的同时要压裂茎秆，加快茎秆的水分散失速度。压扁程度以茎秆压扁、裂而不折，且叶片保存完整为宜。

2. 晾晒和翻晒

收获后的苜蓿可使用翻晒机进行翻晒。草条厚度决定苜蓿的干燥速度，草条较厚时，需翻晒 1～2 次。翻晒尽量于早晚进行，以减少叶片脱落（图 8-5）。

图 8-5　草条宽度对苜蓿干燥速度的影响

3. 集垄

当苜蓿含水量降低至 30%～40% 时集垄，并继续干燥。

4. 打捆

当苜蓿含水量降至 22% 以下时，可压制小方捆；当含水量降至 12%～14% 时，方可压制大方捆。打捆前，要求苜蓿必须干燥均匀而无湿块、无乱团，以防止湿块和乱团发霉，产生热量而自燃。打捆宜在早晚进行，如遇阴雨天可先压制成低密度草捆，放置通风良好的库房中继续干燥。

5. 贮藏

干草捆一般露天堆垛，顶部加防护层，或贮藏于专用的仓库或干草棚内，草捆与地面、棚顶保持一定距离，注意通风、防潮、防霉，同时避免遭受日晒、雨淋、虫鼠害和火灾等。

6. 添加防霉剂

在安全水分（含水量 14%）以上时进行打捆，干草中的微生物还会继续活动，导致苜蓿发热霉变，添加防腐剂可以抑制干草捆中有害微生物的活动，防止苜蓿发霉变质。干草防腐剂包括化学防霉剂和生物防霉剂两大类，常用的化学防霉剂主要包括铵盐、有机酸及其盐类，通过阻止高水分干草表面霉菌活动来降低草捆温度效应，防止干草发霉变质；生物防霉剂则利用微生物间的竞争性来抑制腐败微生物的活动，常见的微生物有植物乳杆菌、短小芽孢杆菌、啤酒酵母和谢曼丙酸杆菌等。

注意事项

我国苜蓿几乎均采用自然干燥方式调制干草，在调制过程中天气是十分重要的因素，晴天、有风、空气湿度小的时候适宜刈割。苜蓿水分从刈割时的 80% 左右降低至可打捆时的 20% 左右需要 3～4 d，一般需要连续 5 d 以上无雨方可进行刈割作业。收获前须及时掌握短期和中长期天气情况。

牧草在干燥过程中，应防止雨水的淋溶，并尽量避免在阳光下长期暴晒；集草、聚堆、压捆等作业，应在植物细嫩部分尚不易折断时进行。在干燥末期应力求苜蓿各部分的含水量均匀。打捆密度不宜过高，以免内部水分不易散失，引起发热霉变。

三、苜蓿干草质量分级（表 8–3）

表 8–3　苜蓿干草质量分级标准

质量指标	等级			
	特级	一级	二级	三级
粗蛋白质	≥22	≥20，＜22	≥18，＜20	≥16，＜18
中性洗涤纤维	＜34	≥34，＜36	≥36，＜40	≥40，＜44
杂草含草量	＜3	≥3，＜5	≥5，＜8	≥8，＜12
粗灰分	＜12.5			
水分	≤14			

注：引自《苜蓿干草捆质量》（NY/T 1170—2006）。

第二节　青贮制作

苜蓿产业的快速发展亟须与之相配套的牧草加工技术作为支撑。虽然调制干草是苜蓿收获后主要的加工方式，但调制干草易受天气因素、干燥条件、调制方法等因素影响。研究表明，苜蓿调制干草过程中因雨淋及落叶造成的损失高达30%左右，且牧草干燥时间与其饲喂价值成反比，晾晒时间越长，牧草中的胡萝卜素、叶绿素、维生素C等营养成分损失越大。此外，干草在晒制和贮藏过程中，因受搂草、翻晒、堆垛、搬运等一系列机械操作影响，造成部分细枝嫩叶破碎脱落，使干草损失大量的营养物质，严重影响干草品质。甘肃、内蒙古、宁夏等北方地区是我国苜蓿生产的主产区，由于雨热同期，苜蓿收获季节常伴有降雨，不利于调制干草，而且该区域秋冬季节气候寒冷，苜蓿生长季节短，不能满足家畜全年青绿饲料的供应。青贮是苜蓿加工的又一重要方式，也是克服苜蓿干草调制过程中所遇问题的有效途径。青贮饲料具备保存青绿植物中的营养成分、提高饲料的适口性、扩大饲料来源等优点，且调制受天气因素的影响较小，利用青贮技术对夏秋季节收获的新鲜苜蓿进行贮藏，能为旱区和寒区的家畜提供青绿多汁的饲料。现代草食畜牧业的快速发展，对青贮饲料的需求量越来越大，且对品质的要求也越来越高，在未来畜牧业的发展中，青贮饲料有着巨大的发展潜力。

苜蓿由于蛋白质含量和缓冲能值高，附生微生物数量和可溶性碳水化合物含量低，较难青贮成功。探寻改善苜蓿青贮品质的技术，明确优化机理，对有效保存苜蓿营养成分、调剂饲草余缺、解决饲草供应不平衡，以及促进我国苜蓿产业和奶业的健康发展具有重要意义。

一、青贮原理

苜蓿青贮是利用青贮原料所附着的乳酸菌，在厌氧环境下，将青贮原料中的碳水化合物主要是糖类变成以乳酸为主的有机酸，当有机酸在青贮饲料中积累到1%～1.5%时，便可抑制有害微生物的生长使青贮饲料得以保存。

1. 青贮发酵过程

青贮发酵过程主要包括好氧呼吸期、乳酸发酵期和稳定保存期（图8-6，图8-7）。

（1）好氧呼吸期　青贮原料被装填至青贮窖后，原料间隙存留的部分氧气被植物和微生物呼吸消耗，同时释放一定热量。好氧阶段一般在3 d内结束，

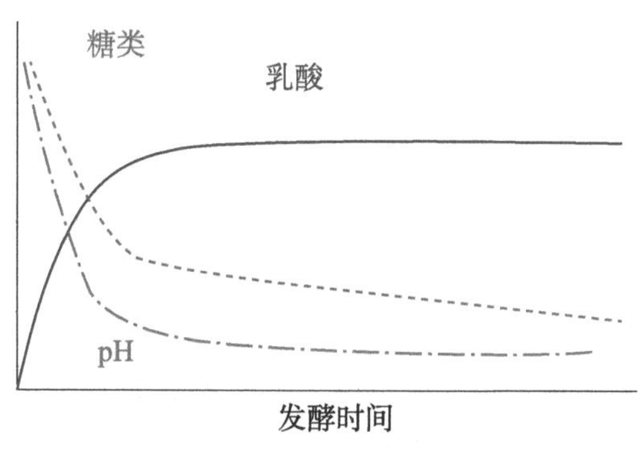

图 8-6　青贮发酵原理

从营养保存和有效发酵的角度考虑，这一阶段越短越好，通常青贮料铡的长短适宜、装填紧实、密封及时，这一阶段可以被最小化。

（2）乳酸发酵期　青贮窖中残存的 O_2 被耗尽，好气性微生物的活动受到抑制，乳酸菌大量繁殖，占绝对优势，进入厌氧发酵阶段。正常情况下厌氧发酵在 4 周内完成。

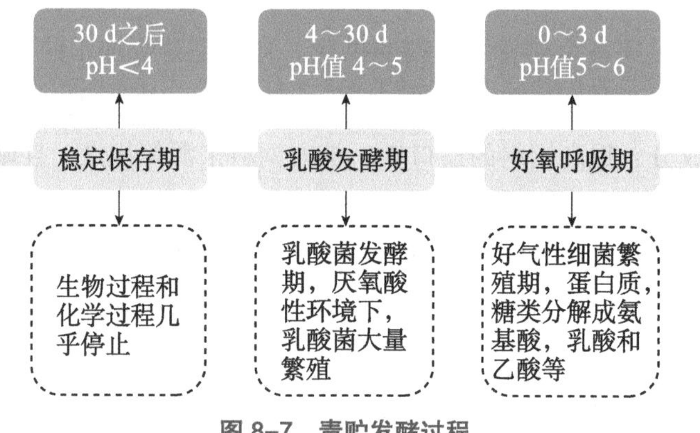

图 8-7　青贮发酵过程

（3）稳定保存期　随着发酵强度的减弱，青贮过程转入稳定期。青贮饲料的 pH 值降低至能抑制所有微生物的生长，包括乳酸菌本身，同时，发酵代谢产物也能抑制乳酸菌的继续增殖。

2. 苜蓿青贮中的主要微生物

（1）乳酸菌　青贮发酵过程中的主要有益菌，根据形态不同，乳酸菌分为乳酸杆菌和乳酸球菌，乳杆菌为高度厌氧菌，包括植物乳杆菌、短乳杆菌、干酪乳杆菌等；乳酸球菌是微厌氧菌，主要菌种有粪链球菌、乳链球菌、片球菌等，其中片球菌在青贮饲料发酵初期起很重要的作用（图 8-8）。

（2）酵母菌　可在厌氧条件下利用青贮饲料中的糖分进行繁殖，生成乙醇和 CO_2，赋予青贮饲料酒香味，同时增加饲料蛋白质的含量。但在好氧环境中，酵母菌可利用各种有机酸，因此其在青贮饲料的好氧变质中起着重要作用。短链脂肪酸是青贮中抑制酵母菌的有效物质（图 8-9）。

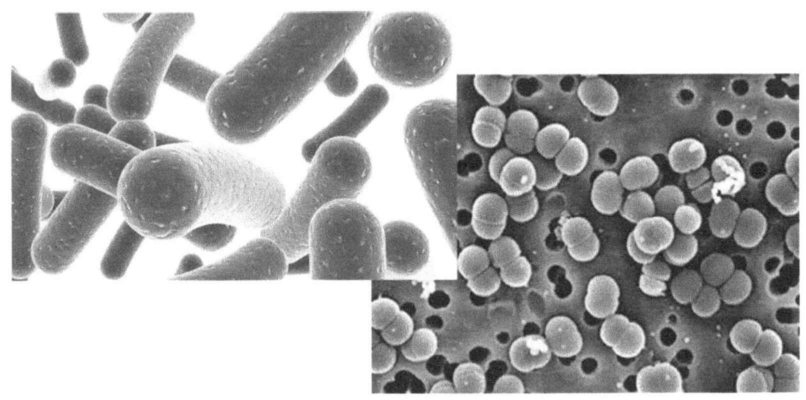

图 8-8　乳酸菌

（3）霉菌　是导致青贮饲料好气性变质的主要有害微生物。通常霉菌仅存在于青贮饲料的表层和边缘等与空气接触的部分。可通过采用降低 pH 值和保证厌氧环境来抑制霉菌的生长（图 8-10）。

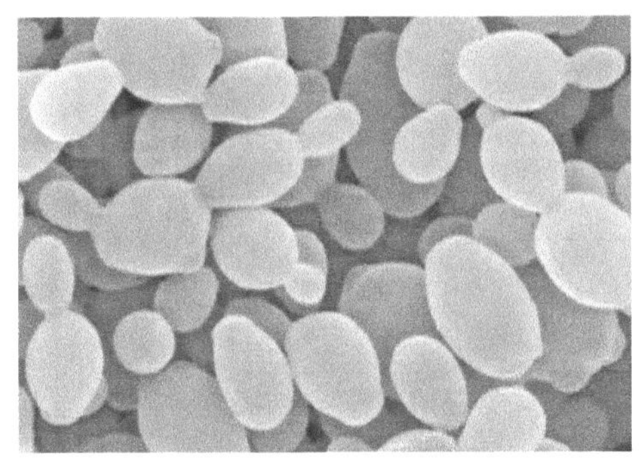

图 8-9　酵母菌

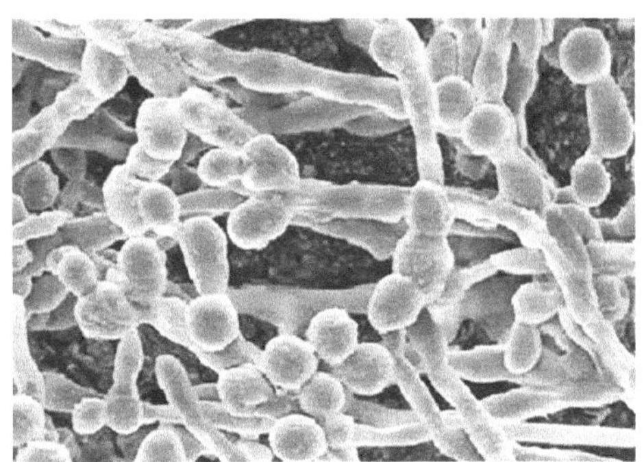

图 8-10　霉菌

（4）肠细菌　是能发酵乳糖产酸、产气，不形成芽孢的革兰氏阴性杆菌，可导致青贮饲料的异常发酵而造成变质，是青贮中的有害微生物。在青贮饲料制作过程中，促进乳酸菌发酵，快速降低 pH 值是抑制肠细菌的有效措施（图 8-11）。

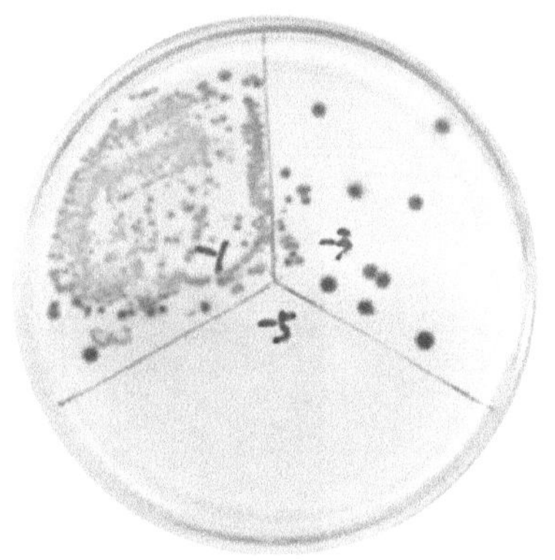

图 8-11　肠细菌

（5）梭状芽孢杆菌　梭状芽孢杆菌简称梭菌，厌氧状态下能分解有机酸、蛋白质和糖类，控制不当则使青贮进行丁酸发酵，代谢形成高级脂肪酸、氨、胺和酞胺，产生臭味，是青贮中的有害微生物。通过控制发酵条件可以抑制梭状芽孢杆菌的生长，低 pH 值、降低含水量至 70% 以下，它的活动就可受到抑制（图 8-12）。

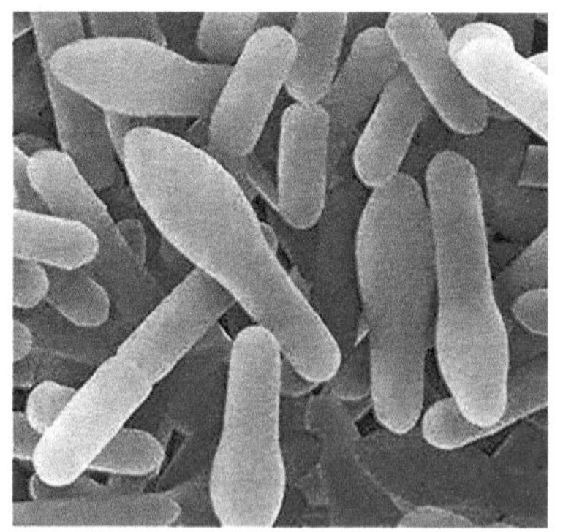

图 8-12　梭状芽孢杆菌

3. 苜蓿青贮关键要素

（1）收获时期　苜蓿产量与品质呈显著负相关，即随着苜蓿成熟度的增加，牧草产量呈上升趋势，而苜蓿的品质则呈下降趋势（图 8-13）。

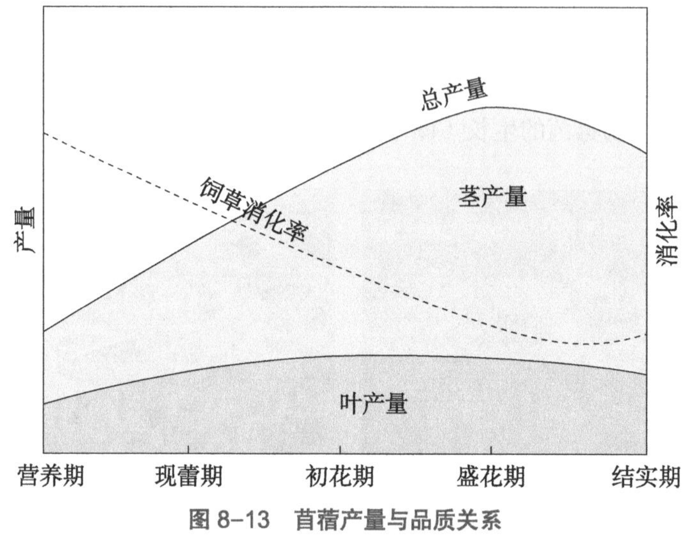

图 8-13　苜蓿产量与品质关系

调制青贮饲料时，苜蓿一般在现蕾后期至初花期收获（图 8-14）。

图 8-14　初花期收获

（2）可溶性碳水化合物含量　为保证乳酸菌的生长繁殖，及时产生足量的乳酸，青贮原料中必须有足够的可溶性碳水化合物。青贮原料中的蛋白质及碱性元素会中和一部分乳酸，只有当青贮饲料的 pH 值下降到 4.2 时才能抑制有害微生物活动。

饲草最低需含糖量（%）= 饲草缓冲度 ×1.7

紫花苜蓿的缓冲度约为 5.6，最低需含糖量为 9.5%，但是紫花苜蓿的实际含糖量约为 3%～5%，差 4.5%～6.5%。

（3）含水量　青贮原料中含有适量水分，是保证乳酸菌正常活动的重要条件。苜蓿收获时含水量一般较高，为了减少梭菌等有害微生物的活动，避免营养物质损失，需要将苜蓿水分降低后再进行青贮。苜蓿青贮含水量控制在 45%～65%（图 8-15）。

图 8-15　苜蓿青贮前适度晾晒

（4）厌氧环境　乳酸菌是兼性厌氧细菌，而腐败菌等有害微生物大多是好气性细菌，为了给乳酸菌创造良好的厌氧生长繁殖条件，需做到原料切短、装实压紧，青贮设施密封良好。

压实密度：一般要求压实密度≥500 kg/m^3，平均碾压密度达到 550 kg/m^3。

铡细长度：铡细长度为越短成功率和营养含量越高，一般取 1.5～2 cm 为宜。

（5）发酵温度　苜蓿青贮的适宜温度为 20～30 ℃，温度过高或过低都不利于乳酸菌的生长和繁殖，并影响青贮饲料的品质。

对乳酸菌活动影响：乳酸菌适宜发酵温度为 19～37 ℃，温度过高丁酸菌开始活跃，制约乳酸菌生长。

对有机酸的影响：温度升高，乙酸含量大量增加，乳酸含量急剧减少，且温度继续升高，乳酸含量降低速度增加。

对化学成分影响：温度升高，植物脂肪被氧化的过程加速，糖、蛋白质和粗脂肪含量都大量下降，淀粉、胡萝卜素、中性和酸性洗剂纤维浓度和乳酸和乙酸浓度略有降低，干物质损失率增加。

二、苜蓿青贮技术

青贮制作的方式有很多种，常用的方式有青贮窖、青贮壕、青贮塔、地面堆贮、拉伸膜裹包青贮和袋装青贮等（图 8-16）。由于苜蓿含糖量低，单独青贮必须具备严格的厌氧条件，所以一般不进行地面堆贮（表 8-5）。

图 8-16　常用青贮方式

表 8-5　不同青贮方式的特点

青贮方式	优点	缺点
塔贮	青贮仓与空气的接触面积小；不需要很大的建筑面积；在填充和饲喂时能够最大限度的利用机械；在冬季时方便卸载	起始成本高；卸载速度慢；无法贮藏高水分含量作物
窖贮	容量大；不需要精良的机械设备来填充；制作耗能少；卸载快	在压实和包裹时要求较高
裹包	青贮系统灵活，根据需要增加或减少；起始花费少	需要高品质的薄膜
堆积	便宜	干物质损耗大；与空气接触面积大；难压实

（一）常规青贮

常规青贮流程见图 8-17。

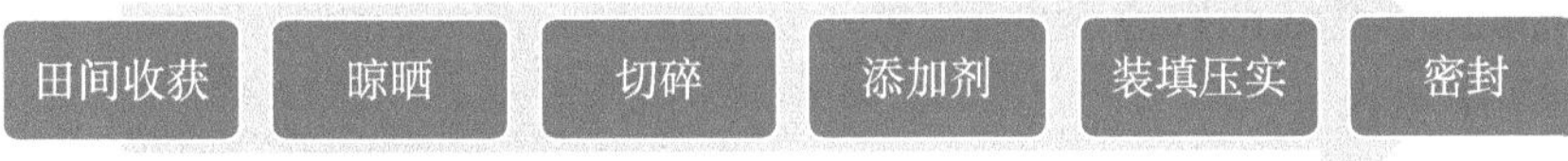

图 8-17　青贮流程图

1. 设施准备

青贮设施主要根据立地条件、地下水位、饲养家畜的数量和今后发展规模等确定其形式、形状和大小。在制作青贮前，必须彻底清理青贮设施，将残留的陈旧饲料处理掉，并进行清洗、晾晒和消毒，如青贮设施出现破损及时修补。

2. 田间收获

适时收割对苜蓿青贮品质至关重要，实际生产中可根据不同饲喂动物选择最佳刈割时期（表 8-6）。

表 8-6　饲喂不同动物苜蓿的最佳刈割时期

饲喂牲畜	最佳刈割时期	饲喂牲畜	最佳刈割时期
奶牛	初花期－盛花期	幼畜、怀孕母牛	孕蕾期－初花期
肉牛、羊	盛花期	猪、禽类	分枝期－孕蕾期

3. 晾晒

苜蓿刈割后，在大田里将其均匀地铺成小堆进行晾晒，当叶片卷为筒状，叶柄易折断，压迫茎秆能挤出水分，其茎叶含水量在 50% 左右，此时便可青贮。

4. 切碎

将运回的苜蓿原料切碎成 1.5～2 cm 的小段。

5. 添加剂

由于适时刈割时苜蓿干物质含量低、水分含量高，水溶性碳水化合物含量较低、缓冲能较高，苜蓿原料表面附生的乳酸菌数量少，常规方法难以调制出优质青贮饲料。加入添加剂能够影响微生物作用，控制青贮发酵，进而获得优质苜蓿青贮饲料。

根据需要，按不同类型添加剂的用量要求边装窖边均匀撒入。

（1）乳酸菌剂　增加乳酸菌含量，促使更快产乳酸，迅速降低 pH 值，抑制有害菌，提高苜蓿青贮饲料品质。主要使用的菌种有植物乳酸菌、肠球菌、戊糖片球菌等。苜蓿青贮原料中添加的乳酸菌有效活菌数应不少于 10^8 个 / kg（图 8-18）。

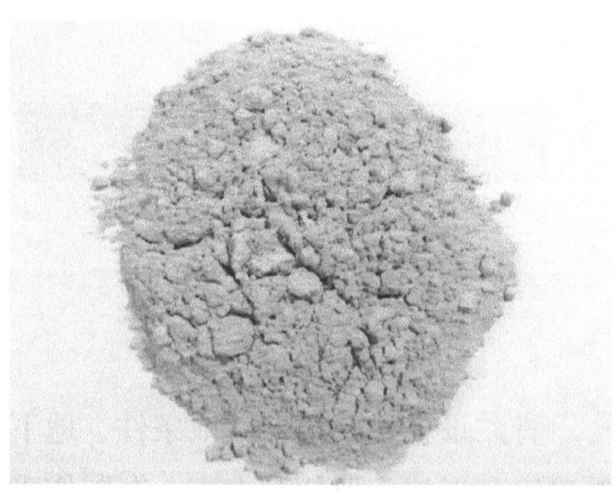

图 8-18　乳酸菌剂

（2）甲酸　腐蚀性强。在发酵初期降低 pH 值，抑制原料的呼吸作用和杂菌生长，防止蛋白质降解，从而保证青贮饲料品质。通常处理 1 t 苜蓿需要添加 5～6 L 甲酸。

（3）酶制剂（纤维素酶）　通过分解细胞壁的纤维素和半纤维素，产生可被乳酸菌利用的可溶性碳水化合物，促进乳酸发酵，以保证苜蓿青贮质量。酶制剂通常和乳酸菌剂一起使用。苜蓿青贮中纤维素分解酶最适宜用量为 1 t 鲜草添加 100～2 000 g。

（4）糖类　补充青贮饲料的含糖量，供给乳酸菌充足的发酵底物，促进乳酸菌增殖，并增加饲料适口性。添加量（以可溶性糖为例）以占原料重量的 2% 左右为宜，糖类添加剂一定要添加均匀。

6. 装填压实

切碎后进行装填、压实，边装边压，每装 50 cm 左右，压实 1 次。装填、压实过程中要注意不留死角，充分踩实，直至超出窖口至少 50 cm 为止，同时注意不要混入土块、粪便、钉等异物。并做到快速装窖减少暴露空气的时间。

7. 密封

在装填完毕的苜蓿原料上方盖上塑料薄膜进行密封，然后覆盖 30～50 cm 的湿土或废弃轮胎压实。全部过程最好在 24 h 内完成，做到不透气、不漏水，窖顶应呈屋脊形以利排水。

（二）裹包青贮

裹包青贮的原理是通过晾晒将苜蓿的水分含量降至 45%～60%，用捆包机高密度压实打捆，草捆密度一般为 160～230 kg/m^3，然后用专用塑料膜裹包密封，以创造厌氧条件，利于乳酸菌发酵。这种方式制作的青贮饲料运输更加方便，有利于青贮饲料的商品化。

将收获的苜蓿经晾晒后（水分含量 45%～60%）运回，用打捆机打捆，也可用捡拾打捆机将田间已集垄的苜蓿直接高密度捡拾压捆，将打捆的苜蓿用青贮裹包机紧紧裹包起来，形成密封状态进行发酵，一般裹包 6 层专用塑料薄膜最佳。裹包青贮饲料一般 4～6 周即可完成发酵并进行饲喂，期间注意按时检查，发现破洞应及时修补。

裹包机有多种型号，能够裹包不同大小的草捆，一般每个裹包的草捆重量不超过 600 kg，如果发酵良好而且无空气侵入，草捆就可长期贮藏。

苜蓿裹包青贮可以即开即用，减少浪费和发霉变质等问题，且裹包青贮能够商品化生产，便于当地利用及异地流通，也有利于调节苜蓿饲草的全年均衡供应。但是裹包青贮的制作和运输成本较高，且废弃的拉伸膜处置不当，易造成环境污染。

（三）混合青贮

苜蓿的蛋白质含量高，碳水化合物含量低，不利于青贮饲料的发酵。所以，选择的混贮原料含糖量应高于苜蓿，以补充苜蓿含糖量不足的问题，促进乳酸发酵，提高青贮饲料发酵效果和品质。实际生产中苜蓿可与禾本科饲草、天然饲草、饲用甜菜以及玉米、高粱等禾谷类秸秆等进行混合青贮。

一般为苜蓿和禾草的混贮比例为 1∶1 或 2∶1，苜蓿和其他饲草的混贮比例为 1∶1 或 1∶2。

混贮时原料的收获时间以苜蓿为准，收获后几种混贮原料的切碎、混合、装填、压实应同时进行，即一边切碎、一边均匀混合、一边装窖、压实；也可边切碎、边装填，不同原料分层装填，装一层苜蓿、装一层禾草或其他饲草，每层厚度为 10～20 cm，逐层压实。

三、苜蓿青贮质量分级（表 8-7）

表 8-7　苜蓿青贮质量分级标准　　单位：%

指标	等级			
	一等	二等	三等	四等
PH 值	≤4.3	＞4.3，≤4.6	＞4.6，≤4.8	＞4.8，≤5.2
氨态氮 / 总氮	≤10	＞10，≤15	＞15，≤20	＞20，≤30
乳酸	≥75	＜75，≥60	＜，≥50	＜50，≥40
乙酸	≤20	＞20，≤30	＞30，≤40	＞40，≤50
丁酸	0	≤2	＞2，≤10	＞10，

续表

指标	等级			
	一等	二等	三等	四等
粗蛋白质	≥20	<20，≥18	<18，≥16	<16，≥15
中性洗涤纤维	≤35	>35，≤40	>40，≤44	>44，≤45
酸性洗涤纤维	≤30	>30，≤33	>33，≤36	>36，≤37

注：引自《苜蓿青贮饲料质量分级》（DB15/T 1455—2018）。

四、苜蓿青贮的利用

苜蓿青贮饲料的能量、蛋白质消化率高于同类干草产品，并且其干物质中的可消化粗蛋白质、可消化总养分和可消化能量含量也很高。青贮饲料和青鲜饲草一样，不能长时间堆放在圈舍内，尤其是气温较高的天气容易变质，取出后宜尽快饲喂家畜。冬季若青贮料上冻结冰，应融化后再进行饲喂。苜蓿青贮饲料饲喂量可参照青鲜苜蓿饲喂量进行驯饲，待家畜对青贮饲料逐步适应后，喂量可达到青鲜苜蓿饲喂量的 50%～80%。每头只畜禽每天苜蓿青贮饲料适宜的饲喂量见表 8-8。

表 8-8　苜蓿青贮饲喂量　　单位：kg/d

畜禽类型	苜蓿青贮饲喂量	畜禽类型	苜蓿青贮饲喂量
泌乳奶牛及育肥期肉牛	15～25	小尾寒羊	2.5～4
干乳期奶牛和架子牛	10～15	繁殖母猪	3～5
马、驴、骡	8～10	架子猪	1.5～3
绵羊	2～3	成年公猪	3～4
山羊	1.5～2.5	鸡、鸭、鹅	0.1～0.4

第九章

苜蓿良种繁育技术

种植优良苜蓿品种，是草业生产上提高产量和质量的重要措施之一。这种措施的效果，早已被我国农民几千年来的生产经验所证明。“公农”系列苜蓿、“中苜”系列苜蓿、“草原”系列苜蓿、“中草”系列苜蓿等在近年的生产中发挥了明显的增产、提质作用。

第一节　良种繁育的基本概念与任务

在良种繁育中既包括着选种又包括着遗传及农艺技术的要素，例如广泛利用种内杂交、品种间杂交、辅助授粉、提高留种地的农业环境、加强对良种田的管理、应用新的技术栽培和管理苜蓿种子田等。

一、良种繁育中的基本概念

1．选育品种与地方品种

选育品种是指育种家选育的物种，这类品种有一定的选育历史，并为良种繁育实践所承认。地方品种是指未经过特殊的选育研究，而在某地经长期的自然选择和人工选择的影响形成的品种。

2．品种品质与播种品质

品种品质系指品种纯度和代表性。根据品种标准，将每批种子划归于某一品种等级，如一级、二级、三级或四级。异花授粉苜蓿的“代表性”按繁育的年代数及根据品种标准确定。

播种品质是由很多指标构成，例如纯度、净度、发芽率和含水量等，根据播种品质并按照所规定的品种标准确定种子材料的等级为一级、二级、三级或四级。

3．品种更换与品种更新

用另一个品种替换一个品种称为品种更换，为了更换某一广为分布的品种而进行更丰富的品种进行区域化推广时，则按照品种更换来组织良种繁育工作。品种更换应尽可能在较短时期内完成，最短不能超过 4～5 年，替换品种要经过区域化引种鉴定。

有计划地进行品种更新，是保障苜蓿优良品性的重要手段。优良品种的种子如不经过正确的一定的选择而不断播种下去，经过一定时期就会失去优良的特性。导致种子劣化的原因如下：一是由于不遵守良种繁育的规则而使某一种的种子机械地混入了品质不同的其他品种的种子，例如混入在不良条件下所繁育的品质低劣的种子；二是在不同品种间发生异花授粉时，由于品种的生物学利益不能与经济利益结合起来，以后在很多情况下也使种子的品质劣化。

二、良种繁育工作的基本任务

良种繁育工作的基本任务，就是繁育经过区域化鉴定的新的育成品种、已推广的品种和当地优良品种，保证农业生产上获得所需要的优良品种的优良种子。优良的种子必须具有良好的种性，具体表现在品种质量（自花传粉作物的纯度、异花传粉作物的典型性或代表性）和播种质量（种子的清洁度、含水量、病虫害感染率、绝对重量、发芽率等）合于规定的标准。

凡是经过区域化鉴定的新的育成品种或当地品种，由选种机构所产生的种子数量是有限的，不能供给大面积播种的需要。所以繁殖这些品种的种子，使能达到生产上所需要的数量，是良种繁的首要任务。同时，优良品种在大量繁殖与生产栽培的过程中，常由于混染和退化而降低种子的品种品质和播种品质。因此，保持和不断提高种子的种性并以品质优良的种子来定期更新在生产上栽培的同一品种的种子，是良种繁育的第二个重要任务。

三、良种繁育中的重要环节

苜蓿整个选种和良种繁育工作中应系统、有计划地进行。因此，优良品种的良种繁育工作已成为保苜蓿产量显著增加的一项严密完整的生产制度，在国民经济中起着巨大的作用。良种繁育中的重要环节如下。

1. 第 1 环节——选育优良品种及初步繁育

本环节的任务是育成优良品种和初步繁殖所育成的优良品种，在我国这项工作目前主要在相关的科研教学单位进行。

2. 第 1 环节——国家品种试验与区域化

本环节的任务是进行国家品种试验，对优良品种作正确的评价，并鉴定它的适应区域、生产特性和栽培技术。这项工作目前主要由全国草品种委员会负责进行。

3. 第 3 环节——良种繁育

本环节的任务是大量繁殖优良苜蓿种植。由 3 个连续的阶段构成，并在繁育的同时保持品种的纯度和提高种子质量。

（1）第 1 阶段　繁殖原种，原种是育种家或原种场繁殖出来，供给良种繁殖场进一步繁殖的原始良种种子，这是最重要的一个阶段。

原种在产量上，必须比在生产栽培上同品种的种子高 10% 以上。纯度（异花传粉作物为典型性或代表性）不低于 99.8%，无病虫为害，发芽率、清洁率、含水量都不应低于国家规定第 1 级的标准。

（2）第 2 阶段　繁殖原种第 1 代和第 2 代的种子，由区域良种繁育场负责进行。育种家所生产出的原种种子，通过良种种子站购买，再到区良种繁育场作进一步的繁殖。区域良种繁育场一般设在有条件的地区。每一区域良种繁育场应有两种不同等级的繁殖地：一种是留种地，播种原种种子，所繁殖的种子为原种第 1 代。另一种是繁殖地，播种本场留种地所繁殖的种子，生产原种第 2 代的种子。留种地的面积应保证所收获的种子能供应该场繁殖的需要，一般占繁殖地总面积 12%～15%。

（3）第 3 阶段　第 3～6 代的种子繁殖，由各用种单位自己留种地繁殖。

4. 第 4 环节——良种种子的收购、保管和供应

良种种子的收购、保管和供应工作由良种收购公司负责。良种收购公司在各区域收原种、原种第一代和第二代种子等。

5. 第 5 环节——检查品种质量和播种品质

在良种繁育以及在收购和保管中，确保种子具有高度的品种品质及播种品质的等级。

第二节　良种繁育的程序

良种繁育是良种推广应用的必要措施，也是种子工作的重要环节。目前我国苜蓿良种繁育制度建设和工作还须加强。我国苜蓿繁育良种分一、二、三级。一级良种以良种繁育场为主繁殖，主要供示范及进一步繁殖之用；二级良种以一般公司为主繁殖，供大田生产之用；三级良种为普通繁殖，在二级良种不足时动用。

但是，在良种推广应用过程中和推广应用过后，还要不断培育新良种，进行品种更换，以及复壮更新旧良种。因此，必须逐步建立正规的良种繁育制度，才能进一步提高和改良品种。现在将正规的良种繁育制度，分别加以说明。

一、原种的繁育

1. 原种及其繁育机构

原种是供良种繁殖系统进一步繁殖的原始良种种子，其产量和品质应比生产中原来利用的种子高，并具有最高纯度和播种品质。各种作物的原种都有一定的规格和标准。

繁殖原种是最复杂也是很重要的工作，因为在生产中所栽培的品种种子的质量，绝大部分是决定于原种的质量。因此，这工作由研究院所、试验站负责，划出一定的土地，指定专人进行；所繁育的原种，供应示范繁殖场使用。在研究院所、试验站土地不够时，各省、区可按自然区域，选择有条件的示范繁殖场或国营农场改建为原种繁育场。此外，农业院校的农场也可受委托繁育原种。

2. 原种的生产程序

每一品种原种生产的规模，决定于它们的生产田地的面积和原种生产的方法，并决定于该作物的繁殖系数。为了繁殖高度品质的原种种子，繁育原种工作是通过一系列的原种生产程序而进行的，在这个过程中就综合运用了提高种性的各种方法。

我国苜蓿种类或品种繁多，原种生产的程序不一定相同，应根据所采用的提高种性和选择的方法、需要种子的数量以及作物的繁殖系数等条件来考虑。例如不采用品种内杂交等方法提高种性时，就不必设复壮圃；在选圃中采用单株时，为了比较品系的优劣，就需要株行圃（品系圃），而用混合逃择时，就没有散立这圃的必要了；此外，如果原种圃需要的种子数量不多，或作物的繁殖系数高，这样也可以不设原原种圃；反之原种圃的面积大，需要的种子特别多，就需要在原原种圃与原种圃之间，增加一个繁殖圃。总之，各种作物的原种生产程序，是从能够在最短的时期内繁育出符合规格和需要的原种，这一个总的原则来决定的。

3. 原种第1～2代的繁殖

经过区域鉴定推广的繁殖苜蓿良种或当地良种，采用科学技术和当地先进经验，进行示范；在试验站统一布置下，进行必要的试验工作。因此，研究院所高校、试验站或原种繁育场所繁育的原种，一般是交给示范繁殖場繁殖原种第 1 代、第 2 代（繁育种），供应苜蓿生产者种子田使用。繁殖系数较高，播种量较少的苜蓿，也可直接供应大田生产的需要。在场地不适宜、土地过少的示范繁殖场以及没有示范繁殖场的地区，可以选择位置适中、土壤有代表性和自然灾害较少的地区，由示范繁殖场或种子公司负责组织，并经常指导繁殖工作。

二、公司或合作社的种子田

1. 种子田的作用

原种第 3 代及以后各代的种子（推广种）由公司或合作社自已繁殖。但在繁殖过程中，必须进行选择和培育，良种种性才不致退化，并可进一步提高，获得显著的增产效果。为了达到这个目的，在公司或合作中必须设立种子田繁殖良种，供应本公司或合作社大田生产所需要的种子。

种子田的作用，在于可以在较小的面积上进行培育和选择，获得纯洁精良的种子供大田生产的需要。这样所花费的时间和劳力少，而获得的效果大。同时由于连年选择和培育的结果，也可显著地提高良种种性，防止退化。因此，在公司或合作社建立种子田，是良种繁育制度中的一个重要环节，也是目前普及良种的有效办法。

2. 种子田的建立

示范繁殖场所繁殖的原种第 2 代，由公司或合作社种子田继续繁殖。因此，第 1 年建立种子田时所用的种子一般是从示范繁殖场获得的，以后公司或合作社再每隔一定年分向示范繁殖场领取 1 次原种第 2 代的种子，进行繁育。在原种第 2 代还没有繁殖出来以前，第 1 年也可以用优良的生产大田中进行穗选株选而获得的种子，这些种子还必须经过仔细和的精选。以后种子田的种子，都是在上年种子田中用田穗选株选和室内精选而得的纯洁、健壮的种子。从原种第 3 代起就可供大田播种，大田播种所用种子，都是在种子田内过片选而获得的。

建立种子田时，应该选择条件较好的田地，一般要地势平坦，土质良好、灌溉排水便利、阳光充足、没有遮荫的田地；并尽量照顾到栽培管理的方便，保证提供良好的生长发育环境。种子田面积应根据社里各种作物播种面积与繁殖系数划定。

种子田的栽培管理必须较一般大田周密、精细，并应增施肥料和适当配施磷钾肥，收获时要单独收获和保藏，防止混杂变质。由于这样，还必须把种子田的任务栏在农业社的生产计划中，由专门的种子生产公司负责，并予以合理的评分，这样才能保证种子田的栽培管理符合要求。

第三节　良种繁育的特点

一、决定良种繁育技术特点的因素

良种繁育技术特点的特点决定在下述几点任务上：繁育高度品种纯度的种子；繁育具有高度播种品质的健康种子；保证高额和稳定的产量。

良种繁育场或公司对上述诸项任务可以在下列的条件下完成：精耕细作；备有特殊的储备库和机械；配备有经验的、有能力的和有责任心保证完成良种繁育工作的技术人员。

二、防止优良品种种子的混杂

1. 混杂现象的发生

保持被繁育品种的纯度乃是良种繁育工作中的重要任务。良种只有当它们没有任何混杂物时才是最有价值的，因为混杂物会破坏它们的整齐度和降低其经济效益，并且也会降低用该种子播种的一般苜蓿产品的品质。良种繁育必须置于适当技术保障下，消除一切发生混杂的可能性。

混杂现象可分为两种：机械的混杂和生物学上的混杂。

机械混杂是该优良品种种子中有其他的种子，如同一苜蓿的其他品种种子，形成品种混杂；或其他苜蓿的种子和杂草种子，形成种间混杂。当同一苜蓿而不同品种的种子和该品种混杂时，形成所谓的品种混杂；其他苜蓿以及杂草的混杂，称为种间的混杂。在这两种不同的混杂中，从后果上讲，以品种混杂更为严重，因为消除品种混杂要比消除种间的混杂困难得多。同一苜蓿不同品种的种子实际上不可能用机械的方法分离开来，在外形上区别不大的不同品种的混杂植株，在去杂过程中也很难区别开来。而中间混杂则比较容易在种子和植株中发现，因而避免这种混杂也比较容易的多。

生物学上的混杂是另一种良种混杂现象。由于其他品种的花粉（有时是不同种的植株花粉）与某一品种植株授粉的结果，会产生品种之生物学上的混杂。生物学上的混杂也可能由于若干植株退化的结果而产生的。不论那一种形式的生物学上的混杂都会破坏品种的一致性，也就是降低品种纯度或代表性，降低产量和产品质量。

2. 机械混杂的防止

应注意下列各过程，防止发生错误和造成机械混杂：

（1）在接收种子和拆除袋上的封印时，应仔检查标签和封印，并核对种子证明文件，选取样本进行检查，以评定种子的真实性及其品种纯度和播种品质。

（2）种子进行处理和消毒时，要清扫处理的房舍和工具，防止混杂。

（3）运送种子到田间播种时，也要避免混杂。

播种不同品种或不同等绩的种子时，播种用具必须清扫和消毒。如用畜力播种，田间饲喂的粮食也必须碾碎。播种良种的地上，如有以前的打谷场、堆草的地方和冬季的道路，都应在设计图上注明，以便提前收割，不作为种子用。邻近的播种地如有易混杂的作物和品种，应间隔 2～3 m，并种上其他作物隔开。

播种前的准备与播种。播种机在消毒时附带进行清洁和检查工作，播种机内不应该留下任何一粒其他种子。在准备播种前必须检查，不得在播种机内留下任何一粒之前所播品种的种子。在一块地上播种完一个品种后必须立即就地进行清洁播种机的工作。在某一品种或者其他苜蓿开始播种前，必须仔细地检查一下播种机。播种工作质量由良种繁育学家来检查，播种时必须精确的执行下列规则：开始要先种等级高的种子（留种田）；为了今后品种去杂的方便，在每隔 1.2～1.3 m 留下一条 30 cm 宽的小道，为了保留小道，播种时应在播种机上关闭六小道的部分；播种时拖拉机不能越出播种田的边界，达到播种田边界时即应转回，拖拉机不能达到的播种田边界，应另外松土并播上相同的种子；在播种时及播种前整地时，不能以完整的谷粒喂家畜，只能用粉碎的谷粒。

在生长期中要精细的清除杂草、混杂植株和病株。收获时先将边上 2～4 m 宽的部分割去，不用作种子。运输草捆的车辆也要扫清，并防止种子散落地上；堆放茎秆的地方和脱粒场，最好在同一块地上，但不可在其他作物和品种的留茬地上，也不可靠近播种其他作物的地方。脱粒过的和扬过的种子，装入经检查、清洗和消毒过的袋中，必须填好发货单一同送到仓库去。如不装在袋中，那么装运的工具必须清扫、消毒。贮藏室和仓库要经过仔细的消毒和清理，并使每种作物和品种都能单独地隔开贮藏。种子清洗时，须垫仔细清理过的油布，清选的用具也要仔细地清扫，清选后的品种种子一定要归入适当品种等级中去。

种子包装和发出时，装入新的或清洗消毒过的袋子中，原种种子要装入双層袋中。袋内附入品种证书，袋口挂上标签和封印。在发货单上要写明作物的名称、品种的名称、第几次繁殖和等级。

保藏品种的原种种子，一定要装在袋内单独地保藏。其他各级种子，也要每一个品种有一个单独的、固定的贮藏场所。并加强贮藏室的管理工作。

3. 生物学混杂的防止

防止生物学上混杂的方法就是对异花传粉作物进行空间隔离，以保证该品种的典型性或代表性。但当生物学上的利益和经济上的利益相符合时，如牧草、黑麦品种间的异花传粉不仅可以改善它的种性也可以提高产量，这样就不需要采用空间隔离。

异花传粉作物空间隔离的远近，决定于苜蓿传粉的特性。如虫媒花的作物空间隔离应比风媒花的大。也决定于邻近异品种播种面积的大小，播种面积越大，所产生的花粉越多，空间隔离应该越大。此外，还应同时考虑到花粉传播的空间如有树林、建筑物等障碍物，隔离的距离可以小，甚至不必隔高；同样开花时的风向、风力以及开花时期是否一致，对空间隔离的远近和是否需要隔离都有关系，如果开花时的风向和风力不可能使异花花粉达到良种繁殖的田中，或者其他品种的开花期与良种的开花期不一致，这样就不需要空间隔离。

三、对轮作制的特殊要求

在良种繁育中，为了给繁育工作创造好环境，有利于满足良种繁育对田地的要求和满足农艺技术上的要求，必须实行田间轮作制，以求做到以下要求：

保证有优良的能生产高度品种品质的苜蓿种子的条件。

创造稳定而高产苜蓿种子的条件（提高土壤肥料、正确的轮作和田间去杂）。

在良种繁育田的安排上，要非常严格的考虑到种子繁育的繁殖对前作物的要求，以避免品种的机械混杂。不可以把与前作相同的或前作难以区别的作物品种播种在前作所栽种的田地上，例如小麦种在以前栽种燕麦的田内，或反之，大麦种在以前栽种燕麦和小麦的田内、小麦种在以前栽种大麦的田内等。冬季作物通常播种在秋耕休闲地上，或者在以前栽种早熟中耕作物和一年生豆科作物的田地内；在冬季作物比重大的地区，多季作物可种在以前栽种冬季作物的田内，但仅限于同样的品种。而春季作物则首先利用翻耕地和全翻塅地。宽行距条播的作物，通常种于中耕地上。

四、栽培管理的特点

如果不采用合理的土壤耕作施肥和精细地进行种子繁育的田间管理，要不断地改良品种的种性，首先要提高其生物学上的抵抗力和产量是不可能的。改良品种的种性和产量是种子繁育的基本任务。要顺利地解决第二个最重要的任务保所繁殖的作物和品种的最高品种纯度，要靠合理地和精细地耕作及子繁育的田间管理而决定。因此一定要用精细的耕作和合理施用有机肥料与无机肥料的方法来同时完成这两个任务—创造繁殖作物的生长发育最优良的条件和精细地防除杂草，因为在种子繁有场中杂草不仅能使产量降低，并且使品种中作物混杂而不易辨别，尤其是特别危险的检疫性杂草。

1. 精细耕作

在种子繁育场中，翻槎和用复式犂耕地是必需的。这些措施保证较彻底地防止杂草、害虫、留在槎内和杂草上的各种寄生病菌的孢子（槎和杂草是害虫和病菌的媒介）防止杂草的工作在种子繁育场应经常地进行，直到地内完全清除了杂草为止，尤其是根茎类和根蘖类的杂草。在许多地区中应当特别注意防止燕麦草，其种子与谷类作物混杂后很难辨别，每一种轮作都应当制订单独的土壤耕作、施肥和防止杂草措施的制度。

◆ 种子必须经过有效的精选和处理，以提高种子品质。

◆ 播种密度要比大田适当放稀，并且要均匀播种或均匀移栽。

◆ 土地肥沃，尽可能及时进行灌溉排水。

◆ 施肥必须以有机肥料与无机肥料配合，因为这能保证更大的效果。应当广泛地利用粒状肥料。施用无机的氮素肥料应当小心，以免植株的倒伏和延迟成热。磷、钾肥料有着特别重要的意义，因它们能增加种子产量和促进植株成熟。也应该广泛地应用当地的有机肥料（混炭、堆肥和草木灰等）。施肥的制度一定要能使土壤的肥沃性不断地提高。

◆ 要及时中耕培士，清除杂草，拔去有病虫售的、生长不良和品种混杂的植株。

◆ 异花传粉作物还必须进行人工辅助授粉，一般在开花期内应该重复进行次数。

五、提高繁殖系数

加速良种繁育的工作中也是非常必要的措施。它对于大量推广新的划定适应区域的品种和稀有的品种时，以及在生产原种种子时有着重大的意义。必领采取一切方法，使种子材料完全利用于播种，并且使它的繁殖系数达到最高限度。（繁殖系数，换句话说也就是自已繁殖自已的倍数，可能是10倍，或

100 倍，这也就是指在一定面积上的种子产量与同一面积播种种子数量之间的比例。）

提高繁殖系数的措施，禾谷类苜蓿一般采用宽行稀播或穴播，并加强田间管理如行间松土、增施肥料、合理灌溉等，可以提高种子的繁殖系数。用营养繁殖的方法增加株数，也可以进一步据高种子的繁殖系数；如水稻在幼苗期利用分蘖分别栽种，用芽栽、分蘖、扦插等方法进行营养繁殖，都能显着的提高繁殖系数。

为了提高饲用牧草的繁殖率也可以采用宽行距稀疏播法，并在优良的农业境下，精细地进行田间管理。在初次繁殖时，应用营养繁殖法，把株丛分成几部分也可以获得特别良好的效果。采取一切可能的方法，加速繁殖所有的作物要化费很大的劳力。但在必要的情况下，为了加速繁殖品种材料是完全有效的。对于苜蓿来说，繁殖系数的提高必须采用穴播法，必须要保护作物，株距为 50～70 cm。这种播种法的播种量每亩为 0.04～0.05 kg。

夏秋之际，在休闲地上用新收获的多年生苜蓿种子进行播种，也是加强种子繁育的方法之一。这种加强种子繁殖的措施不仅提高了繁殖系数，而且也缩短了繁殖期。在一般的农业条件下，苜蓿播种当或不结种子或产种子量很少，到第二年才结种子或种子产量较高。但是如果在夏秋末尾即播种在休闲地上的话，那么第二年即可获得第一次种子的产量，并且马上有可以用该种子来继续繁殖。

第四节　良种繁育的技术要点

一、对耕作的要求

苜蓿是很古老的饲用作物，在我国占有有很大的面积，同时其面积还在逐年增加。苜蓿植株的正常发育是保证获得种子丰产的主要条件之一。为了使苜蓿植株生长良好，必须采取下列最重要的农业技术措施：及时地播种在耕耘良好的和清除过杂草的肥沃土地上、精地进行田间管理以及施用当地肥料和无机肥料。苜蓿不宜连续两年收获种子，因为这样会引起严重的虫害和种子产量的显著降低。

二、对水分的要求

适宜的土壤水分是留种苜蓿生长发育的很重要的因素。在水分不足时，苜蓿就要遭受干旱，特别在植株生长很密时，种子产量因此降低。当水分过多时，特别在孕蕾期、开花期和结实期，会引起营养器官的生长过盛和倒伏，并且常常引起遇早的再生现象，这样就使得种子产量降低。

三、繁育田的播种

研究证明了苜蓿种子的丰产不仅是决定于播种的方法（密条播或宽行距条播），同时也决定于土壤中水分供应与苜蓿植株的密度之间的正确的关系。

采用密条播法也可以获得种子丰产，但是播种量要减少，因为这样才能使生长植株较稀而很好的受到阳光的照射、分枝多、开花盛以及结实良好。

当种用苜蓿进行播种时，采用密条播法播种量应减少 30%～50%，这是干旱地区尤为重要。在干旱地区以及在水分不足和水分不定的地区，为了获得苜蓿种子的丰产，应用积雪和积蓄融化了雪的水等方法来保存和贮藏积水分是非常重要的措施，这些措施不仅在苜蓿的老的留种地，而且在将作苜蓿的新的留种地上也必须进行。

当苜蓿播种在无水河岸洼地、低洼地和灌溉地时，可以获得很高的种子产量。

因此，对留种苜蓿可以用宽行距条播法（行距为 50～70 cm，每亩播种量为 0.33～0.4 kg）和密条播法，播种量应比通常的密播的每亩播种量（0.6～0.8 kg）低 30%～50% 来进行播种（图 9-1）。

图 9-1　宽行条播

近几年，苜蓿种子田采用穴效果也不错，如株行距 60×80 cm、80×100 cm，株行距的宽窄可视土壤肥力而定，土壤肥力好的，株行距应宽些，土壤肥力差的，株行距应窄些。苜蓿的播种深度应为 1～2 cm（图 9-2）。

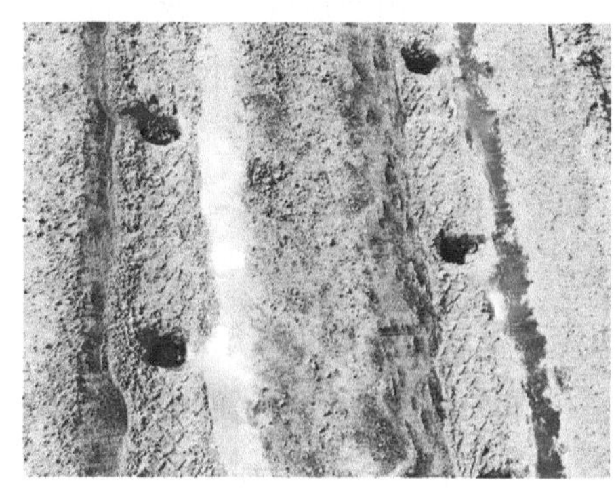

图 9-2　宽行穴播

播种时期。在我国北方苜蓿播种都在春季、夏季或秋初进行。如内蒙古河套灌区以早春播种（顶凌播种）效果极好。部分地区也在雨热同季的夏季播种，这样就更适合于苜蓿的生物学特性，并在很大程度内能保证免遭虫害。完全休闲地从 7 月至 8 月初进行播种。经过正确的休闲耕耘后的田地，通常都没有杂草和储存了足够的水分，这样就顺利地保证了夏季的播种。在秋季，苜蓿能很好地发根、生长强大的根系和营养器官而提高了对多季严寒的抵抗力。夏播苜蓿在春季再生很快，并且在发生干旱以前其根得以伸入地下很深的地方而不致遭受水分的不足。苜蓿在播种后第 1 年差不多都不会遭受虫害，但是为了在翌年预防虫害从其他苜蓿地蔓延过来使苜蓿遭受使害，因此在夏季播种苜蓿要原理老的苜蓿地。在进行体闲地的耕耘时，为了很好地保存水分而采用附有拖板的中耕机。

夏季播种苜蓿不应用宽行距条播法而是应用密条播法，因为在完全休闲地上不必怕杂草为害幼苗，至苜蓿很好地发根后，它本身就能限制杂草的生长。夏播不仅能保证获得苜蓿种子的丰产，并且能改良种子的种性，尤其是加强了苜蓿的越冬性。

在土温非常高的条件下（35℃以上），夏播的种子可能完全不会出苗或幼苗非常稀疏。因此在遇到温度过高的情形时，夏播就需延到较晚的日期，但是要在本区的可能范围内。

当多年生牧草在春播时，其在第 1 年中的发育是在适合春季植物的条件下通过的，其时温度逐渐增加，这样便加强了春种性的特性。在夏播时就具有完全另外的促使它发展多种性的特性的条件。因此，春播不仅可作为保证获得种子丰产的农业方法，并且是改良种子种性和提高苜蓿品种越冬性的方法。

另外，为了在播种的当年就获得苜蓿种子的丰产，在留种地必须采用宽行距播种法，播种量 0.2～0.3 kg/ 亩。在秋耕地很肥沃的地段上进行播种，并且要远离老的苜蓿地，以免遭受严重的虫害。

四、种子田的管理

（一）种子田间管理

苜蓿种子田的田间管理更加重要，严格的田间管理措施对提高苜蓿种子产量和质量，达到其生产性能十分重要，同时，除净田间杂草及其他种类的牧草，特别是恶性杂草如草木樨对苜蓿种子的质量影响很大，所以田间管理也是提高苜蓿种子质量的重要环节。

（1）中耕、除杂草　中耕一方面可以防除杂草，另一方面可以疏松土壤，起到提墒的作用，促进苜蓿生长，形成壮苗。中耕时间应比生产牧草田提前，一般要求苜蓿株高达到 10 cm 左右、形成 3～5 个真叶时即可进行中耕，中耕要铲除垄间的杂草，垄沟的杂草需要手工拔除。时间要及时，不能影响苜蓿幼苗生长。

在中耕前后，如果杂草过多，可手工或用除草剂清除杂草，除草剂可选用 40% 唑草酮消灭阔叶杂草，用精喹禾灵或草甘膦水剂能消灭单子叶杂草。中耕后降雨或灌溉仍会使杂草再次长出，此时仍可用除草剂消灭杂草，或手工拔除。进入伏天，还会有最后一茬杂草长出，此时可结合第 2 次中耕铲除杂草。

在苜蓿种子田中难免会混杂其他牧草，有些牧草如草木樨在苜蓿苗期不好区分，但在生长速度、植株高度等方面与苜蓿植株有所不同，在辨认清楚后，一定要提早拔除或挖除，以保证苜蓿种子的纯度。

（2）间苗　间苗是苜蓿种子生产中关键的田间管理措施，间苗可结合除杂草进行。一般苜蓿幼苗高度达到 5～10 cm 时结合杂草防除进行间苗，株距为 20～30 cm。如果行距为 40～45 cm，株距可保持在 25～30 cm；行距为 45～50 cm 或达到 60 cm 时，株距可保持在 20～25 cm。在拔苜蓿幼苗时要连根拔掉。如果从地面以上拔断后，苜蓿幼苗还会再生长出来。

（3）灌溉　在气候干旱区，灌溉对提高苜蓿种子产量是必要的。除正常的春季浇灌返青水和秋末冬前浇灌越冬水外，一般的在营养生长期的分枝初期和现蕾前各灌溉1次，根部追肥后应及时灌溉，有利于提高种子产量。

（4）追肥　苜蓿种子进行追肥也很重要，可大大提高种子产量，对苜蓿种子田施肥应以磷、钾肥为主，氮肥可在生长早期适量施用。在孕蕾期对氮肥需求增加，每公顷可施入磷酸二胺75～120 kg，在初花期施入磷、钾肥，每公顷施磷肥过磷酸钙150～300 kg，施硫酸钾或氯化钾45～75 kg，在开花前期叶面喷施硼、锌、钙、铁等微量元素。

（5）人工辅助授粉　苜蓿是虫媒植物，蜜蜂等蜂类昆虫是其主要的传粉者。为提高苜蓿种子产量，在田间放置蜂巢或蜂箱，吸引蜜蜂等昆虫，也可在苜蓿种子田放养蜜蜂。北方干旱半干旱区蜜蜂养殖业还不发达，但随着牧草及一些农作物由南向北逐渐开花，北方的南部及南方的蜜蜂养殖户会逐花而居，逐渐向北迁居，生产实践中可邀请养蜂户到苜蓿种子田边养殖蜜蜂，一般60～200 hm^2可吸引1～2户，200～300 hm^2可吸引2～3户，400 hm^2以上可吸引5户。这样在不增加任何投入的前题下，可增加田间蜜蜂数量，提高苜蓿花的授粉率，以提高苜蓿种子产量。

此外，可在苜蓿种子田边四周或在田间每隔一定距离种植向日葵等花朵大、花色鲜艳的作物，以吸引各种蜂类昆虫来传粉。

（二）种子收获

苜蓿种子的收获时间将影响其种子的收获的数量和质量，因此，确定较准确的收获时间比较重要，如果收获时间早，苜蓿的荚果尚未完全成熟，收获的种子成熟度差，质量不好；如果收获时间过晚，先成熟的种子容易炸角脱粒，造成损失，所以苜蓿种子及时收获非常重要。此外，收获及加工方法不当，也容易造成种子的损失。应根据具体情况，确定收获时间和方法具有重要意义。

（1）收获时间　当苜蓿的荚果由绿变为黄褐色或黑色时，种子变为黄色时，表明种子已经成熟，在内蒙古地区苜蓿种子成熟时间一般在7月中旬至8月上旬。苜蓿的花序为无限生长花序，开花时间持续较长，种子成熟时间极不一致，所以应在大部分荚果变褐色或黑色时收获，当70%～90%的荚果变为褐色或黑色时及时收获。

在收获苜蓿种子中，国内外也有从第二次刈割采收种子的，这样可以收获到产量较高，品质较好的种子。这是因为第二次再生草不致徒长，发育正常，同时由于开花授粉结实处于夏—秋季节，天气较好，日照较短，有利于结实，同时病害也较少。适于在第2次刈割采收苜蓿种子的地区，其生育期不应少于

180 d 左右，第 2 次刈割及第 1 次刈割间隔时间不应少于 90～120 d，因为种子产量的高低与第 1 次刈割的时间关系极大。第 1 次刈割以现蕾期较好，最迟不应晚于始花期，否则将影响到第 2 次刈割时种子的产量。

（2）收获方法　人工或机械割晒：当苜蓿有 70% 荚果变为褐色或黑色时，在清晨有露水时人工或机械割倒苜蓿，稍晾晒后趁有露水潮湿时拉回或直接拉回放到干净场所晾晒，晾干后人工或机械脱粒，也可以脱角后再用碾米机脱粒。

用联合收割机直接收割：大面积收获苜蓿种子时，可用联合收割机直接收割，收获时间可稍晚，待苜蓿荚果和枝条较干燥，90% 荚果变为褐色或黑色时收割。

（三）种子加工与储藏

收获后的苜蓿种子，必须经过几道特定的加工工序才可得到满意的结果，只有经过加工的种子，才能保证其高质量。同时，种子储藏方法的正确与否及储藏条件的好坏，直接关系到种子的品质，乃至种子活力的安全。因此，要高度重视苜蓿种子加工、储藏每一环节中的各项工作。

1. 种子加工

（1）种子干燥　人工或机械收获的苜蓿以及用联合收割机收获的苜蓿种子所含水份仍然较多，尚未达到安全储藏水份的要求，这时还不能包装储藏，必须进行及时干燥，使含水量达到规定的标准，一般要求不高于 12%。干燥的方法有自然干燥和人工干燥两种方法。

自然干燥利用日光晾晒种子，达到干燥的目的。种子在日光下暴晒，是利用太阳能为热源进行种子的干燥，这种方法不仅简单效率高，经济，而且温度适当，种子安全，没有机械烘干可能产生的危险性。同时，日光暴曝晒具有杀菌杀虫的作用。用日光暴晒干燥种子时，应事先准备好晒场。晒场应选择四周空旷、通风而无高大建筑物的地方，以延长日晒时间，增强地面风力，有利于种子干燥，并且周围清洁无污染源。晾晒场以水泥铺设的较好，因为这种晒场场面结实，地下毛细管水分不易上升，且场面温度升高较快。在种子摊晒之前，应打扫干净晒场，不要让泥沙、杂草、石子以及其他杂物混入，特别是其他牧草的种子，以保证苜蓿种子的纯度。在晾晒种子时以晴天、少云、气温高、空气干燥、有风的天气为最好。在晒场近旁最好搭上较简易的棚舍，以备夜间或骤然下雨时将种子推入存放，翌日或雨后晒场干燥后再推出晾晒。种子在晒场上摊晒的厚度，一般小粒种子不宜超过 5 cm。晾晒的方式以波浪形为好，这样可以增加种子与空气的接触面。一日内要勤翻动，薄摊勤翻，能使种子加速干燥，上下干燥均匀，如此反复，直到晾干燥。

人工干燥法是利用干燥设备加速种子水份散失，使种子快速干燥的方法，在较发达的国家和地区及国内大型种子生产企业应用较多。种子的人工干燥法，包括强制通风干燥法和电热干燥法两种。

强迫干燥通风，是用风干机向种子鼓风以加速其空气流动，使种子扩散的水分迅速排走。用简易风干机时，可将其安装在一般平房或简易仓库中，每平方米每次可风干种子 80～100 kg，用风扇由上向下吹风 3～6 h 即可。风扇用 5.5 W 电动机（转速为 2 900 r/min）带动。风干时将种子放于种子床上，地面用砖作墩，上放梁木，梁木上再放竖条，再放细网，细网离地面不小于 30 cm。

通风干燥时种子摊铺的厚度视种子的湿度而有不同。一般苜蓿种子在湿度为 25% 时，厚 0.6 m；湿度为 22% 时，厚 0.75 m；湿度为 18% 时，厚 0.9 m；湿度为 15% 时，厚 1.2 m。

利用火力滚动烘干器等加热空气来干燥种子时，应注意种子的湿度，并根据其湿度情况确定其温度的大小。当种子湿度为 18～30% 时，种子加热的温度为 32℃；种子湿度为 18% 时，温度为 38℃；种子湿度如低于 10% 时，温度为 45℃。

种子含水量较高时，最好进行两次干燥，并采取先低后高的原则，使种子不致因干燥而降低其品质。

（2）种子清选　干燥好的种子往往含有杂草种子、其他牧草或农作物种子、沙、土及茎叶碎片等，首先要进行人工清选，一般借助自然风力人工进行初步清选，然后利用种子清选机进行清选，常用的种子清选机有气流清选机和比重清选机。

（3）包装　目前苜蓿种子包装主要用纤维袋进行包装，纤维袋结实耐用，透气性好，价格便宜。采用双层包装，规格为 25 kg 或 50 kg，标准的种子生产包装袋内外要有签写一致的标签，注明种子名称、质量级别、种子净度、发芽率、生产单位等。

2. 储藏

（1）入库前检查　种子在入库前，必须注意检查种子的湿度，苜蓿种子的湿度不应超过 13%。超过这一标准时，在入库前必须进行干燥处理。

种子储藏期间应加强管理，其任务是保持或降低种子含水量、种温，控制种子及种子堆内害虫及微生物的生命活力，防除鼠害。因此，在储藏期间，应认真做好防潮隔湿、合理通风、灭虫灭害等各项检查工作。

（2）防潮隔湿　种子吸湿的途径主要有 3 个方面，即从空气中吸湿、地面返潮和漏进雨雪。要防止种子从空气中吸湿，首先关系到仓库密闭性能的好坏，如密闭性能好，在湿度高时应注意关闭门窗，防止湿气进入仓内，密闭时间要求长的，应该把门窗缝隙帖封起来，增强密闭效果；如门窗密闭性能差时，可应用各种干燥材料覆盖。防止地面返潮，应从改善仓房地面情况着手，用砖石架桩垫高地面，同时种子不应直接堆放在地面上，应有木质架垫底，垫架下面应有通风道并做好仓库四周的排水工作。仓库漏水淋湿种子可造成较大损失，要经常注意对仓库房顶的检查，特别是在雨水较多的季节，以便及时发现，早日维修。对已被雨水淋湿的种子，要及时进行干燥处理。

（3）种子库的通风　在种子储藏期间，采用通风的办法促进种子堆的气体交换，从而达到降温散湿，以达到提高种子储藏的稳定性的目的。掌握库内湿度、温度变化，通过打开门窗及各种通风道口，让库内外空气自然对流，或利用装备的机械通风系统进行机械通风。什么时候通风，要根据库内外温度、湿度进行确定。当库外温度、湿度低于仓内时，可通风，否则不能通风；在寒流期间，由于仓内外温度相差悬殊，容易造成种子堆表面结霜时，也不能通风；在仓内外温度相同，而仓外湿度低于仓内时，或仓内外湿度相同，而仓外温度低于仓内时，都可以通风；库外温度、湿度有一项高于库内；另一项低于库内时，应该计算仓内外绝对湿度，进行比较后才能决定是否通风。其计算公式为

绝对湿度（g/m^3）= 某温度时饱和气压 × 该温度时相对湿度

如果仓内绝对湿度高于仓外时，可通风，反之，则不能通风。

（4）种子库的检查　在种子贮藏期间，要定期对种子的质量和储藏条件的安全性进行检查。检查内容包括水分、温度、发芽率、病虫害的变化等。据资料介绍，苜蓿的种子寿命较长，在适宜储藏条件下，保存 18 年后其种子仍具有利用价值。

参考文献

曹致中，2002. 优质苜蓿栽培与利用 [M]. 北京：中国农业出版社 .

车晋滇，2002. 紫花苜蓿栽培与病虫害防治 [M]. 中国农业出版社 .

耿华珠，1995. 中国苜蓿 [M]. 北京：中国农业出版社 .

全国畜牧总站，2013. 苜蓿草产品生产技术手册 [M]. 北京：中国农业出版社 .

全国畜牧总站，2020. 苜蓿加工利用实用技术问答 [M]. 北京：中国农业出版社 .

孙启忠，2020. 苜蓿简史稿 [M]. 北京：科学出版社 .

孙启忠，桂荣，1998. 不同生长年限紫花苜蓿生产力的测定 [J]. 草与（3）：19-20.

孙启忠，桂荣，2000. 我国西北地区苜蓿种子产业化发展优势与对策 . 草业科学，17（2）：65-69.

孙启忠，桂荣，2000. 影响苜蓿草产量和品质诸因素研究进展 [J]. 中国草地（1）：57-63.

孙启忠，桂荣，那日苏，等，1999. 赤峰地区苜蓿沙打旺种子产业化存在问题与对策 [J]. 种子（5）：54-55.

孙启忠，韩建国，桂荣，等，2001. 科尔沁沙地敖汉首蓿地上生物量及营养物质累积草地学报，9（3）：165-170.

孙启忠，韩建国，玉柱，等，2008. 科尔沁沙地苜蓿抗逆增产栽培技术研究 [J]. 中国农业科技导报，10（5）：79-87.

孙启忠，李志勇，王育青，2003. 抓住机遇推进苜蓿产业化进程 [J]. 中国农业科技导报，5（1）：67-70.

孙启忠，陶雅，徐丽君，2013. 刍议苜蓿产业中的风险及其应对策略 [J]. 草业科学，30（10）：1 676-1 684.

孙启忠，王育青，侯向阳，2004. 紫花苜蓿越冬性研究概述 [J]. 草业科学，21（3）：21-25.

孙启忠，王宗礼，徐丽君，2014. 旱区苜蓿 [M]. 北京：科学出版社 .

孙启忠，玉柱，徐春城，2012. 我国苜蓿产业亟待振兴 [J]. 草业科学，29（2）：314-319.

孙启忠，玉柱，赵淑芬，2008. 紫花苜蓿栽培利用关键技术 [M]. 北京：中国农业出版社 .

陶雅，李峰，那亚，2021. 饲青贮调制与利用技术 [M]. 上海：上海科学技术出版社 .

徐丽君，那亚，王波，2020. 北方地区苜蓿栽培技术 [M]. 上海：上海科学技术出版社 .

徐丽君，辛晓平，2019. 内蒙古苜蓿研究 [M]. 北京：中国农业科学技术出版社 .

玉柱，孙启忠，2011. 饲草青贮技术 [M]. 北京：中国农业大学出版社 .